国家重点研发计划：城市地下空间开发地下全要素信息精准探测技术与装备课题（2019YFC0605101）资助

城市地下空间探测评价与安全利用

CHENGSHI DIXIA KONGJIAN TANCE PINGJIA YU ANQUAN LIYONG

程光华　赵牧华　王　睿　杨　洋　邢怀学　等编著

中国地质大学出版社
ZHONGGUO DIZHI DAXUE CHUBANSHE

图书在版编目(CIP)数据

城市地下空间探测评价与安全利用/程光华等编著. —武汉:中国地质大学出版社,2022.12
(2023.5 重印)
ISBN 978-7-5625-5467-7

Ⅰ.①城… Ⅱ.①程… Ⅲ.①城市空间-地下建筑物-研究-中国 Ⅳ.①TU984.11

中国版本图书馆 CIP 数据核字(2022)第 226883 号

城市地下空间探测评价与安全利用	程光华 赵牧华 王 睿 杨 洋 邢怀学	等编著
责任编辑:胡珞兰	选题策划:毕克成	责任校对:何澍语
出版发行:中国地质大学出版社(武汉市洪山区鲁磨路388号)		邮编:430074
电　　话:(027)67883511　　传　　真:(027)67883580		E-mail:cbb@cug.edu.cn
经　　销:全国新华书店		http://cugp.cug.edu.cn
开本:787 毫米×1092 毫米　1/16	字数:365 千字	印张:14.25
版次:2022 年 12 月第 1 版	印次:2023 年 5 月第 2 次印刷	
印刷:武汉中远印务有限公司		
ISBN 978-7-5625-5467-7		定价:88.00 元

如有印装质量问题请与印刷厂联系调换

《城市地下空间探测评价与安全利用》
编委会

主　　编：程光华

副 主 编：赵牧华　王　睿　杨　洋　邢怀学

成　　员：李云峰　张　庆　陈春霞　苏晶文　雷　廷　郑红军
　　　　　陆远志　葛伟亚　王军成　曾剑威　赵晓丹　陈宗芳
　　　　　师学明　刘铁华　杨志强　张占荣　花卫华　康丛轩
　　　　　马青山　华　健　姬勇力

主编单位：自然资源部城市地下空间探测评价工程技术创新中心
　　　　　中国地质调查局南京地质调查中心

前　言

地下空间资源是继宇宙空间、海洋空间资源之外的人类可以开拓的第三大领域，是战略性国土空间资源，越来越受到世界各国的高度重视。

党的十九大胜利召开，标志着我国进入生态文明和高质量发展新时代，并率先体现在城市的高质量发展上。城市高质量发展的本质是城市能够很好地满足人民在经济、社会、生态、文化等方面日益增长的美好生活需要，体现在经济高质量发展、社会和谐稳定、生态环境优美、居住环境安全、基础设施完备、文化品质高尚等方面。影响城市可持续发展的核心要素是资源、生态、环境和安全。实现城市高质量发展，需要有可拓展的国土空间保障，需要有维持产业发展的资源保障，需要有长期稳定的地质基础保障，需要有和谐共生的生态多样性保障，需要有安全可靠的大气环境、水环境和岩土环境保障。抓住城市高质量发展的关键因素，才能真正实现城市高质量发展。合理开发与安全利用城市地下空间资源可以拓展城市发展空间、优化城市空间布局、提高土地利用效率、恢复地表生态环境、改善居民生活条件、增强城市韧性程度、完善城市治理体系、提升城市治理能力、破解城市发展困境、增强经济增长动力，在城市生态文明建设和高质量发展中发挥关键性作用。

然而，随着地下空间资源开发利用面上推开、深度加大、大中小城市遍地开花，负面效应也逐渐暴露和凸显，主要表现在地下空间资源浪费、城市生态环境恶化、城市不稳定因素增加和城市安全风险加大。此外，地下地质结构的破坏、地下水流场和地下应力场的改变所诱发的生态环境问题与地面沉降等缓变地质灾害的滞后效应，会不可逆和不可恢复地影响城市整体安全。

产生上述问题的根本原因主要体现在对地下空间的资源性认识不足、地下空间权属关系不明、地下空间责任主体不清、地下空间利用情况不明、地下空间开发缺少统筹和整体规划布局、地下空间信息获取与共享渠道不通。与发达国家相比，我国城市地下空间开发的总体水平落后，盲目超前发展与开发严重滞后并存，系统化利用的层次不高，缺乏战略性规划。因此，开展城市地下空间资源探测评价是解决上述问题的重要基础，而探明城市地下地质条件、地下空间资源、已有地下空间开发现状，集成融合城市所有地下信息，形成空中、地面、地下立体透明城市，打造能为城市政府、与地下空间相关的所有管理部门、企事业单位、应用服务团体提供全链条和全生命周期地下所需要的信息服务平台，将地下空间作为城市国土空间系统，进行整体布局、统筹规划、协同利用、有序开发、安全运营、精准预警，确保城市安全、高质量、可持续发展是目前城市首先需要开展的工作，建立城市地下空间探测评价方法技术与标准体系是当务之急。

建立城市地下空间探测评价技术体系需要突破传统地质工作理念，把城市地上、地下一定深度国土空间作为整体，在立体、多维、多尺度、多介质空间下，利用与研发先进信息探测获取技术、信息集成融合技术、全空间资源环境评价技术,融合自然地理、地质与人工构筑工程数据信息,能为城市地下空间开发利用全链条和全生命周期提供全要素、全资源、全环境、全功能信息的技术体系。在城市地下空间开发利用中,必须获取高质量的地下空间及其设施的位置数据和属性数据的支持。

自然资源部城市地下空间探测评价工程技术创新中心(简称地下空间创新中心)肩负着建立城市地下空间探测评价技术体系的重任,依托南京地质调查中心承担"深地资源勘查开采"国家重点研发计划"城市地下空间开发地下全要素信息精准探测技术与装备"课题,编制了《城市地下空间精细探测技术方法体系》报告,为本书奠定了坚实的基础。本书由八部分组成:第一部分明确了地下空间是在地表以下岩土介质中,自然形成或人工开发形成的空间,地下空间资源是能发挥经济、社会、生态和国防效益的空间资源,城市地下空间是城市国土立体空间的有机组成部分。第二部分在全面了解我国地下空间开发现状的基础上,通过与欧美等发达国家的对比分析,进一步认识到在开发理念、法律制度、管理体制、规划体系、工程论证、综合效益、探测技术等方面存在的差距;全面梳理了我国城市地下空间开发利用中存在"安全风险、资源浪费、环境改变、效益低下"等方面的问题,从认知、法规、规划、监管、论证、信息、技术、标准8个方面分析了存在问题的原因及面临的挑战。第三部分提出了建立认知、法律、规划、监管、论证、监测、防控和信息集成体系等城市地下空间开发全生命周期安全开发利用保障体系。第四部分以地球系统理论为指导,创立全要素探测、全信息集成、全空间评价的新理念。第五部分建立了全空间地理要素、全功能地下设施要素、全地下地质要素的全要素分类指标体系。第六部分将空中、地面和地下探测技术融合成三位一体,形成了适用于城市地下精细探测包括钻探、地球物理、高光谱、实验测试技术组合的技术体系;针对活动断裂、地下障碍物、岩溶、古河道、特殊土层等形成了有效技术方法和技术方法组合,同时引入了近期研发的新技术、新装备,提出了需要进一步改进和攻关的新技术。第七部分提出了建立信息集成、三维建模、平台建设技术体系,地理、地下设施和地质要素的全信息集成体系,为地下空间规划、设计建造、安全运维、模拟预测、应急救援等全过程提供最直接和最真实的全空间、全功能、全要素基础地理、已有空间与地质信息。第八部分建立了包括基础要素评价、特殊要素评价、全资源评价、全环境评价、安全性评价、全生命周期各阶段所需要素评价的整套地下空间综合评价体系,能够真正满足城市地下空间开发与安全利用对地质信息的需求。

本书从地下空间的资源属性、地下空间的特点、地下空间的作用、地下空间开发的全生命周期、地下空间开发中面临的问题、产生问题的原因等方面,如何建立全生命周期保障体系,如何突破传统认知创新全要素探测、全资源评价与全信息融合的新理念,如何为城市地下空间合理开发与安全利用提供全面、系统、长效的信息支撑,是对城市地下空间开发利用、调查研究历史以来成果和资料的全面集成与总结,是集体智慧的结晶。各位研究者的成果与思想已体现在本书体系之中,所参考的文献全部列于书后,不再在书中单独标出,敬请谅解!

2022 年 8 月于南京

目 录

第1章 城市地下空间资源 (1)
  1.1 地下空间资源 (1)
  1.2 地下空间资源类型 (1)
    1.2.1 现状地下空间资源 (2)
    1.2.2 潜在地下空间资源 (2)
  1.3 地下空间资源特性 (2)
  1.4 地下空间资源效益 (3)
    1.4.1 利用地下空间隔离危险源 (3)
    1.4.2 利用地下空间储存能源 (4)
    1.4.3 利用地下空间降能增效 (4)
    1.4.4 利用地下空间安全防护 (4)
    1.4.5 利用地下空间营造舒适环境 (4)
    1.4.6 利用地下空间解决城市水患 (4)
    1.4.7 利用地下空间提高防御能力 (5)
    1.4.8 利用地下空间进行深地实验 (5)
    1.4.9 利用地下空间拓展新的经济增长点 (5)
  1.5 支撑城市高质量发展 (5)
    1.5.1 向地下要空间,解决城市空间拓展困境 (6)
    1.5.2 向地下要资源,提升城市资源保障能力 (6)
    1.5.3 向地下要安全,稳固城市安全发展环境 (7)
  1.6 城市地下空间功能类型 (7)
    1.6.1 地下管线设施空间系统 (9)
    1.6.2 地下交通设施空间系统 (9)
    1.6.3 地下建筑设施空间系统 (9)
    1.6.4 地下存储设施空间系统 (10)
    1.6.5 地下防御设施空间系统 (10)
    1.6.6 地下科学实验空间系统和其他设施空间系统 (10)

第2章 城市地下空间资源利用现状与面临的问题 (11)
  2.1 我国城市地下空间开发现状 (11)
    2.1.1 发展历程 (11)

2.1.2　主要利用类型 …………………………………………………………… (12)
　　2.1.3　我国城市地下空间资源开发利用现状 ………………………………… (18)
　　2.1.4　我国地下空间资源开发利用的特点 …………………………………… (19)
　　2.1.5　国内外城市地下空间开发比较 ………………………………………… (20)
 2.2　城市地下空间开发中出现的问题和危害 ……………………………………… (23)
　　2.2.1　频发事故，加大安全风险 ……………………………………………… (24)
　　2.2.2　无序开发，浪费城市资源 ……………………………………………… (25)
　　2.2.3　肆意开挖，改变城市环境 ……………………………………………… (26)
　　2.2.4　盲目跟风，利用效益低下 ……………………………………………… (28)
 2.3　产生问题和危害的原因与面临的挑战 ………………………………………… (29)
　　2.3.1　地下空间资源系统认知不清 …………………………………………… (29)
　　2.3.2　地下空间开发法律依据不足 …………………………………………… (30)
　　2.3.3　地下空间规划编制体系不全 …………………………………………… (33)
　　2.3.4　地下空间使用责任主体不明 …………………………………………… (35)
　　2.3.5　地下空间安全统筹监管不力 …………………………………………… (36)
　　2.3.6　地下空间信息融合集成不够 …………………………………………… (37)
　　2.3.7　地下空间建设技术能力不强 …………………………………………… (39)
　　2.3.8　地下空间开发标准体系缺失 …………………………………………… (41)

第3章　建立健全城市地下空间开发与安全利用保障体系 ………………………… (42)
 3.1　建立认知体系，系统了解地下空间"家底" …………………………………… (42)
　　3.1.1　提高城市地球表层系统的整体认知水平 ……………………………… (43)
　　3.1.2　认知城市地下基础地质条件 …………………………………………… (43)
　　3.1.3　认知城市地下空间等地质资源"家底"，充分发挥资源资产价值 …… (44)
　　3.1.4　认知地下地质环境背景 ………………………………………………… (44)
　　3.1.5　认知地下工程开发现状 ………………………………………………… (45)
　　3.1.6　认知地下空间地质安全风险 …………………………………………… (45)
 3.2　建立法规体系，依法规范地下空间行为 ……………………………………… (45)
　　3.2.1　完善地下空间开发利用法律体系 ……………………………………… (46)
　　3.2.2　确立地下空间权力体系 ………………………………………………… (46)
　　3.2.3　健全地下空间资源开发制度体系 ……………………………………… (47)
　　3.2.4　制定地下空间开发政策体系 …………………………………………… (50)
 3.3　建立规划体系，统筹部署地下空间功能 ……………………………………… (50)
　　3.3.1　建立城市地下空间规划体系 …………………………………………… (50)
　　3.3.2　确立城市地下空间规划基本原则 ……………………………………… (53)
　　3.3.3　城市地下空间规划内容与指标 ………………………………………… (54)
　　3.3.4　实施城市地下空间分层规划 …………………………………………… (55)
　　3.3.5　制订城市地下空间宏观战略计划 ……………………………………… (57)

3.3.6　城市地下空间规划编制依据 ………………………………………………（58）
3.4　建立监管体系，依规管理地下空间工程 …………………………………………（58）
　　3.4.1　明确依法监管 ………………………………………………………………（58）
　　3.4.2　建立监管体系 ………………………………………………………………（59）
　　3.4.3　明确监管机构 ………………………………………………………………（59）
　　3.4.4　制订监管制度 ………………………………………………………………（60）
　　3.4.5　完善监管标准 ………………………………………………………………（60）
3.5　建立论证体系，科学评估地下空间项目 …………………………………………（61）
　　3.5.1　明确论证的法律地位 ………………………………………………………（61）
　　3.5.2　建立论证工作制度 …………………………………………………………（61）
　　3.5.3　建立论证清单 ………………………………………………………………（61）
　　3.5.4　规范论证程序与内容 ………………………………………………………（62）
　　3.5.5　明确论证依据、制订论证标准 ……………………………………………（63）
3.6　建立监测体系，精准感知地下空间风险 …………………………………………（63）
　　3.6.1　建立监测体系 ………………………………………………………………（63）
　　3.6.2　监测对象与监测内容 ………………………………………………………（64）
　　3.6.3　监测技术与监测网 …………………………………………………………（64）
　　3.6.4　监测信息传输与集成 ………………………………………………………（66）
　　3.6.5　监测信息分析与反馈 ………………………………………………………（67）
　　3.6.6　城市地质环境智能监管的关键技术 ………………………………………（67）
3.7　建立防控体系，快速处置地下空间事故 …………………………………………（67）
　　3.7.1　建立地下空间安全防控体系 ………………………………………………（68）
　　3.7.2　提高地下空间事故应急处置能力 …………………………………………（68）
　　3.7.3　开展地下空间安全隐患排查 ………………………………………………（69）
　　3.7.4　快速制订方案，精准高效施救 ……………………………………………（69）
　　3.7.5　及时总结反馈完善防控体系 ………………………………………………（69）
3.8　建立集成体系，及时掌握地下信息动态 …………………………………………（70）
　　3.8.1　集成数据类型 ………………………………………………………………（70）
　　3.8.2　数据集成方法 ………………………………………………………………（71）
　　3.8.3　建立大数据中心 ……………………………………………………………（72）
　　3.8.4　完善数据更新机制 …………………………………………………………（73）
　　3.8.5　引入先进信息技术 …………………………………………………………（73）
　　3.8.6　融入智慧城市建设，提升城市治理能力 …………………………………（74）

第4章　建立城市地下空间资源探测评价体系 ………………………………………（76）
4.1　城市地下空间开发全生命周期技术体系 …………………………………………（76）
4.2　城市地下空间资源探测评价技术体系 ……………………………………………（77）
4.3　城市地下空间资源探测评价程度 …………………………………………………（77）

      4.3.1 城市地下空间的探测范围 …………………………………………………… (79)
      4.3.2 城市地下空间的探测深度划分 ……………………………………………… (79)
      4.3.3 城市地下空间的探测精度 …………………………………………………… (81)
    4.4 城市地下空间资源探测阶段 ………………………………………………………… (83)

第5章 城市地下全空间探测要素 …………………………………………………………… (84)
  5.1 城市地下空间全要素信息分类 ……………………………………………………… (84)
      5.1.1 全空间地理要素信息 …………………………………………………………… (84)
      5.1.2 地下全功能建(构)筑物信息 …………………………………………………… (84)
      5.1.3 地下全要素地质信息 …………………………………………………………… (85)
  5.2 全空间地理信息要素 ………………………………………………………………… (85)
      5.2.1 自然地理地形地貌要素 ………………………………………………………… (85)
      5.2.2 地表建筑空间形态要素 ………………………………………………………… (86)
      5.2.3 地下建筑空间形态要素 ………………………………………………………… (87)
      5.2.4 地下探测工程地理要素 ………………………………………………………… (87)
  5.3 地下全功能建(构)筑物信息要素 …………………………………………………… (87)
      5.3.1 历史文化遗留空间设施要素 …………………………………………………… (87)
      5.3.2 地下矿山空间要素 ……………………………………………………………… (88)
      5.3.3 城市人防工程要素 ……………………………………………………………… (88)
      5.3.4 城市地下管线管网要素 ………………………………………………………… (88)
      5.3.5 城市地下交通设施要素 ………………………………………………………… (88)
      5.3.6 城市地下建(构)筑物要素 ……………………………………………………… (88)
      5.3.7 城市地面建筑地下基础要素(桩基) …………………………………………… (89)
      5.3.8 城市其他地下设施要素 ………………………………………………………… (89)
  5.4 城市地下全要素地质信息 …………………………………………………………… (89)
      5.4.1 地质要素尺度划分 ……………………………………………………………… (89)
      5.4.2 地下地质单元体结构要素 ……………………………………………………… (90)
      5.4.3 地下岩、土、水、气成分要素 ………………………………………………… (92)
      5.4.4 地下岩土介质工程地质属性要素 ……………………………………………… (94)
      5.4.5 地下岩土介质水文地质属性要素 ……………………………………………… (94)
      5.4.6 地下特殊岩(土)体属性要素 …………………………………………………… (94)
      5.4.7 地下多类型场属性要素 ………………………………………………………… (96)

第6章 城市地下全要素探测技术 …………………………………………………………… (106)
  6.1 适宜城市地下空间探测的主要技术 ………………………………………………… (107)
      6.1.1 地理测绘技术 …………………………………………………………………… (107)
      6.1.2 地球物理技术 …………………………………………………………………… (109)
      6.1.3 钻探技术 ………………………………………………………………………… (117)
      6.1.4 高光谱技术 ……………………………………………………………………… (119)

6.1.5	测试分析技术	…………………………………………………………	(119)
6.2 城市地下空间地理要素测绘技术		…………………………………………	(120)
6.2.1	城市地下空间测绘特点	………………………………………………	(121)
6.2.2	城市地下空间测绘技术	………………………………………………	(121)
6.2.3	内外业配合的地下空间采集测绘	………………………………………	(122)
6.3 已有地下空间及地下空间设施要素探测技术		………………………………	(122)
6.3.1	地下管线探测技术	……………………………………………………	(123)
6.3.2	地下单体空间探测技术	………………………………………………	(124)
6.3.3	地下建筑基础探测技术	………………………………………………	(124)
6.3.4	地下空洞探测技术	……………………………………………………	(125)
6.3.5	地下工程病害探测技术	………………………………………………	(125)
6.4 城市区域地质结构要素探测技术		…………………………………………	(125)
6.4.1	探测技术选择原则	……………………………………………………	(125)
6.4.2	地质全要素的获取方式	………………………………………………	(126)
6.4.3	宏观地质要素探测技术	………………………………………………	(126)
6.4.4	中观地质要素探测技术	………………………………………………	(128)
6.4.5	微观地质要素探测技术	………………………………………………	(128)
6.5 特殊地质体与特殊要素探测技术		…………………………………………	(128)
6.5.1	活动断裂	………………………………………………………………	(128)
6.5.2	孤石	……………………………………………………………………	(128)
6.5.3	岩溶及洞穴	……………………………………………………………	(132)
6.5.4	隐伏古河道	……………………………………………………………	(132)
6.5.5	地裂缝	…………………………………………………………………	(132)
6.5.6	特殊土层	………………………………………………………………	(132)
6.5.7	地下含水层、隔水层	…………………………………………………	(133)
6.5.8	地下污染物	……………………………………………………………	(133)
6.5.9	次生地质灾害	…………………………………………………………	(134)
6.6 岩(土)体物理力学、水文地质参数获取技术		………………………………	(134)
6.6.1	岩(土)体物理力学参数	………………………………………………	(134)
6.6.2	水文地质参数	…………………………………………………………	(135)
6.7 建成区与待建区地下空间要素探测技术		……………………………………	(135)
6.7.1	待建区地下空间探测方法	……………………………………………	(135)
6.7.2	已建区地下空间探测方法	……………………………………………	(136)
6.8 地下空间要素探测技术总结		………………………………………………	(138)
6.8.1	成熟的技术	……………………………………………………………	(138)
6.8.2	技术局限性	……………………………………………………………	(138)
6.8.3	引进的新技术	…………………………………………………………	(139)

6.8.4 需要改进和研发技术 ……………………………………………………………… (139)
  6.8.5 城市地下空间地球物理探测技术发展趋势 ……………………………………… (140)
第7章 城市地下空间全要素集成技术 …………………………………………………………… (141)
 7.1 城市地下空间数据库建设 ……………………………………………………………… (142)
  7.1.1 数据库类型 ………………………………………………………………………… (142)
  7.1.2 城市地下空间数据种类 …………………………………………………………… (143)
  7.1.3 地下空间数据库建设 ……………………………………………………………… (146)
 7.2 地下全空间一体化三维模型构建 ……………………………………………………… (147)
  7.2.1 国内外主流建模软件简介 ………………………………………………………… (148)
  7.2.2 全空间地理模型构建 ……………………………………………………………… (150)
  7.2.3 全功能地下设施模型构建 ………………………………………………………… (150)
  7.2.4 全要素三维地质模型构建 ………………………………………………………… (150)
  7.2.5 地下全空间模型融合 ……………………………………………………………… (153)
  7.2.6 三维建模技术方法 ………………………………………………………………… (154)
 7.3 地下全要素信息管理与服务平台建设 ………………………………………………… (155)
  7.3.1 高度整合、管理城市地下空间全要素信息 ……………………………………… (156)
  7.3.2 城市地下空间三维可视化 ………………………………………………………… (157)
  7.3.3 信息平台主要应用服务功能 ……………………………………………………… (157)
  7.3.4 城市地下空间信息平台建设关键技术 …………………………………………… (159)
第8章 城市地下空间综合评价技术 ……………………………………………………………… (161)
 8.1 城市地下空间基础性要素评价 ………………………………………………………… (162)
  8.1.1 气候要素评价 ……………………………………………………………………… (162)
  8.1.2 地形地貌、地面建筑、生态要素评价 …………………………………………… (164)
  8.1.3 城市地表水文要素评价 …………………………………………………………… (167)
  8.1.4 地下空间要素评价 ………………………………………………………………… (168)
  8.1.5 地下岩(土)体基本要素评价 …………………………………………………… (169)
  8.1.6 地下水基本要素评价 ……………………………………………………………… (173)
 8.2 地下空间开发利用特殊要素评价 ……………………………………………………… (175)
  8.2.1 主要类型特殊要素评价 …………………………………………………………… (175)
  8.2.2 地下空间要素中的正面与负面清单 ……………………………………………… (179)
  8.2.3 特殊要素影响评价 ………………………………………………………………… (180)
 8.3 地下空间全资源评价 …………………………………………………………………… (181)
  8.3.1 地下空间资源评价 ………………………………………………………………… (181)
  8.3.2 地下水资源评价 …………………………………………………………………… (185)
  8.3.3 地下能源资源评价 ………………………………………………………………… (186)
  8.3.4 地下矿产资源评价 ………………………………………………………………… (187)
  8.3.5 地下"渣土"资源化评价 ………………………………………………………… (187)

8.4 城市地下空间环境评价 ··· (188)
　8.4.1 地下岩土环境评价 ··· (188)
　8.4.2 地下水环境评价 ·· (190)
　8.4.3 地下生态环境评价 ··· (193)
　8.4.4 地质稳定性评价 ·· (193)
　8.4.5 地下空间适宜性评价 ··· (193)
8.5 地下空间安全性评价 ·· (194)
　8.5.1 规划安全风险评价 ··· (194)
　8.5.2 施工安全风险评价 ··· (194)
　8.5.3 运行安全风险评价 ··· (195)
8.6 不同阶段地下地质要素评价 ·· (196)
　8.6.1 城市决策布局阶段 ··· (196)
　8.6.2 城市规划阶段 ··· (197)
　8.6.3 工程选址与论证阶段 ··· (200)
　8.6.4 工程设施施工阶段 ··· (201)
　8.6.5 工程运行阶段 ··· (202)

主要参考文献 ··· (203)

第 1 章　城市地下空间资源

地下空间是与领土、领空、领海并列的战略性国土空间资源、经济资源和战备资源,已被世界各国列为继太空空间、海洋空间之后的人类可开发第三大空间。地下空间是我国从工业文明进入生态文明发展阶段后,实现经济高质量发展的重要资源保障。

1.1　地下空间资源

广义地下空间是指地球表面之下的范围,即整个地球内部;狭义地下空间是指在现有经济和技术条件下,地球表面以下人类可开发利用的范围,包括自然形成的空间(空腔、孔隙和裂隙)、人工已开发形成的空间以及其他潜在的可开发的空间范围,即为本书所指的地下空间。地下空间资源是指地球上地表之下可供开发利用并能发挥经济、社会、生态和国防效益的空间类资源及其包含物。

城市地下空间资源指在城市行政区划内地表以下一定深度范围,受地质条件约束,在现有经济和技术许可条件下能开发利用的土层或岩层中天然形成或经人工开发而成的地下空间资源。城市地下空间资源是城市地上、地面和地下国土空间资源的有机组成部分,是地下城市空间。

1.2　地下空间资源类型

地下空间资源包括现状地下空间资源和潜在地下空间资源(图 1-1)。

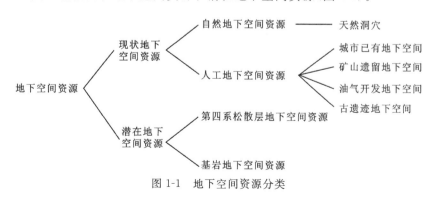

图 1-1　地下空间资源分类

1.2.1 现状地下空间资源

现状地下空间资源包括天然形成的自然地下空间资源和人类工程活动形成的人工地下空间资源。

1. 自然地下空间资源

自然地下空间资源是指陆地地表或海底之下,由于溶蚀、火山、风蚀、海蚀等自然作用形成的洞穴地下空间资源。

2. 人工地下空间资源

人工地下空间资源是指人工开发利用形成的地下空间,是可供人类开发利用的主要地下空间资源,包括城市已有地下空间、矿山遗留地下空间、油气开发地下空间、古遗迹地下空间等地下空间资源。

1.2.2 潜在地下空间资源

潜在地下空间资源是社会经济发展、工程建设需要、经济技术条件许可、能被开发利用的待开发潜在空间资源,主要包括第四系松散层中开展的地下空间资源和基岩中开展的地下空间资源。

1.3 地下空间资源特性

联合国自然资源委员会于1981年5月正式把地下空间确定为重要的自然资源。自然资源部在自然资源调查监测技术体系总体设计方案中已将地下空间资源纳入自然资源体系中。

地下空间作为一种自然资源,具有一切自然资源所共有的稀缺性、公共性、有限性、整体性和地域性、多用性和变动性、社会性和机制性、再生性和不可再生性等特性。作为地下特殊环境,地下空间在恒温性、恒湿性、隔热性、遮光性、气密性、隐蔽性、安全性等诸多方面远远优于地上空间。因此,充分认识地下空间的自然资源学属性和地下空间自身特点,是科学认识、精准评估、合理规划、安全利用地下空间资源的基础和前提。

从建筑空间环境和使用功能特性角度看,地下空间具有温度稳定性(保温隔热)好、隔离性(防风尘、隔噪声、减震、遮光等)强、防护性优、抗震性好等特征;地下建筑在节约采暖制冷能耗、抗震、防飓风、战时防护、保护地面自然风貌和历史人文景观、扩大地面建筑和地面机动交通方面,尤其在严寒多风雪、干热等自然气候恶劣地区,更显示其优势。根据这些优势,地下空间可大致归纳为以下五大功能:①防灾功能;②交通功能;③市政功能;④商业功能;⑤特殊功能。

1.4 地下空间资源效益

土地资源内涵已从"自然综合体",发展到"自然经济社会的综合体"。地下空间是地表土地资源向下的延伸,既能发挥地表土地的功能,又能利用地下空间资源所具有的恒温、恒湿、隔热、遮光、气密、隐蔽、高强度防护、低能耗、有岩土层隔绝等特点,防泄漏、防爆炸、防火灾等优势,建立地下生命线防护工程、地下交通工程、仓储物流工程、市政设施、污水与垃圾处理设施、人民防空(简称人防)和避难场所、地下储能设施、地下实验室等;拓展城市空间容量,提高城市土地利用效率,留出足够的生产、生活、生态空间,解决城市生存空间拥挤、交通阻塞、环境恶化等城市发展问题;进一步筑牢城市的基底,提升城市内在品质,打造更具韧性、更安全、服务更完善的城市有机体,发挥城市地下空间资源最佳经济效益、社会效益、生态效益和国防效益(图1-2)。

城市地下空间作为城市宝贵的空间资源,不仅记录了城市的发展历史,同时承载着城市的发展未来。

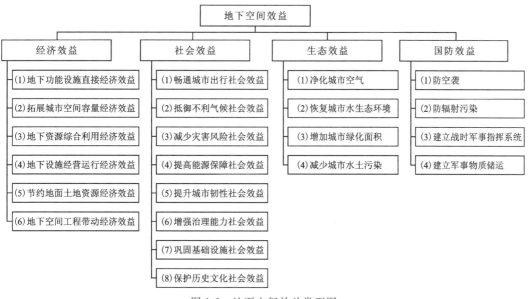

图 1-2 地下空间效益类型图

1.4.1 利用地下空间隔离危险源

地下空间是以地下岩土为介质的封闭环境,不受自然气候影响,自然灾害影响甚微。人类充分利用地下空间对环境污染的隔离作用,将造成城市地面环境污染的机动交通系统转入地下;利用地下空间设置城市污水、垃圾处理系统;将产生噪声、粉尘、辐射以及视觉污染的城市基础设施和生产空间转入地下,以减少对地面空间环境的污染;利用地下空间的安全隔离性设置核能发电站,封存CO_2,储存储藏和处理有毒、有害物质。

1.4.2 利用地下空间储存能源

充分发挥深层地下空间的大容量、热稳定性以及承受高温、高压和低温的能力,在地下岩土层介质中设置水和能源的储存及交换系统,修建热水洞库、水库、压缩空气库和超导磁储电库,对太阳能、风能、潮汐能、冰能等不稳定能源进行季节性和昼夜性储存;利用地下空间的安全隔离性设置核能发电站;利用地下空间设置对电力和某些工业生产过程中产生的大量余热与废热进行回收、储存和再利用系统。

1.4.3 利用地下空间降能增效

地下 200m 以浅长年稳定在 15～40℃之间,对温度的保持能力较强,具有较好的热稳定性,一般不受地表季节性影响,还可以充分利用地下岩土、地下水等天然热源向建(构)筑物供热或制冷。人类利用地下空间热稳定性建造地下城和地下居住工程,解决特殊地理、气候条件下人类活动、休闲、居住不便问题,同时降低能源消耗;利用热稳定特点建造地下储库工程,存放某些对温度保持要求比较严格的材料,减少建设投资成本;利用地下空间恒温特点建造保持恒温的地下(精密仪器生产加工)工场、信息、通信设施、地下工作室等地下工业工程,提高能源利用效率,减少生产成本。

1.4.4 利用地下空间安全防护

充分利用地下空间防自然腐蚀、防自然灾害、防震、抗电磁干扰与辐射等特殊的性能,建造城市地下市政管线工程,延长基础设施的寿命,减少维修次数,节省经济投入;修建地下储库工程,提高物品储存的安全可靠性,防止潮湿、虫害及自然灾害所带来的突发损失,保持新鲜。

1.4.5 利用地下空间营造舒适环境

地下空间相对隔绝,受地表环境干扰小,其热环境、光环境、声环境、空气清洁度等内部环境完全由人工控制,较易达到设计标准。人类利用地下空间内部环境的易控性,建造城市中各类对内部环境有较高要求的建筑设施,如各种电视和电影的演播、录音室,医院的手术室、无菌室及高科技企业中的无污染厂房等,大大降低了采暖和制冷的能耗,且无噪声、无振动,抗压能力强,能够按需要保持适度的微气候,从而为人民群众创造良好的生产与生活环境。

1.4.6 利用地下空间解决城市水患

由于城市地面硬化,雨水的渗透区域减少,直接流入河道的雨水量增大,加大了发生城市型洪水的危险。人类利用地下岩土介质中的空洞、孔隙、裂隙等天然储水空间建造储存、调蓄水资源的地下特殊水利设施,包括天然储水构造组成的地下水库、截流地下径流的地下坝、地表拦水和引渗工程、地下水开采工程,有效调蓄、配置城市水资源,解决城市水荒水患。

1.4.7 利用地下空间提高防御能力

地下空间具有良好的抗灾和防护性能,可免遭包括武器在内的空袭或爆破等破坏,同时也能较有效地抗御地震、台(飓)风等自然灾害。当今世界形势复杂多变,现代战争爆发的可能性增大,对城市的空袭可能加大。人类利用地下空间诸多特点建设地下国防,发挥地下人防工程在战争时对物资、人员的保护作用。

当今世界已进入核武器时代。只有隐蔽于地下的核武器才能保存核反击力量,才能对世界上的核霸权具有威慑力。军事上要求的军事防护设施包括指挥防护工程、阵地工程、人防工程。指挥防护工程包括中央和各级指挥中心;阵地工程包含地下兵力掩蔽所,地下飞机库、地下舰艇库、地下导弹阵地、导弹库等;人防工程是"平战结合、军民融合"的公共国防和避难场所。

1.4.8 利用地下空间进行深地实验

人类利用地下空间特殊性能,进行满足地下深部生存,模拟应力、应变场景实验,需要更深的地下空间,建立类似于深空舱、深海舱的深地舱。目前,美国、英国、法国、意大利、加拿大、日本等许多国家都已经建立起地下实验室,中国也在四川建立了最深的地下实验室。随着科学技术的发展,极深地下实验室在某种程度上代表着国家的科学实力,它的需求将会越来越旺盛。

1.4.9 利用地下空间拓展新的经济增长点

在新的发展形势下大规模开发地下空间,是拉动经济增长、促进产业发展与就业、拉动内需的强大动能,是下一阶段经济增长的主要动力之一。据测算,地铁里程数将从3600km增加到6000km,轨道交通相关产业企业数年增18%,极大地增加了就业岗位。

1.5 支撑城市高质量发展

城市高质量发展需要着力解决城市人口膨胀、生活空间拥堵、生态空间缩减、资源保障不足、环境质量下降、基础设施落后、经济发展缓慢、文化特色缺失等一系列突出矛盾和问题,促进经济高质量发展、社会和谐稳定、生态环境优美、居住环境安全、基础设施完备、文化品质高尚,更好地满足人民在经济、社会、生态、文化等方面日益增长的美好生活需要。

城市高质量发展的核心要素是资源、生态、环境和安全,需要有可拓展的国土空间保障,需要有维持产业发展的资源保障,需要有保持长期稳定的地质基础保障,需要有和谐共生与安全可靠的生态环境保障。破解城市高质量发展困局的关键是如何把城市地下空间资源优势转化为城市高质量发展优势。向地下要空间、向地下要资源、向地下要安全能够达到生态文明阶段实现城市高质量发展目标。

1.5.1 向地下要空间,解决城市空间拓展困境

城市地下有大量未被开拓的广阔空间。据估计,在地下30m深度范围内,即使只开发相当于城市总面积1/3的地下空间,就等于全部城市地面建筑的容积。单纯以扩大占地规模和构建高层建筑、高架道路来拓展城市发展空间,已不具备条件,城市由平面转为立体发展将是世界21世纪和中国新时代解决城市土地供需矛盾的必然方向,城市向地下要土地、要空间将是实现城市立体发展的必然选择和必然趋势。

城市生产空间、生活空间和生态空间承载城市发展的所有功能,要确保农业生产空间、水生态空间和绿化生态空间,就必须提高空间利用效率,控制生活与工业生产空间,并从源头上将部分城市功能分流到地下空间,把与人、与产业最关联的有限地表空间留给生活在城市里的人。

城市超高层建筑形成的"建筑森林"已加剧空气污染、热岛效应和雨洪灾害;城市地面生产空间和生活空间无限扩展已挤占了大量的城市生态空间与农业生产空间,甚至突破了生态保护和耕地保护红线。只有将交通、商业、文化活动、生产、仓储、防灾以及城市公用基础设施等转入地下空间中,形成城市地下空间系统,才能释放更多的地面生活、生态空间,破解城市发展空间不足;提高城市运转效率、城市治理能力、防御防护能力;增加城市绿化覆盖率,有效保护农田、自然森林植被和水体湿地,改善城市景观质量,维护地表自然生态环境安全;提高人民生活品质,提升城市文化内涵。

1.5.2 向地下要资源,提升城市资源保障能力

城市高质量发展离不开长期、持续、稳定的优质资源保障,城市地下除了地下空间资源外,还能长期提供丰富能源资源、矿产资源、水资源、生态资源、环境资源与旅游资源。

人类利用地下空间资源建立现代化城市综合交通体系,促进城市综合开发和协调发展;利用城市地温能资源和地热资源,提高能源利用效率,缓解城市能源供应压力;利用地下矿产资源开发矿业,形成全链条实体产业经济,增强城市经济活力;利用地下遗留空间资源,发展绿色旅游经济、提升城市文化品质;利用地下"渣土"资源建立再生资源循环经济体系,减少城市污染和灾害;合理利用、科学调配城市地下水资源,平衡城市水资源、水生态、水环境,提高城市经济发展的水资源保障能力。

以地下水资源为例,建立城市水系统的良性循环机制是关键,主要原因包括以下两点:一是充分利用雨水、城市地下工程开发人工降水、污水处理后的再生水建立地下"水银行"调节供水;二是通过土体的过滤和吸附作用改善水质,特别是污水处理后再生水渗入地下过滤净化水质,实现水循环再利用。有专家估计,北京市污水处理后的再生水经过中水系统进入家

庭,全年可节水10亿 m³,即南水北调中线一期工程送达北京的输水量。

1.5.3 向地下要安全,稳固城市安全发展环境

城市安全包括生态环境安全、交通安全、居住安全、设施安全、健康安全、经济安全和国防安全。

城市空间向地下三维立体集约化发展,节约土地资源,合理限制城市外延,有效保护农田、自然森林植被和水体湿地,维护地表自然生态环境安全;建立城市地下立体交通网,实现城市地面和地下浅层与深层系统之间快速、便利、安全立体换乘,保障了城市交通安全,提高城市运转效率;利用城市地下空间建立城市防灾、救灾综合空间体系,防御战争和灾害,增强城市韧性,提高城市总体防护能力和应对、化解突发事件能力,维护城市社会公共安全、居住安全;建立由电力、煤气、石油气、热、水、垃圾、货物、信息设施等组成大规模综合型地下物资流通网,包括高效输送电力和煤气等能流网,货物、邮件、垃圾等固体物流网,上、下水等液体输送管道网以及信息流网等,实现高效运输和流通,提高基础设施抗灾性能,保障社会运行安全;建立地下发电站、石油储存库、地下 CAES(compressed air energy storage,压缩空气储能)系统、地下 SMES(Superconductor Magnetics Energy Storage,超导磁储能)系统和地下 CGES(compressed gas energy storage,压缩燃气储能)系统等地下大型综合能源储存供给系统,提高能源生产、流通、储存、消费效率,确保城市能源安全、经济安全;利用地下空间建立海绵城市,建设地下储水、导水系统,保障城市用水、排水安全。

1.6 城市地下空间功能类型

城市地下空间的功能是对城市地面功能的补充和完善,系统分类应反映城市地下空间的整体状况,与地下产权、空间竖向分层、管理体系、建设标准及地面功能相对应、相衔接、相一致,更便于建立城市地下空间法律体系、规划体系、管理体系、防控体系、信息融合与更新体系。综合目前城市地下空间功能分类方案,笔者建议城市地下空间功能划分为地下管线设施空间系统、地下交通设施空间系统、地下建筑设施空间系统、地下存储设施空间系统、地下防御设施空间系统、地下科学实验空间系统和地下其他设施空间系统(表1-1)。

表1-1 城市地下空间功能分类表

地下空间系统	地下空间功能	功能类型
地下管道空间系统	地下信息与通信管线	通信管线、广播电视管线、交通信号线、道路监控线等
	地下市政管道	给水管道、燃气管道、电力管道、热力管道、排水管道、地下固体废弃物输送管道等
	地下输油管道	
	地下工业管道	
	地下综合管廊	

续表 1-1

地下空间系统	地下空间功能	功能类型
地下交通运输空间系统	市区地下公共交通	地下轨道交通、地下快速干线交通和地下集散交通等
	地下城际隧道交通	地下铁路(高铁)、地下公路(高速)、地下磁浮、水下隧道和山岭隧道、地下机场等
	城市地下步行通道	地下过街通道、地下设施连接通道等
	地下车站(场)	地下火车站、地下汽车站、地铁站、地下公交站(场)等
	地下停车设施	地下自走式停车库、机械式停车库等
	地下立交桥	地下立交桥、地下公交枢纽、地下不同层上下通道等
	地下物流	地下物流通道地下货物分拨场(站)、地下货物配送场(站)、地下物流终端场(站)等
地下建筑空间系统	地下公共服务空间	地下商业(商业街、商场)、地下文化(音乐厅、大剧院、电影院、图书馆、博物馆、展览馆)、地下体育(球场、游泳馆、射击场、健身等)、地下医疗卫生(医院、诊所)、地下教育设施、地下宗教设施、地下娱乐设施等
	地下市政处理空间	地下自来水厂、地下变电站、地下冷藏库、地下污水处理场、地下垃圾转运与处理场等
	地下生产空间	地面建筑地下室、地下工业厂房、地下行政办公设施、地下旅游空间等
	地下生活居住空间	地下城镇住宅空间、地下城镇社区服务
	地下科研空间	地下实验室、地下数据中心等
地下储存空间系统	地下能源储存空间	煤、石油、天然气、燃油
	地下食品储存空间	粮食、食油、食品、种子
	地下物质储存空间	药品库、地下物资库
	地下仪器储存空间	精密仪器、高精尖仪器、特殊仪器
	地下有害物储存空间	高放射物、有毒废液、有毒垃圾
	地下水调蓄空间	地下水库、地下蓄水池
地下防御空间系统	地下防灾空间	地下消防设施、地下防洪设施、地下避难设施
	地下国防空间	人民防空空间设施、地下军事指挥空间设施和地下军事交通空间、地下急救医院、地下应急物资库
地下科学实验空间系统	地下实验空间	地下暗物质实验室、地下核实验室、地下人类生活实验室、地下矿产冶炼实验室

续表 1-1

地下空间系统	地下空间功能	功能类型
地下其他空间系统	地下建筑基础空间	浅基础地基（独立基础、条形基础、筏形基础、箱形基础等）、深基础（地下桩基、地下连续墙）
	文物保护空间	
	地下损毁弃置空间	矿山地下废弃空间、废弃人防空间、其他废弃空间

1.6.1 地下管线设施空间系统

城市地下管线建设历史悠久且数量庞大，担负着城市的信息传递、能源输送、排涝减灾、废物排弃功能，是城市重要基础设施和城市的"生命线"。所有城市都有地下管线设施，主要包括地下电力、信息与通信、给水、排水、燃气、热力、工业管道、输油管道、综合管廊（沟）、地下固体废弃物输送管道等设施。地下管线设施以浅层空间为主。

1.6.2 地下交通设施空间系统

地下交通设施空间系统包括城市地下公共交通设施空间、地下城际交通设施空间、城市地下步行交通设施空间、地下站场设施空间、地下物流设施空间。

城市地下公共交通包括地下轨道交通、地下快速干线交通和地下集散交通，与地上交换频繁，应当布置浅层。

地下城际交通设施包括地下铁路、地下高速公路、地下运输管道、地下机场、越江隧道和穿山隧道；城市过境通道的功能是让汽车快速穿越城市，放置于较深的位置。

城市地下步行交通包括地下步行街、过街隧道及地下不同设施之间的步行通道。

地下站场设施空间包括地下火车站、地下高铁站、地下汽车站、城市地铁站、地下公共汽车站，及地下火车、公共汽车停车场。地下停车设施空间主要为地下设施配建或单建的地下停车库（场）。

地下物流设施空间在全球范围内仅有伦敦、东京等少数城市的实践，其功能、埋深、规模和标准各异。

1.6.3 地下建筑设施空间系统

地下建筑空间系统涵盖范围最广，包括地下公共服务空间、地下市政处理空间、地下生产空间、地下生活居住空间和地下科学研究空间。

地下公共服务空间包括地下商业、娱乐、文化、体育、医护、教育空间；地下公共设施主要包括地下商场、地下商业街、地下电影院、戏剧院、音乐厅、地下下沉式广场、地下体育场、地下教堂、地下博物馆、地下医院、地下旅馆。

地下市政处理空间包括地下自来水厂、地下变电站、地下冷藏库、地下污水处理场、地下垃圾转运与处理场。

地下生产空间包括地面建筑地下室、地下工业厂房、地下行政办公设施、地下社区活动中心、地下会议中心、地下教学培训中心、地下医疗防疫中心、地下旅游空间等设施。

地下生活居住空间包括地下城镇住宅空间、地下城镇社区服务设施空间。

地下科学研究空间包括地下深部实验室、地下数据中心等。

1.6.4 地下存储设施空间系统

地下存储空间系统包括地下能源储存空间、地下食品储存空间、地下物质储存空间、地下仪器设备储存空间、地下水调蓄空间、有害物储存空间。

地下能源储存空间包括煤、石油、天然气、燃油、电力等资源储存空间;地下食品储存空间包括粮食、食油、食品、种子等储存空间;地下物质储存空间包括药品、日用百货等物流储存空间;地下仪器设备储存空间包括精密仪器、高精尖仪器、特殊仪器储存空间;地下水调蓄空间包括地下蓄水系统和调蓄管道,是海绵城市和城市防洪防涝的重要组成部分,日本和美国的地下调蓄系统主要位于地下 $30\sim55m$ 的层位;有害物储存空间包括高放射物质、有毒废液、有毒垃圾等地下储存空间。

1.6.5 地下防御设施空间系统

地下防御设施空间系统包括地下防灾空间和地下国防空间设施。地下防灾空间包括地下消防空间、地下防洪空间、地下避难空间设施。地下国防空间包括人民防空空间设施、地下军事指挥空间设施和地下军事交通空间。人民防空空间设施宜与其他地下设施如地下停车场、仓库等结合建设,可广泛分布在浅层范围。

1.6.6 地下科学实验空间系统和其他设施空间系统

地下科学实验空间系统包括在地下不同深度空间开展的地下科学实验,如地下暗物质实验室、地下核实验室、地下人类生活实验室、地下矿产冶炼实验室等。

地下其他设施空间系统包括文物保护空间、地下损毁弃置空间、地下建筑基础占用空间、高层建筑桩基占用空间、地下埋葬空间等。

第 2 章　城市地下空间资源利用现状与面临的问题

2.1　我国城市地下空间开发现状

我国利用地下空间从帝王陵寝、隧道和石窟,到居住、储藏、墓葬、宗教和防御等各方面,至今各地仍保留着丰富的历史遗迹,形成了宝贵的地下空间文化旅游资源。中华人民共和国成立后,城市地下空间开发从人防工程开始,延伸到地面建筑地下室、城市地下管线、地铁及地下商业、体育、文化、娱乐设施。进入 21 世纪以地铁为引领,围绕城市中心、交通枢纽的地下大型综合体建设成为特大城市的发展趋势,地下空间建设进入普遍化、立体化、深层化和综合化发展阶段。

2.1.1　发展历程

我国城市地下空间资源的开发利用比世界发达国家起步较晚,大致经历了"深挖洞"时期、"平战结合"时期、"与城市建设相结合"时期和有序快速发展时期。

1. "深挖洞"时期(1977 年前)

该时期是我国城市"以人为服务对象"的地下空间开发利用的开端,但由于缺乏统一规划和技术标准,主要以人防工程建设为主。

2. "平战结合"时期(1978—1986 年)

1978 年召开了第三次全国人民防空工作会议,提出了"平战结合"的人防工程建设方针,遵循"平战结合"的原则进行人防工程建设成为我国城市地下空间资源开发利用的主流。

3. "与城市建设相结合"时期(1987—1997 年)

1986 年 12 月,国家人民防空办公室和建设部联合在厦门召开了"全国人防建设与城市建设相结合工作座谈会",进一步明确了人防工程"平战结合"的主要方向是与城市建设相结合。

4. 有序快速发展时期(1998年以来)

1997年10月,建设部颁布了国家层面的法规——《城市地下空间开发利用管理规定》,明确规定了"城市地下空间规划是城市规划的重要组成部分",并在全国各地进行了很多有益的尝试,积累了不少经验,有力地促进了我国城市地下空间资源的开发利用。

"十二五"以来,我国城市地下空间建设量显著增长,年均增速达20%以上,约60%的现状地下空间为"十二五"时期建设完成。据不完全统计,地下空间与同期地面建筑竣工面积的比例从约10%增长到15%。

2.1.2 主要利用类型

1. 人防工程

该工程主要包括1949年初期人防工程建设,20世纪50—60年代在美苏核冷战时期修建的掩蔽工事、地下工厂、储备仓库和军事设施。1978确立了"全面规划,突出重点,平战结合,质量第一"的人民防空建设方针,人防工作走向"平战结合"时期。

截至2016年底,全国的"平战结合"开发利用的人防工程面积已经超过1亿多平方米。但利用形态比较单一,地下设施类型较少(表2-1)。

表2-1 1949年以来我国代表性城市人防工程(据林枫和杨林德,2005)

年份	城市	名称	面积/万 m²	意义
1986	哈尔滨	秋林地下人行过街工程	超过1	第一个将人防与城建相结合的工程
1990	上海	人民广场地下车库	6.08	平战两用,可停车600辆
1991	武汉	汉口火车站配套工程	超过5.5	当时最大的集中开挖式地下工程
1992	上海	人防工程	3.55	结合南京路、淮海路商业街改造
1997	西安	鼓楼地下空间开发利用工程	4	成功实现了城市地下空间"平战结合"开发利用、古建筑保护与城市发展规划的完美结合
2002	上海	火车站南广场地下人防工程	2.2	平时可停车561辆,有效缓解了火车站地区的停车难问题

2. 地下文娱设施

20世纪八九十年代我国开始单独建设或将原有人防设施改造为文化、娱乐、教育、休闲等功能的地下建筑。

1)地下图书馆

地下图书馆以南京五台山山体地下空间内的先锋书店为代表,2004年9月18日开业,经营面积近3680m²,经营品种7万多种,并设立了1000m²的物流配送中心。其前身为地下停车场,目前已经是南京市的文化符号之一。

2) 地下博物馆

地下博物馆以陕西省咸阳市汉阳陵地下博物馆为代表,建筑面积 8000m²。为了达到既保护帝陵陵园历史环境风貌,又能够展示陵园重要考古成果,满足观众欣赏古代遗址的目的,整个建筑基本沉埋于地下,地面覆土绿化,是目前中国第一座全地下的现代化遗址博物馆。该馆内部由利用地热资源的水源热泵进行空调通风,光纤和 LED 等先进光源照明,虚拟成像再现了汉景帝时期的历史事件、人物等,并采用真空镀膜电加热玻璃幕墙和玻璃通道将游客与文物隔离,为游客和文物分别创造了两个不同的小气候环境。

中国科举博物馆位于南京市秦淮区夫子庙秦淮风光带核心区,总占地面积约 6.63hm² (1hm²=0.01km²)。中国国家博物馆有地下展厅;南京博物院民国馆整体位于地下。

3) 矿山公园

我国把废弃矿井与生态重建、旅游、教育等多重目标相结合,建设成综合性的矿山公园、科普教育与教学实践基地。截至 2013 年,中国已建成开放或获批在建的国家矿山公园共有 70 多个,其中包括河北唐山开滦国家矿山公园、山西太原西山国家矿山地质公园、河南焦作缝山国家矿山地质公园等。

3. 地下综合体

我国大陆地区真正意义上的地下综合体建设始于 21 世纪之后。城市地下综合体,往往结合轨道交通的建设,在重要的地铁站点或换乘枢纽,统一开发整合地下空间,或是在城市中心地区以及新城建设区域,形成地下、地上一体化的城市综合体。目前全国已有城市地下综合体超 200 个,如北京王府井地下综合体、杭州钱江新城波浪文化城、南京新街口地下综合体等几十万平米的城市大型地下综合体,甚至如武汉王家墩商务区核心区、广州国际金融城等"地下城"级别的超大型地下综合体(表 2-2)。

表 2-2 国内大于 20 万 m² 的城市地下综合体一览表(据王乾蕴,2009)

区域名称	建筑面积/万 m²	开发层数	建成	在建
广州国际金融城	213.6	地下五层		√
杭州钱江新城核心区	210	地下四层	√	
广州万博商务区	171	地下四层		√
南京江北新区中央商务区	148	地下七层		√
武汉王家墩商务区核心区	142.4	地下四层	√	
上海虹桥商务区核心区	101	地下四层		√
上海江湾-五角场广场	100	地下四层	√	
上海世博园区地下综合体	65	地下三层	√	
北京 CBD 核心区	52	地下五层		√
武汉光谷中心城	51.6	地下三层		√

续表 2-2

区域名称	建筑面积/万 m²	开发层数	建成	在建
北京中关村西区	50	地下三层	√	
广州珠江新城核心区	44	地下三层	√	
南京新街口地下综合体	40	地下三层	√	
苏州太湖新城核心区	30.6	地下三层		√
杭州奥体中心地下综合体	29.7	地下两层	√	
广州南站地下综合体	20.4	地下三层		√

4. 地下停车场

我国的地下停车场建设大致起步于 20 世纪 70 年代。现在，我国各大城市中有相当部分企事业单位已建造了自用或公用的地下停车库，有一部分同地下街相结合，还有一部分附建在高层建筑下。我国城市总体上停车位严重不足，车辆的快速增长与停车场的建设滞后矛盾突出。与国际惯例相比，各地购物中心停车场车位配比普遍偏低。

5. 地下轨道交通

我国轨道交通发展经历了以下几个时期：

(1) 起步时期(1950s—1960s)，1969 年 10 月建成北京地铁 1 号线，全长 23.6km，随后建设天津地铁。

(2) 发展时期(1980s)，我国仅有北京、上海、广州等几个大城市规划建设地铁，该阶段地铁建设开始真正以城市交通为目的。

(3) 调控时期(1990s)，进入 20 世纪 90 年代后国内一批省会城市开始筹划建设地铁。

(4) 建设高峰期(21 世纪)，国家的政策逐步鼓励大中城市发展地下轨道交通，该时期地铁建设速度大大超过之前的 30 年(表 2-3)。

表 2-3 不同时期我国城市轨道交通统计一览表

期间	新增里程/km	总投资/万亿元	年均里程/km
"十五"期间	399		
"十一五"期间	885	0.50	177
"十二五"期间	1900	1.20	380
"十三五"期间	2500	1.75	500

6. 综合管廊

地下综合管廊是指在城市地下用于集中铺设电力、通信、广播电视、供水、排水、热力、燃气等市政管线的公共隧道。城市地下综合管廊建设于1949年以后开始起步。1994年上海浦东新区建成国内第一条规模较大的城市地下市政综合管廊,总长度约11km,被称为"中华第一沟",内部铺设给水、通信、电力、燃气4条管道和相应附属设施。2014年6月,国务院办公厅下发了《关于加强城市地下管线建设管理的指导意见》,同时选出包头、沈阳10个城市作为试点。

7. 地下市政站场设施

地下市政站场设施包括地下变电站、地下垃圾收集及处理设施、地下污水处理厂、地下雨水泵站及调蓄池等。

1) 地下变电站

我国的地下变电站起步较晚。1987年上海35kV锦江变电站在花园饭店的绿地下建成投运,1993年位于市民中心人民广场东南角地下的人民广场220kV变电站建成投运,此后,滨江35kV地下变电站,上海体育馆、静安寺、自忠110kV地下变电站等相继建成投运,2009年投运的500kV世博地下变电站是国内规模最大的地下变电站,属国内首创。我国主要地下变电站建设城市统计如表2-4所示。

表2-4 地下变电站统计一览表(据夏泉和张安林,2005) 单位:座

省(直辖市)	220kV 变电站		110kV(66kV)变电站		35kV 变电站		合计
	半地下	全地下	半地下	全地下	半地下	全地下	
北京市	2	1	15	4			22
上海市	1		4		2		7
重庆市			1				1
广东省		1					1
山东省			3		1		4
江苏省				1	2		2
辽宁省			2				3
湖南省			1				1
小计	3	2	26	5	5		41

2) 雨水调蓄

我国地下雨水调蓄的实践以上海世博园为代表。世博浦东园区采用雨污分流的排水体制,建立了4座雨水调蓄池,调蓄池出水均排入黄浦江。

3) 污水处理

我国地下式污水处理厂的建设起步较晚。自20世纪90年代起,随着相关技术的发展,一些经济较为发达、环境要求较高、用地紧张的大城市,地下污水处理厂建设得到了一定程度的发展。地下污水处理厂由于处于地下全封闭状态,对周围环境的影响较小、协调性强,可节

约土地资源,可以防止周边土地贬值。截至 2016 年,我国运行的地下污水处理厂超过 10 座,在建的有 30 多座,且规模越来越大。如广州石井净水厂是广州市占地面积最大的全地埋式污水处理厂,占地面积 14.68hm²,处理源于白云二线、环城高速至白云区界以北区域的污水,日处理量高达 30 万 t/d。张家港金港污水处理厂是江苏省首座全地下式污水处理厂,占地面积 36 亩(1 亩≈666.7m²),2010 年 9 月动工,2012 年年底投运。设计总规模 5 万 m³/d,一期规模 2.5 万 m³/d,实际运行规模 1.4 万～1.5 万 m³/d,服务面积 130 万 km²,服务人口 20 多万人。2016 年共处理污水 5.6 万 m³,COD 削减量为 862t,氨氮削减量为 168t,总磷削减量为 21t。昆明市第十水质净化厂占地 3.93hm²,2013 年 7 月通水投运,全地下式布置形式,设计规模 15 万 m³/d,最大流量 19 万 m³/d,再生水处理规模 4.5 万 m³/d,服务面积 20.34km²,服务人口 43 万人。

在全球大型地下式污水处理厂中,中国占有很高的比例。在其他国家的地下式污水处理厂中,北欧国家一直有这方面的传统,但我们可以看到瑞典、挪威、芬兰的污水处理厂实际上是洞穴式的污水处理厂,洞穴式的污水处理厂可以抵御北欧严寒的季节对污水处理工艺的影响(表 2-5)。

表 2-5 全球典型地下污水处理设施统计一览表(据佚名,2016)

序号	污水处理厂	国家	规模/(万 t·d⁻¹)	生物处理工艺
1	Henriksdal	瑞典	86.4	MBR
2	槐房	中国	60	MBR
3	晋阳	中国	32(48)	AAO、MBR
4	温州中心片	中国	40	—
5	Viikinmäki	芬兰	27	活性污泥法
6	马赛 Geolide	法国	24	活性污泥法
7	深圳布吉	中国	20	活性污泥法
8	通州碧水	中国	18	活性污泥法
9	Bekkelaget	挪威	16	活性污泥法
10	昆明	中国	15	MBR

4)垃圾处理

地下垃圾处理设施方面,本溪市、铁岭市、南京市等都建了地下垃圾收集中转站;广州市五羊新城明月二路附近目前正在筹建全市首个地下垃圾压缩站,有望减少对周边地区的环境污染问题;中国内地的第一个应用于商业项目的地下垃圾收集系统于 2008 年在北京国际中心安装完成;广州市国内首个应用于居住小区生活垃圾收集的金沙洲居住新城真空管道 3 号系统于 2007 年投入运行;2010 年上海世界博览会期间,世博园建起了一套国内最大的"智能化垃圾气力输送系统"。

8. 地下储藏

1) 油气储蓄

我国目前有 10 个战略石油储备库,其中两个位于地下。建成后将占全国 10 个战略储备库总容量的 20% 以上(表 2-6)。

表 2-6 我国地下石油储备库一览表

洞库名称	储存物资	库容/m^3
黄岛国家石油储备洞库	石油	300 万
锦州地下石油储备库	石油	300 万
惠州地下水封洞库	石油	500 万
大张坨地下储气库、板 876 地下储气库和板中北储气库	天然气	20 亿
江苏金坛盐矿和江苏刘庄气田地下储气库	天然气	20 亿

2) 通用储藏

我国地下储藏的实践起源非常早,居民采用地窖储存蔬菜、粮食、酒类,已有丰富的经验。地下室的一部分也主要用作储藏功能。山东省峄城区底阁镇利用采矿历史上遗留的废弃石膏矿区废弃矿井建设地下恒温库项目是全国首个,目前 10 万 t 地下恒温库启用,现已储存生姜 75 万 kg,紫薯 10 万 kg。

3) 粮食储藏

20 世纪六七十年代为了适应战备的需要,我国建造了大量地下粮仓。目前,地下粮仓已遍布内蒙古、河南、陕西、河北、浙江、辽宁、上海、福建、山西等省(自治区、直辖市)。地下粮仓的主要仓型是喇叭形地下圆仓(散装)和山洞式地下仓(袋装为主)。其中,内蒙古赤峰市元宝山粮库,有效地利用当地的地形地貌,而且较好地解决了机械化进出仓问题。在 250 亿 kg 中央直属储备库建设中,这个粮库建成了 0.35 亿 kg 的地下喇叭仓群,并已投入使用。

4) 地下金库

由于安全、密封、不占地表面积等原因,许多银行将金库设置于地下。中国最深的超大型私人保管库位于上海中心地下 5 层,最深处达地下 25m。金库内实现智能恒温、恒湿,并配有全球先进的生物控制系统,可以实现防虫防蛀、漏水报警、空气颗粒物控制、24h 环境监测、智能控制照明等功能。

5) 深部特殊废料储藏

四川普光气田、四川川东北气田、陕西长北气田,将采气废水回注到采气层或采气层以上的咸水含水层中。大庆油田自 1996 年起每年将 226 万 t 含氰污废水注入到油田边界过渡带,实现了含氰废水地面零排放;重庆索特盐化股份有限公司自 2004 年起每年将 60 万 t 制盐废水废渣注入到深部地下咸水层中,实现了高含盐废水零排放的目标。2007 年 11 月,国家环保总局明确指出"杜邦东营二氧化钛生产厂项目废液深部地下灌注项目选址严格参照美国相关标准,选址安全合理"。松嫩平原、松辽平原、华北平原、江汉盆地、鄂尔多斯盆地等都被认为是良好处置场地的备选区域。

6) 核废料储藏

我国目前有两座中低放核废料处置场。其中西北处置场是中国首座区域中、低水平放射性固体废物处置场,主要处置核工业历年积存的,退役过程中产生的中、低水平放射性固体废物。其始建于 1995 年,1998 年通过国家验收,1999 年开始运行,2011 年国家核安全局颁发正式运行许可证。目前我国核废料地下储藏能力远低于实际需求。

9. 地下水库

1975 年,在河北修建的仅有深井回灌系统的南宫地下水库,标志着我国地下水库发展的开始。此后在北京西郊、山东龙口、大连旅顺、广西、贵州、福建等地都已经开始修建了地下水库,并积累了宝贵的经验。地下水库在西北干旱地区得到了广泛的重视,其中新疆的乌拉泊洼地地下水库、柴窝堡盆地地下水库很具有典型性,我国南方一些省市和岛屿、滨海地区也有不少地下水库(表 2-7)。

表 2-7 典型地下水库统计一览表(据杜新强等,2008)

省份	名称	蓄水方法	库容/m³	地质类型
山东	八里沙河地下水库	有坝的地下水库	39.8 万	含水层以中粗砂和亚砂土为主
山东	黄水河地下水库	人工渗井和河道拦蓄	0.53 亿	滨海平原型
山东	济宁市地下水库	利用疏干含水层空间	4.43 亿	地下水开采漏斗区
辽宁	龙河地下水库	地下帷幕坝、补源沟和集水廊道	8.2 亿	
河北	南宫地下水库		4.8 亿	古河道型
山东	大沽河地下水库		3.84 亿	孔隙水,山间河谷型
山东	夹河地下水库		2.05 亿	孔隙水,山间河谷型

10. 地下实验室

2009 年,清华大学与二滩水电开发有限责任公司开始在锦屏交通隧道中部联合建设我国第一个地下实验室——中国锦屏地下实验室,2010 年 6 月正式建成,2014 年启动包括 4 组共 8 个实验室及其辅助设施的二期建设,实验空间由 4000m³ 扩容至 12 万 m³,其空间容积将仅次于意大利的地下实验室。锦屏实验室上面是 2500 多米厚的山体岩石,是世界上最优越的探测暗物质的环境。

2.1.3 我国城市地下空间资源开发利用现状

2020 年中国城市地下空间新增建筑面积约 2.59 亿 m³,同比增长 0.78%,新增地下空间建筑面积(含轨道交通)占同期城市建筑竣工面积约 22%。截至 2021 年 8 月底,31 个省(自治区、直辖市)和新疆生产建设兵团共有 48 个城市开通运营城市轨道交通线路 247 条,运营里程 7970km,地铁里程超过 7500km;2022 年 6 月底,全国累计开工建设管廊项目 1647 个、长度 5902km,形成廊体 3997km。截至 2020 年底,中国(未包括香港、澳门特别行政区和台湾省)城市地下空间累计建设 24 亿 m^3。近年来北京中关村、上海虹桥、武汉光谷等世界一流水平的地下商业综合体已建成运营。国内首例、世界先进、总面积可达 200 万 m^3 地下空间系统将在山东济南中央商务区中央枢纽车站建成。面积约 145 万 m^3、地上地下一体化的地下综合体正在南京江北新区中央商务区建设。

2.1.4 我国地下空间资源开发利用的特点

1. 起步晚、速度快

我国地下空间需求大、发展快,特大城市地下空间开发利用的总体规模和发展速度已进入世界同类城市的先进行列,成为世界城市地下空间开发利用的大国,建设施工水平已达到了国际先进水平。地下空间勘探、世界范围内地下空间的利用功能在中国均有实践;项目工程融资、立法规划管理、人才技术创新等方面也积累了一定的经验。

2. 区域发展不平衡

一是空间层面上,我国地下空间开发强度呈现出一级城市较高、二级地区发展较快、三级地区开发强度较低的特点,且主要集中在以东部沿海一带、长江经济带和京广线连绵区及以京津冀都市圈、长三角城市群、粤港澳大湾区、成渝城市群、中原城市群、关中平原城市群。二是开发程度上,我国城市地下空间可以分为初始化阶段、规模化阶段、初始网络化阶段、规模网络化阶段以及生态城阶段(表 2-8)。北京和上海的开发程度最高,已经达到了规模网络化的程度,发展特征是以地铁系统为网络,综合开发商业、交通、市政等地下设施;广州、深圳、南京、成都、杭州、重庆和天津等次之,为初始网络化程度,其发展特征是以地铁交叉点为节点及建立商业综合体;哈尔滨、福州、青岛、宁波等为规模化阶段,主要是以沿轨道交通呈线状开发。

3. 实际利用类型少

目前我国城市实际利用三部分地下空间,包括地下通道、地铁系统、地下步行街、地下车库等城市道路下方的空间;地下商场、地下泵站以及物流仓库等非城市道路地下空间;地下工厂、公路隧道、铁路隧道、储存设施、地下水坝以及地下实验研究设施等非市区的地下空间。上述地下空间功能和开发模式单一、深度浅,主要用于交通、市政设施等公益用途,用于民事、商业等经营性开发利用的还是少数,开发深度多在 30m 以浅,连通性、兼容性差,综合效益发挥不理想。

表 2-8 地下空间发展阶段

发展阶段	重点功能	发展特征	布局形态	开发深度/m	代表城市/地区
初始化阶段	地下停车、人防设施	单体建设、功能单一、规模较小	散点分布	<10	一般地级市
规模化阶段	轨道交通	沿轨道交通呈线状开发	据点扩展	15~20	哈尔滨、福州、青岛、宁波、太原、厦门等
初始网络化阶段	轨道交通节点以及综合体	地铁线路开始交叉出现重点利用节点和地下综合体	初始网络	30	广州、深圳、南京、杭州、重庆、天津等
规模网络化阶段	地下轨道交通	以地铁系统为网络,综合开发商业、交通、市政等地下设施	网络延伸	50	上海、北京
生态城阶段	各类地下设施融合	功能齐全,生态良好的生态系统	立体城市	100~200	远景目标

4. 着手编制空间规划

截至 2016 年底,我国已有 1/3 以上的城市编制完成了地下空间总体层面的规划。多个城市编制了核心区的地下空间详细规划,并纳入到城市总体规划中。①确定地下空间开发功能、边界、适建性、地块划分、使用兼容性等,预测并确定开发深度、开发规模、开发强度等;②确定地下空间层高、层数、标高、空间退界、地面出入口、通道参数、节点、标识系统、照明、环境小品、绿化等;③确定地下机动车与非机动车停车库、地下市政设施、地下人防设施等;④确定地下步行系统、地下街、地下综合体、轨道交通、地下交通换乘等空间布局;⑤确定地下空间开发建设的开发步骤与管理方式、运营模式等。

有些城市重点地块编制了地下空间修建性详细规划,主要内容:①基于地下空间控制性详细规划所规定的功能和指标,结合开发建设目标,对区域内的地下空间确定规模、规划功能和设计布局;②分析区域历史文脉、自然景观及地质特点,合理规划设计示意图,运用多种方法合理组织车行(包括停车)交通系统,设计宜人的步行流线,创造丰富的空间环境;③设计清晰的地下空间的竖向层次,合理组织地下与地面交通,考虑相互的连通方式,指导各项地下空间建筑工程的后续建筑设计。

2.1.5 国内外城市地下空间开发比较

国外地下空间利用开始于 19 世纪的工业大革命时期,发展于"二战"后,定型于 20 世纪

80—90年代,已有150年的历史。以欧洲的瑞典、挪威、芬兰、英国、法国,北美的加拿大、美国,亚洲的日本、新加坡和中国香港地区为典型,总体上,体现出开发理念先进、法律制度完备、规划体系完善、工程论证严谨、综合效益显著。

1. 开发理念先进

与日本、欧美等一些发达国家相比,其差距在建设理念上。发达国家先进的开发理念体现在以下4个方面:一是把城市地面、高空和地下作为一个立体空间整体进行综合开发,把地下综合管线廊道、地下大型能源供应系统、地下大型雨水收集及污水处理系统以及地下垃圾真空回收处理系统建成一物多用、一物多能、多功能的综合体;二是以人为本,非常重视人性化设计理念,确保城市地下空间环境舒适、安全,在为居民出行提供方便的同时,也为城市合理布局、改善城市环境提供了条件;三是超前研究地下空间利用新类型,如地下热能库、地下科学实验基地、地下超导电能的储存,引入光导技术和绿色技术,试验开发适宜人类长期地下居住的地下空间,为人类在地下大规模生活做好技术准备;四是战略思维,牢固树立地下空间战略资源理念,把地下空间开发利用作为一项连续的、长期的系统工程,从战略层面充分考量实际需求和发展远景。

2. 法律制度完备

经过长期的实践,发达国家建立了完备的法律法规制度,依法依规开发利用地下空间资源,主要体现在产权、职责和登记等方面。

一是法律法规体系健全,相关权益明晰。一些发达国家已经相继建立了地下空间资源开发的法律法规制度。如日本专项立法先于综合立法,逐步形成了基本的民事法律、综合法律、专项法律和配套法律等组成相互配合、相互补充、相对完善的法律制度体系,规范了地下空间建设的相关标准。

二是地下空间登记体系完整。主要由司法机关与隶属于政府专门的不动产登记局等统一的不动产登记机构进行不动产登记,实现交易安全、快捷以及维护权利人合法权益。日本不动产登记机关为法务局、地方法务局、支局及派出所;德国在地方法院中设立土地登记局;英国为政府土地登记局。

3. 管理体制健全

欧美国家及日本普遍采用了综合管理体制,依法设立国家或地方地下空间开发利用领导机构,负责统筹协调,其他相关职能部门分工合作、各司其职,避免了职能交叉、政出多门、多头管理,有利于提高行政效率。如英美的交通运输部、德国的运输部等,法国组建了专业的地下空间相关管理机构-混合经济事业体,芬兰于国家环境部下设立专业地下空间委员会,日本形成国会、政府(国土交通厅)和社会专家三方共同参与地下空间开发利用的管理体制。

4. 规划体系完善

一是明确了规划的法律地位。发达国家建立了从宏观到微观,从上到下完整的规划法律体系,明确了地下空间规划的法律地位,体现了空间规划的强制性和约束性,真正做到把国土作为一个整体,由国家进行有计划的开发和治理,效果显著。如日本制定了《地下空间指南》,推行有计划、有次序的开发,从专项规划入手,逐步形成系统的规划。

二是立体综合开发利用地下空间。发达国家将城市地下空间开发利用规划与城市规划、城市防灾减灾建设有机结合,提高城市整体防护能力。

三是为未来预留空间。发达国家十分注重合理开发、适度开发、因地制宜开发,为未来的开发预留空间,如加拿大蒙特利尔市将城市地下 10~40m 作为城市未来发展的预留空间;北欧瑞典、丹麦等国家的城市为未来的地下设施发展制定了空间预留政策。

四是综合化、分层化与深层化。发达国家城市的地下浅层部分已基本利用完毕,深层开挖技术和装备取得突破,逐步向深层地下空间发展;分层开发地下空间,人、车分流,市政管线、污水和垃圾的处理分置于不同的层次,各种地下交通也分层设置,以减少相互干扰。

5. 工程论证严谨

发达国家对地下空间建立了严格的地下工程论证体系。

一是以详细地质资料为基础。地质基础资料是工程选址的关键性因素。新加坡将实地勘察地质信息和工程设计、施工相结合,尽可能根据实际的工程地质条件建造功能相适应的地下建(构)筑物,并广泛开展与工程建设相关的基础理论研究,如万礼地下军火库和裕廊岛海底地下石油储存库的建设,都是基于其完善的地质勘察资料。

二是制定严格的技术标准。美国、日本和欧洲等将地下空间的分类直接纳入了整个国民经济的标准化体系中。日本为使地下城、地下交通建设相配套,制定地下大型能源供应系统、地下大型排水及污水处理系统、地下生活垃圾的处理和回收系统、地下综合管线廊道系统建设最为严格的抗震和抗侵蚀标准。

三是重大工程论证。日本强调每一个地下空间项目都必须经过系统的论证,要充分考虑未来 50 年甚至更长时间后经济的发展状况和城市变迁情况,以保障开发项目的衔接性与连续性。如日本青函隧道项目从 1964 年 5 月开始进行科学考察和项目论证,直至 1988 年 3 月通车,历时 24 年。新加坡明确任何拟建、新建的中大型基础设施,统一要求提供放置地下的预可行性研究报告。法国认真分析开发的必要性和开发强度,在里昂的地下空间开发发展过程中也有过中止、废除的项目。

6. 综合效益显著

发达国家的地下空间开发利用发挥了很好的经济效益、社会效益、安全效益、生态效益等综合效益。

一是经济效益和社会效益。欧美国家和日本等的一些大城市,在新城区的建设和旧城区的再开发过程中,地下工程涵盖了地下综合体(地下科学城)、地下仓储设施(地下石油储存)、地下大型能源供应系统、地下大型雨水收集及污水处理系统以及地下垃圾真空回收处理系统,逐步实现地下空间的系统化、网络化和规模化,充分发挥了地下空间的经济效益和社会效益。如新加坡万礼军火库可以减少地面 90% 土地面积,节省近一半电力消耗,每年节水约

60 000m³。德国的汉堡、法兰克福、慕尼黑,法国的巴黎,北欧的斯德哥尔摩、奥斯陆、赫尔辛基等城市在重建和改建中,建设了高速道路系统和快速有轨交通线结合的大型地下综合体。美国西雅图、旧金山、波士顿等城市,将1950—1960年间修建在城市中心区的高架道路全部改建到地下,并与周边街道、楼宇的地下室连通,形成四通八达的地下交通网络,有效缓解地面交通拥堵,并在地表营造景观绿化带。

二是环境效益与运行效益。瑞典斯德哥尔摩城市地下污水处理率已达100%。法国巴黎把轨道交通、道路和静态交通全部放在地下,地面保留绿地、公共活动空间、喷水池等景观设施。日本东京、大阪等大城市建设了城市主干共同沟网络,垃圾的地下化输送、架空线的整治入地、高压输配电的地下集约化、区域集中供冷供热以及深层大断面综合物流系统规划建设,体现了生态环境效益。

三是文物保护效益。在文脉保护方面,国外在对城市历史街区及老城区的改造中,积极运用地下空间去解决城市因历史及建设等因素而引起的矛盾,协调城市禁止建设及限制建设的关系,保护城市文脉的传承及风格的延续。如法国巴黎卢浮宫扩建工程中综合应用地铁系统、地下交通及停车系统,地下商业及地下文化展览系统,为保护地上历史文脉环境和建筑风貌发挥着极其重要的作用。

四是"平战结合"兼顾利用。国外在城市地下空间开发规划和建设过程中,十分重视城市地下空间的平战兼顾问题。北欧地下空间的利用十分重视平战兼顾,瑞典结合良好的花岗岩地质条件,将地下空间的开发利用与人防工程相结合,实现平战兼容。法国则对废弃的矿井矿穴进行再开发,改建为城市下水道、共同沟以及各种防空设施。

7. 探测技术先进

国外地球物理探测技术向大数据、高精度、现场快速经济实时-准实时的成像发展。地震勘探采用了折射波层析成像地质缺陷识别技术、横波反射成像技术、散射波成像技术等。浅层地震探测深度可达地下500m,探测近地表重要细节的垂向分辨率达到米级。美国、加拿大、澳大利亚等国的井间电磁波层析成像研究与应用处于领先地位。

英国、法国、加拿大、美国及日本等国已实现定向钻进,并同时记录扭矩、轴压、转速、穿孔速率、钻液流速/流量、压力及位移等钻进参数并粗略分层。国外随钻测井技术的发展已经拥有成套化、系列化随钻测井装备,形成随钻声波测井、随钻电法测井以及随钻地层压力和随钻核测井等系列产品。

2.2 城市地下空间开发中出现的问题和危害

我国城市地下空间资源开发利用在解决了城市发展空间不足、土地供应紧张、交通压力巨大等问题,提升城市治理能力的同时,也带来了诸如浪费城市资源、改变生态环境、影响社会稳定、增加安全隐患、阻碍城市可持续发展等问题,有些是显性的,已经造成经济损失和社会影响,但更多是隐性的和潜在的,表现的危害是滞后的,一旦暴发将是不可逆的和灾难性的。不合理的地下空间开发加大了城市自然灾害风险、环境污染风险和生态系统退化风险。

主要问题可以归纳为加大安全风险、浪费城市资源、改变城市环境、利用效率低下等方面。

地下空间致灾规律认识不到位、部分工程防灾设计不达标、运营管理及应急能力不足等，导致地下空间灾害多发，城市地下空间、建筑已成为城市安全"洼地"。有数据显示，2018年我国共有28个省份76个城市发生过地下空间事故与灾害，并呈现出城市规模大地下空间事故高、城市建设速度快地下空间事故高、东部地下空间事故显著高于中西部等特点。以上问题充分说明城市在变大、长高和加深的过程中引发了地面沉降、城市洪涝灾害、地面塌陷、管道渗漏、隧道涌水等问题，增加了灾害风险的严重性、复杂性和防控难度。

2.2.1 频发事故，加大安全风险

地下空间开发和地下工程施工中引发的灾害事故不断在各个城市都有发生，且随着开发速度、力度和强度的增加愈发频繁，伤亡人数逐年上升，经济损失逐年增加，社会影响逐年增大，安全风险逐年提高，安全问题已成为影响和制约城市地下空间开发与利用的瓶颈。对利用地下空间资源的信心产生了动摇，对城市高质量发展、可持续发展非常不利，已引起党和国家高度关注。地下空间开发建设引发的灾害事故主要包括地面塌陷、基坑失稳、火灾与空间突水等事故。

1. 安全事故主要类型

一是地下空间开发诱发地面塌陷。城市浅层地质结构被密集的管线、人工通道、地铁和市政设施穿插，破坏了地层的完整性和结构稳定性，导致我国许多城市道路、广场地面塌陷事故不断发生。2014—2018年，我国发生了2322起塌陷事故。杭州、广州、西宁、佛山等城市都有人员伤亡事件发生。广州、杭州、贵州、武汉等岩溶发育的城市地面塌陷事故更为普遍。地面坍塌具有隐伏性、突发性、群发性、多因性等特点。造成这些坍塌的原因大体可以分为自然作用、人为作用、人为诱发自然作用。自然作用主要与地质条件有关系，人为作用主要是施工中地基处理没有做好造成浅表和局部塌陷，人为诱发自然作用指人类工程破坏了岩土的自然平衡而发生坍塌。

二是地下工程建设损毁其他地下设施。在地下工程勘察、施工、运营期间，因地下情况不明，地下工程建设经常会钻遇、穿越已有地下建筑、地下管线和地下承压隔水层，破坏地下设施，损毁地下管线，引发管道泄漏爆炸、管道破坏、涌水、污染环境等，以及造成断电、断气、断水和通信中断而影响市民日常生活秩序。同时，城市地下给排水管道的破损渗漏对周边岩（土）体的冲蚀以及老旧防空洞积水浸泡等问题，导致城市浅层地质不稳定性进一步加剧。具体包括以下几项：①地铁、地下管道等地下空间设施自身结构老化，出现不同程度的病害，引发结构体坍塌、地面塌陷等安全事故；②地质条件的变化引起地下空间结构变形破坏，导致邻近土体进入管道产生脱空区，进而引发地面塌陷，或者污水外渗引发地下水污染；③邻近地下空间施工扰动会诱发地上和地下建（构）筑物变形，严重时会发生地上建（构）筑物倒塌和地下建（构）筑物变形。

三是大规模地下工程施工引发地面沉降。地下工程降水导致地下水水位长期持续下降，

造成地面沉降,引发大面积地面变形、周边建(构)筑物开裂倒塌、地面塌陷、隧道坍塌、城市排水系统失效等安全事故。

四是运营期间发生地下火灾。施工、运营期间,因易燃材料、操作不当、人为等原因,时常发生地下火灾安全事故,常造成重大人员伤亡、财产损失、空间设施报废,或因对地层含有的浅层甲烷气体认识不清、处理不当而引发火灾事故。如2000年12月25日,洛阳东都商厦地下家具商场火灾事故,造成309人死亡。

五是城市内涝与隧道淹水。地下空间的开发阻断了雨水的下渗通道,地面径流量增大引发城市内涝;地下工程施工超过不同承压水单元引发突水、砂体液化、软土挤出等事故。2008年7月4日,北京地铁5号线崇文路站因暴雨导致进水,造成部分线路停运。2021年7月20日,郑州持续遭遇极端特大暴雨,导致地铁5号线一列列车被洪水围困,12名乘客不幸遇难;郑州京广快速路北隧道发生淹水倒灌,查实6人死亡。7·18济南特大暴雨、7·21北京特大暴雨、7·20郑州特大暴雨灾害发生后,导致地铁、下穿式立交桥等地大量积水,引发城市大面积瘫痪和人员不同程度伤亡。

2. 地下安全事故主要影响因素

一是对地下已有建筑、管线等工程设施信息掌握不充分,对地下地质复杂程度认识不清,没有采取防范措施,任意施工;二是施工方案论证不充分,施工难度估计不足,施工支护不当和施工操作不当,未能依据地质特征合理选择支护方式和进行施工现场规范管理;三是城市基础设施落后,老旧破损,管道年久失修,长期外渗,引起地面塌陷及环境污染;四是对地下工程监管不力,职责不清,出现问题后措施不当、救援迟缓。

2.2.2 无序开发,浪费城市资源

城市地下空间资源自发、独立、无序开发利用已经造成地下空间资源的极大浪费,同时地下空间资源的单一开发模式还造成地下水资源、地热资源、地质矿产资源、地下建材资源等城市宝贵资源浪费。

1. 空间资源浪费

城市中各行业、各部门、各单位不同时期各自形成点状、线状、分散、孤立、零星地下工程,缺乏空间连通和联系,把地下整体空间资源分割得支离破碎,很难再开发利用,造成地下空间资源的极大浪费。如上海陆家嘴地区形成了诸多地下空间"孤岛",导致地铁2号线陆家嘴地铁站并未能与周边建筑建立很好联系,也没有为未来连通预留接口;青岛市地下空间利用率仅为7%,较国际上平均30%的利用率差距较大;成都市现有地下空间小、散、乱,给今后的开发利用制造了障碍。

2. 地下水资源浪费

我国现阶段对地下水资源战略保护意识单薄,对地下空间开发给城市浅层地下水资源存

储带来的影响鲜有考虑,如地下空间结构对浅层含水层隔断导致连续含水层破碎,地下空间开发对地下水的疏干、地下结构对地下水补给隔断等造成地下水资源浪费;城市地下工程施工中,为降低地下水水位而抽取的优质地下水基本上都白白地流走,造成城市优质地下水资源的极大浪费并对城市供水产生影响。据有关资料统计,一个地铁车站施工时的日排水量相当于一个大型水源地日供水量。

3. 地下建材(渣土)资源浪费

城市开发多大体积的地下空间资源,就会产生同等数量的渣土,这些渣土通过一定的工程工艺加工成泥饼、花盆、陶瓷等产品及建筑材料,是城市的宝贵资源,但同时也是城市污染源和安全风险点。

2.2.3 肆意开挖,改变城市环境

地下空间资源开发、地下矿产资源的开采、地下水资源的持续利用都会不同程度对地下地层结构和地下水流场产生破坏与影响,尤其是缺乏统筹规划和科学论证的肆意开发,将不可避免地对城市地表与地下生态环境带来一系列的不利影响,特别是对原有自然地形地貌、湿地水系、生态水文循环、城市生态环境带来巨大的改变,必将导致城市生态系统应有的功能不能正常发挥,生态系统组织弹性和活力降低,产生生态危机,增大城市生态安全风险。

1. 改变地表地形地貌环境

城市地下施工挖掘过程中产生大量的砂石或花岗岩等地质渣土,多为露天堆放或回填基坑、坑塘洼地,在城市中形成了许多人工填土地貌,既占用城市有限的土地,又影响市容市貌,并对城市环境造成再次污染,也给弃土堆场周边居民的生活埋下安全隐患。12·20深圳光明新区特大滑坡事故就是重大教训。

2. 改变地下应力、应变环境

城市地下空间的开拓破坏了地层原有的地质环境条件,随着地下空间开发规模的不断加大,地下连续的地层结构不断地被挖断而不连续,地层受到损伤,不可避免地破坏了连续岩(土)体应力场原有平衡,导致城市地下岩(土)体应力重新分布,改变了地下应力和应变环境,引起地面沉降、地裂缝和地面塌陷,导致地面重要建(构)筑物的变形,地下文物古建筑的损坏,地下管线等生命线设施的断裂,地面道路变形、开裂和塌陷,特别是在楼群密集、人口众多的大城市,改变了地下地质支撑条件,就会威胁城市地面和地下现有的建(构)筑物的结构安全和城市基础设施正常运行。2003年上海地铁4号线隧道坍塌事故,2018年佛山市地铁2号线透水坍塌事故,2019年广州地铁11号线路面塌陷事故等,其直接原因都为施工破坏或扰动不良地质因素引起。

一是地铁隧道等线状工程横向、竖向和斜向穿越不同的地质结构体造成局部应力的变化。地铁与城际间隧道线路均会穿越既有运营隧道和建筑工程,江河、湖泊、山体,软土层、砂

土层、卵砾石层、膨胀土层、软硬不均沉积地层、花岗岩体、断层、岩溶等,竖向、斜向地下工程垂向穿越土壤层、松散砂砾石层、风化层和不同的基岩层。地下线状工程穿越各种复杂环境已成为地下空间工程建设的新常态。在施工穿越过程中及后期的运行过程,不同地质结构单元之间的岩土应力平衡、水压力平衡、成分与结构平衡、温度场与化学场平衡等被打破,产生物质、应力、能量、水的流动交换,改变了原有的地下岩土环境,这种平衡变化过程以突变、渐变、缓变形式发生,可能会产生突水、砂土液化、软泥挤出、管涌、不均匀地层变形或地面沉降等现象,穿越其中的地铁、共同沟、地下商场等地下空间将会受到严重影响。

二是深基坑开发对周边岩土应力的影响。超深超大型地下空间的基坑施工必然引起周围土体内地下水水位的变化和应力场的改变,导致周围土体的变形,不可避免地对周围环境产生各种不同程度的影响。基坑施工是一个卸荷过程,随着基坑深度、宽度的增大,基坑内外水压力差、土压力差会越来越大,易发生漏水、坑底突涌、地墙破坏等险情。

三是城市地下网络化集中开发对城市安全的影响。我国不同区域城市地形地貌和地下地质结构类型多样,如滨海平原型(上海)、滨海山地型(大连)、内陆冲积平原型(郑州)、内陆河谷盆地型(重庆)、山前倾斜平原型(北京)、黄土高原河谷盆地型(延安)等。这些不同类型的城市地下岩土类型、地质缺陷、地壳稳定性等差异极大,若在江湖水下、断裂等构造活动区、地下溶洞发育区、地下关键含水层发育区、地下重要持力支撑层下大规模、网络化集中开发地下空间,会使该地区更容易失去地下持力层的支撑,从而引发大面积、多区域地面塌陷和城市整体失稳,会对城市整体安全产生重大影响。

四是特殊地质环境区开发地下空间加大的安全风险。活动断层可能诱发构造地震,导致砂土液化、基坑边坡坍塌、围岩和相关设施变形破坏;高应力区硬质岩中开发地下空间会积蓄高地应力,容易发生岩爆;在富水卵砾石层中开挖基坑和隧道时,容易产生塌落、坍塌、涌水;在软土层中开挖地下空间,软土含水量大、强度低、易触变性和流动性,易引起周边建(构)筑物开裂;在岩溶发育岩体破碎、裂隙和洞穴发育区,基坑边坡和隧道围岩易失稳,发生突涌水和渗透变形。

3. 改变地下水环境

地下空间开发隔断地下水补给,导致地下水径流改变,地下水的自然平衡、地下水和地表水之间的补给与排泄平衡、地下竖向不同含水层之间的平衡、地下横向不同地下水系统之间的平衡均被打破,带来城市水生态、水环境、水资源、水安全等一系列问题,严重影响城市自然水生态平衡,导致城市水生态频繁改变、水环境持续恶化、水安全风险加大。

改变地下水环境会造成以下结果。

一是改变地下水流场。地下空间开发切断含水层和主要的地下水通道,阻碍地下水的径流,改变地表水与地下水的水力联系和自然交换,促使局部地下水水位升高或降低。地下工程施工过程中的人工降水导致地下水的"漏斗式"下降,改变了地下水的天然流场和地下水环境。

大量地下建筑建成后使局部地下潜水循环途径发生了变化,地下工程对地下水的"拦截"导致迎水面地下水水位的抬升,给壅水曲线范围内的浅层建(构)筑物造成了一些不利影响,如地基湿化、地下室渗漏、建(构)筑物上浮等问题。由于大规模的城市综合体及管廊、隧道等地下建(构)筑物的兴建引发的壅水作用,又使得局部地下水水位出现急剧上升,造成邻近原有建筑的地下室出现渗漏,建筑整体上浮、地基湿化等问题。

浅层地下建筑的壅水作用,在短期内不足以对地下水环境构成较大的影响,因此该问题还没有引起人们广泛的重视。日本等发达国家通过兴建人工蓄水池或地下河等工程措施来调节地下水水位做得非常成功。但国内诸多城市未重视或还未意识到地下建筑壅水作用导致的不良影响,在实际工程建设中没能提前考虑,面对此类工程问题,往往是进行后期补救。地方政府和行业管理部门在长远规划和管理上应重视城市工程建设中地下建筑壅水作用产生的问题;地下工程设计和施工单位也应提前做好工程设防工作。

二是污染地下水环境。地下空间开发使地下水的动力场和化学场发生变化,从而导致新的污染源进入地下水系统,引发地下水资源污染,地下水水质恶化。沿海地区浅层普遍分布高矿化度咸水,大规模、大深度地下空间开发,深基坑地下水抽排,造成区域性咸水入侵,腐蚀工程机械设备和混凝土结构,增加地下空间开发利用难度和成本。

4. 改变生态环境

地下空间开发改变了地表水与地下水的交换通道,地下空间开发导致地下水水位的频繁上升和下降,地下线状工程常造成上游地下水水位持续上升、下游地下水水位持续下降,这些都会导致城市地表生态环境和地下生态环境的改变。一是改变地表生态环境。地下水水位持续下降,引发古泉干涸、泉眼消失、湿地萎缩、地表水体减小、水质变差等一系列水环境变化,野生动植物栖息地环境恶化,进而导致地面生态环境改变,引发地表植被枯死等生态环境问题。地下水水位持续上升导致部分洼地沼泽化,引发地表土地盐碱化的生态环境问题,必将影响到城市供水及附近树木的生长,进而影响到整个城市的生态环境。二是改变地下生态环境。大范围地下空间开发阻断了降雨后地面径流的下渗通道,影响了对地下水的补充或交换,长此以往严重影响地下自然水生态平衡。

2.2.4 盲目跟风,利用效益低下

目前开发的地下空间资源没有得到充分利用,未发挥出应有的经济效益、社会效益、生态效益、国防效益,主要体现在地下空间设施闲置、利用效益低下、协调改造困难等方面。

一是地下空间设施闲置。许多城市没有从城市区位、人口密度、经济条件、发展需求等方面充分考虑开发利用地下空间资源的必要性和可行性,没有从城市的整体角度进行地下空间的规划,而是盲目跟风开发。其他城市建设地下商场,也就跟着建设地下商场,其他城市建设地铁,也跟着建设地铁,不考虑成本和利益,导致开发后就闲置、地下商场没有达到开发预期,或者过度开发产生效益不佳、投资回报率低,或开发规模不足浪费宝贵的土地和空间资源。如自2005年起在广州、郑州、沈阳、武汉、成都等多个城市先后进行地下商场的开发,造成地下空间闲置,利用效率低。

二是功能单一,未能充分发挥应有效益。我国在20世纪60—70年代建设了许多地下人

防工程,当时主要是为了应对战争防空需求,未考虑其他的社会经济功能。随着战争防空需求的消退,许多地下防空工程由于不能适应其他社会经济需求,加之地下空间建设工程的"不可逆性",这些地下防空工程目前往往处于闲置状态,极难改造、重建。

三是协调困难,再利用成本高。城市在历史不同时期开发了不同用途的地下空间设施。在缺少城市整体统筹和统一规划的情况下,后开发的工程不论从竖向还是横向都需要穿越、经过前期工程设施,不仅协调困难,开发成本成几何倍数增加,而且加大了城市地下工程的运行风险。如北京、上海等特大城市的浅层和中层地下空间被高层建筑的地下基础、桩基和现有的地下设施占领,很难再规划地铁、综合管廊等工程,深层的地下空间基础一旦拆除,地下应力场将重新分布,可能导致局部较大的变形,造成更加严重的后果。

2.3 产生问题和危害的原因与面临的挑战

由于我国在地下空间开发利用方面法律法规不够健全,城市地下空间开发利用缺乏统一规划、统一标准、统一管理,除人防工程外,从城市地下空间的总体上看,基本上处于无规划、无计划、无秩序的状态。"填平城市安全'洼地',不能头痛医头、脚痛医脚,要以系统工程思想统筹谋划。"通过对显性与隐性、暴露与未暴露、报道与未报道、发生与未发生、统计与未统计、治理与未治理等问题全面系统的梳理、统计、分析、总结,我们可以找出主观与客观、自然与社会、历史与当下、人为与自然、个体与局部、表面与内在、技术与经济等多方面原因。

2.3.1 地下空间资源系统认知不清

目前各城市地下空间开发基本上是在对地下认知不清的情况下进行的,包括对地下空间资源属性、地下地质信息、地下空间资源开发现状、地下空间资源开发的影响与制约因素等认知不够。

1. 对地下空间资源属性认知不够

地下空间资源是城市空间资源的组成部分,是地表土地资源向地下的延伸,具有自然资源的价值属性。主要表现在:一是当前城市地下空间开发往往只关注地上功能的向下拓展,未能认识到地下空间资源同时包含着能开发利用的土层或岩层中天然形成或经人工开发而成的空间以及空间中蕴藏的各类地质资源,对地下空间资源的资产化认识不够,忽视了地下空间、地下水体、地下矿产等潜在的资源资产潜力;二是地下空间资产权益未能充分挖掘,过分关注地上空间的开发利用,地下空间利用不充分,价值被低估;三是对地下空间资源有偿利用的认知不足,正是地下空间等资源的免费和无偿的开发,使得人人都可以随意使用而不必为之付出任何代价,也正是这种资源无价的观念及其在政策和实践上的表现,导致了地下空间资源、地下水资源、地质矿产资源被盲目、随意和过度开发,导致地下空间设施闲置、破损、报废等不同程度存在,引发生态环境不断恶化、资源浪费、事故频发等诸多问题而不需负任何责任,都由政府、社会和公众承受。

2. 对地下地质信息认知程度不够

任何城市都没有系统开展地下空间探测工作的经历,对地下地质信息的掌握是片面的、零星的、碎片化的甚至是空白的。规划和开发主要是依据城市发展需要,而没有考虑城市地下是否具备开发地下空间的条件,地下水、地下地质结构、承载能力等对开发后的地下空间营运是否有影响。主要表现在:一是现有城市地质工作,以地表和 30m 以上浅层为主,调查深度、调查精度、调查要素、评价内容、成果产品等都难以满足地下空间资源评价、规划和建设要求;二是当前的数据载体主要以地质图件和地质报告为主,没有将"地质信息"真正通过分析研究加工形成"地质知识",再由地质知识提供地质服务,难以为各类用户提供深加工的订单式产品,难以为用户提供解决实际地质问题的解决方案;三是政府在地下空间规划、地下空间重要性分级、地下空间确权登记、地下空间地籍管理、地下空间的开发监管、地下空间定价、地下空间的运行控制各方面均缺少有效的防控措施,也难以制定相应的法律法规,主要原因是缺少制定规划、监管办法的可靠依据;四是地下空间调查评价达到什么程度才能满足地下空间总体规划、详细规划和开发建设的需求,每一个阶段需要开展什么样的地质工作,探测哪些内容,探测的比例尺和控制精度始终没有统一。

3. 对地下空间资源开发现状认知不够

大部分城市对已有地下空间利用或占用情况不明,对不同时期建设的各类地下管线、地下室、地下通道、建(构)筑物桩基分布等信息掌握不全面,导致新规划、开发的地下工程无法避让前期工程。

4. 对地下空间资源开发的影响与制约因素认知不够

一是没有对地下地质条件、地下空间资源进行整体评价,对城市地下空间是否适宜开发,适宜在哪开发,适宜开发多少,适宜开发哪种类型,有哪些控制因素和限制因素,哪些层位、空间是必须保护的,哪些资源是必须协同开发,这些都没有做过整体评价,也缺少评价所需要素数据;二是对地下空间大规模开发以及城市区域地质环境的改变诱发的城市区域安全问题研究较少;三是针对深层地下空间安全开发利用面临的地质安全问题涉及较少;四是对地下空间设施运营过程中其结构体健康状况的检测、监测和修复治理等问题关注不够。

2.3.2 地下空间开发法律依据不足

目前我国针对地下空间资源开发利用尚未建立起系统的法律法规体系、相应的政策体系、标准体系,导致地下空间开发利用缺少明确的法理地位、规划管理缺少法律依据、空间权益缺少法律保护、设计施工缺少法律监督、决策审批缺少法律制约、事故损毁缺少法律处罚,表现为法律边界模糊、产权关系不明、规划权威不够、管理监督缺位、利用标准缺失、统筹协调不力,导致开发秩序混乱、民事纠纷不断、风险防范失控。系列法规的缺失是目前地下空间资源开发利用出现各类问题的根源;系统性建立地下空间法规体系是依法、依规、依理开发地下空间资源的根本保障。

我国自然资源产权上存在产权主体缺位、利用关系混乱、自然资源过度利用,造成自然资源被严重滥用、自然环境恶化、生态环境破坏,其深层次原因在于自然资源产权的归属不明确,责任主体监管不力,缺乏相应合理的保护制度。

1. 法律法规不健全

1) 缺少地下空间资源的上位法

地下空间资源作为新型自然资源,面临新的系列法律问题,缺少一部分地下空间资源相关的法律来确立地下空间资源的法律地位,权威定义地下空间资源属性,明确地下空间资源的权属关系;明确代表国家行使所有权、规划权、审批权、管理权、保护权、监督权的机构和权力边界;明确中央、省、市政府对地下空间资源的立法、立规、规划、审批、管理、处置权限;明确开发利用地下空间资源全生命周期各过程、各环节的法律地位,并依法建立相应的规章、制度、办法、标准。《物权法》《人民防空法》《城乡规划法》《城市地下空间开发利用管理规定》等法律、法规虽然对地下空间开发利用有所提及,但缺少明确的规定,致使地下空间开发利用法律制度无法形成体系,低位阶的法律文件缺少权威性和执行力。目前,法律制度建设已经明显滞后于地下空间实际开发利用现状,造成了地下空间资源在开发和管理中无法得到法律保障,为"不作为"和"乱作为"留下了极大的空间。

2) 地下空间资源的权属关系不明确

现有的法律对地下空间与地下空间资源的所有权、使用权、管理权缺乏明确界定。

一是权力归属不明确。地下空间的所有权没有明确,包括城市土地地下空间和农村土地地下空间资源的归属都没有明确;地下空间利用权没有明确,包括地下空间利用权和地下空间所依附土地的使用权关系没有明确;地下建(构)筑物等不动产的取得、转让、抵押等,没有专门法律和行政法规来规范;水域水面之下的开发利用是否纳入地下空间管理范畴,地下空间使用权的设定有无最大深度限制,下沉式广场、半地下室等特殊建筑形态,如何确定地表地下分界点等没有明确。

二是权益获取无保障。民事权利得不到有效的保障,地下空间开发利用相关的民事权利难以得到有效保障,参与地下空间的开发利用者也无法取得相关的产权,甚至是部分利益也会受到侵犯;无法取得地下空间投资工程的权属,投资者既不能向银行取得抵押贷款,也无法进行转让,难以鼓励民间资本参与地下空间开发建设,难以吸引社会资本进入地下空间开发建设,造成"投资-收益"模式存在很大开发风险,容易产生经济、法律纠纷。

三是处理纠纷无依据。所有权和使用权界定模糊不清,权属关系不清,对地下空间的使用权与地上空间权之间关系处理的问题没有明确规定,占有、使用、支配和收益等权项也都处于混乱状态,造成地下空间设施和地下建筑的使用权限纠纷;部分权利人开始自行开发其地表红线范围内的地下空间,其权属问题也需处理;集体土地的地下空间所有权归属存在较大争议;地表已有建(构)筑物的地下建设用地使用权出让往往会引发权益纠纷。而这些纠纷处理往往缺少法律依据,给相关部门的管理带来一定难度,影响了地下空间资源开发利用效率和地下空间建设后管理的合理有效性。

四是存量地下空间未确权。特别是人防工程多未确权发证,在"谁投资,谁所有,谁受益,谁管理"的现行政策下,权益凸显必将带来大量确权发证需求;一旦进入确权环节,可能导致权责不清,难以界定。

3)缺少行使地下空间管理权力的法律依据

我国尚未制定地下空间资源开发利用全生命过程和环节管理的相关法律,对地下空间资源规划、登记、审批、监管等全过程管理和制度建设缺少法律依据。地下空间资源在规划设计、建设评估、实际施工、管理监督等诸多方面都基本处于无法可依的状态,问题发现环节欠缺精确性、制度建设环节缺乏针对性。

一是规划的法律地位不明确。地下空间资源规划体系在法律层面存在法律地位未明确、体系框架不完善、基本规则不统一等问题,现有法律法规并没有对各类地下空间规划的功能定位、主体内容、相互关系以及监督程序等作出原则性规定,以至于各类地下空间规划的法律关系模糊。

二是管理的法律地位不明确。我国地下空间开发管理法律地位和权限不明确,管理制度不健全,管理遵循的法律法规不完善,管理需要的信息不全面,管理依据的标准不统一,缺乏专门具体的地下空间资源开发管理机构。

4)缺少地下空间资源与环境保护法律

永续利用地下空间资源,需要制定明确的法律依法保护地下空间资源及地下空间环境。一是法律制度缺失,尚无地下空间资源与生态环境保护的相关规定;二是保护部门不明确;三是保护措施和要求不明确,地下空间开发利用过程中缺乏对环境保护的硬性要求;四是生态补偿机制缺失。

5)地下空间探测的法律地位不明确

没有明确的法律法规,对不同阶段探测没有明确精度要求,如地下空间规划、开发前必须开展什么样精度的地下空间探测工作,总体规划、详细规划、开发设计阶段需要开展什么精度和深度的探测工作。

2. 规章政策不完善

一是在地下空间产权界定上,主要涉及地下空间资源出让"招拍挂"管理、地下空间的所有权登记(初始登记、变更登记和注销登记)办法,房地产登记条例实施若干规定,空间权的转让、租赁和抵押法规等,地下空间建设用地使用权的设立、取得、登记、流转、期限等规定不明确。

二是在开发建设管理上,主要涉及地下空间的规划管理、技术规范体系、环境保护和评价管理、综合管廊管理,地下空间资源的规划设计、建设标准、具体施工、监督管理等一系列问题缺乏明确具体的专项法规。

三是在地下空间设施运营管理上,主要涉及地下空间的工程防火、防灾、安全应急管理,环境卫生、环保工作,危险品管理和相关税收、收费优惠政策等缺乏专项法规。

四是在地下空间的经营上,由于国家层面的地下空间开发利用立法欠缺,基础的民事法律也欠缺,缺少涉及地下空间项目经营税收、融资、政府基金或补贴、捆绑开发、鼓励民间参与建设等导向性和鼓励性的系列法规与政策；由于无法取得地下空间投资工程的权属，投资者既不能向银行取得抵押贷款，也无法进行转让，难以鼓励民间资本参与地下空间开发建设。

五是对地下空间信息管理不够重视，没有专门的地下空间信息管理法律法规，在制定地下空间开发利用规划决策时，没有充分的依据，从而导致地下空间开发利用受到限制。

3. 制度标准不系统

地下空间资源开发利用管理标准、建设标准、技术标准不系统。

1）管理标准不统一

地下空间除了依法管理外，还必须进行标准化、规范化和程序化管理。需要从国家、省、市多层面、多行业、多环节、多功能制定管理程序和管理标准，形成城市地下空间管理标准体系。一是国家层面、地方政府层面、行业层面和地下空间开发功能层面管理标准零星、碎片化和不统一；二是诸多规定术语尚不统一，未能臻于协调完备。

2）安全技术质量标准不成熟

对于地下空间工程，安全、质量等标准要求与地上建筑不同。我国现阶段对于地下空间工程技术标准等规范尚处在探索阶段，还没有形成较为成熟的国家标准，地方标准也非常少见，这就使得地下空间工程建设时，容易出现纠纷，或者留下安全隐患，对于整个地下空间开发利用以及地上发展都是极为不利的，这也是导致地下空间管理不到位的关键因素之一。

3）地下空间产权登记标准有待完善

我国需要制定和完善与地下空间产权登记相关的标准。

2.3.3 地下空间规划编制体系不全

当前我国地下空间资源开发利用中存在很多问题，首要原因是缺乏长远的发展规划和系统的发展战略，各相关部门根据自己管辖领域的发展需要，擅自开发地下空间资源，缺乏远见卓识，不顾整体规划，难以形成城市建设的整体效益与效率，这样既无益于城市交通拥堵、建设用地紧缺和生态环境污染等问题的解决，还会造成地下空间资源的破坏与浪费。

目前我国地下空间资源还处于自由开发阶段，存在着明显的短期行为或脱离实际的盲目开发，造成对这种稀缺资源的严重浪费。主要体现在：一是国家缺少从战略层面进行顶层设计；二是没有建立多层次、多尺度、多领域的地下空间规划体系；三是编制地下空间规划的理论、技术与方法落后；四是编制地下空间规划的依据不充分、标准不统一；五是地下空间规划缺少权威性和严肃性；六是地下空间规划的统筹、协同不够。

1. 国家在城市地下空间开发中缺少从战略层面进行顶层设计

一是国家层面还没有将地下空间资源作为国家战略资源进行长远的规划和整体布局，缺少顶层设计，没有对省市地下空间资源开发强度进行限制或提出相关要求，由各省市自由决策，整体处于无序开发、分散开发，甚至过度开发；二是地下空间分层体系制度尚不明确，在国家层面没有从区域生态安全角度提出城市地下空间的分层标准和准许开发深度；三是城市地下空间资源的开发利用缺乏长远的整体规划,导致城市决策者经常擅自采用一些缺乏远见的短期行为——"建了再修,挖了再改",造成城市地下空间的浪费,甚至导致城市地下呈现千疮百孔;四是未能建立地下空间资源开发、保护、整治三位一体机制。

2. 规划体系不健全

城市病的根源在于很多城市没有成熟完善的规划体系,没有建立多层次、多尺度、多领域的地下空间规划体系。目前地下空间规划仍停留在城市层级,尚未建立国家、区域(省)、市、区(县)4级规划体系,不利于区域地下空间统筹协调、开发利用与保护。城市地下空间规划多是对城市地面功能的补充和完善,缺乏城市范围内的地下空间总体规划,极大影响了地下空间开发建设的规范性,造成大部分城市地下空间设施都孤立存在,设施之间无论在平面上、竖向上以及功能上都缺乏连通整合,导致地下空间的利用率不高。

3. 编制地下空间规划的理论、技术与方法落后

城市地下空间规划的编制普遍存在方法不科学、不合理的问题。一是规划技术落后,在地下空间开发利用规划中,由于地下空间不可见、复杂等特性,我国规划技术落后现象更为突出,近年我国地面塌陷事故频发以及地下改造施工频繁与我国落后的地下空间规划技术密不可分;二是有的刚性指标过于深入准确导致后续开发困难,弹性指标失当导致开发深度不够,影响了规划编制后的规划实施工作;三是地下空间规划未能有效融入城市生态文明建设、城市治理体系建设、城市安全体系建设,造成地下空间建成后实用性差。

4. 编制地下空间规划的依据不充分、标准不统一

一是规划编制依据不充分,缺少科学实用的地下空间资源基础资料和成果作为地下空间开发利用规划的依据;二是规划编制缺少统一标准,没有制定地下空间规划统一遵循的基本规则,各自为政,基本的技术规范和基本的分类与指导体系缺乏协调性、统一性,基本的定义不清晰;三是基础底图的选择、坐标体系的采用、指标的采用和指标的分类标准都存在着差异,这些都为规划的实施与协调带来了一系列困难。

5. 地下空间规划缺少权威性和严肃性

地下空间规划缺少法律效力。城市决策者往往不顾城市发展规律,急功近利随意更改规划,破坏了地下空间开发的整体协调和综合开发,为城市未来的长远发展带来难以弥补的损失。

一是我国现行法律法规对于地下空间开发规划缺少强制性约束,导致规划缺乏权威性;二是我国现行各类地下空间开发规划部门不统一,执行过程中缺乏连续性和时效性;三是规划执行不严肃,缺少统一的监管部门,各地未能建立地下空间开发"建设工程规划许可证"的申请、核发制度,地下空间的建设开发,建设单位往往具有很大的自主权;四是由于缺少约束,地上建设工程和地下建设工程相互衔接,以及地下建设工程的地面出入口设置、通风采光、互联互通等方面,均依赖于开发建设单位的"自我设计""自我安排",其科学性、整体性必然大打折扣。

6. 地下空间规划的统筹、协同不够

一是空间协同不够,地上建筑与地下建筑之间,地下浅、中、深不同层次之间,地下管网与交通市政等不同功能之间,近期、中期与长期之间统筹协同不够,相互之间不贯通,尚未形成空间功能一体化综合开发模式。二是不同的管理、开发、使用部门之间在地下空间开发过程和运行中统筹协同不够,相互之间极少协调沟通,住房和城乡建设部目前推进与地下空间有关的工程有地下空间开发规划、海绵城市建设工程、地下综合管廊建设工程;人防部门推进和管理各城市的人防工程;交通部门推进地下立体交通工程;市政部门进行雨污分流工程;环保部门推进地下垃圾与污水处理及地下废液灌注工程;水利部门管理地下水资源及洪水快速疏通工程;能源部门推进浅层地温能工程。这些地下工程共同作用于城市地下空间,需要对城市地下空间进行整体评价后按功能进行分层协调和同层协调。三是地下不同资源统筹综合利用不够,目前地下空间开发利用的规划着重服务城市交通、市政、人防等领域,几乎未开展城市地下空间资源禀赋相关评估研究,过度注重空间使用,忽略了构成地下空间的本体即地层岩(土)体的资源性禀赋,如岩(土)体的材料、持水及蓄热禀赋等,如地下水具备可再生和自净的禀赋,运用得当可保障长期供水,满足人民生存、生活和生产需要。然而,目前城市地下空间开发对城市浅层地下水资源存储的影响鲜有考虑;大多数城市的地下空间开发中没有很好利用浅层地温能资源等,造成地下空间资源的极大浪费。协同开发是安全利用的前提,只有先进行协同,才能在协同的基础上进行监测,提出预警,保障地下空间利用的安全。

2.3.4 地下空间使用责任主体不明

当前城市地下空间资源规划开发建设存在问题的重要原因就是没有建立统一的管理制度,各自为政,各行其是,责任主体不明,人人有权利用,个个无需担责。

1. 管理部门众多、职责交叉

我国城市地下空间开发利用管理的现状是普遍缺乏一个明确拥有城市地下空间开发利用管理职能的具综合性、权威性且强有力的专门组织机构来牵头统一协调各部门的责任和权利,而是由自然资源、规划、建设、交通、城建、房管、人防、公用设施、水利水务、水电、防震、气象、防洪、绿化、环保、公安、消防、国防、电力、电信、市政、文物保护、旅游等20多个部门和机构分别代表国家对自己工作领域相关地下空间开发利用行使管理职能、审批职权,自成一体、各行其是,各司其职;这些机构和部门之间涉及多个方面的利益与要求,分工界限不清、职能相互交叉,各自出台政策,相互间缺乏沟通联系和统一的工作协调,难以形成合力,形成既多头管理又无人管理的局面。以城市地下管网为例,涉及排水、燃气、供水、供电、通信等多个管理主体,这种管理现状致使安全责任主体不明确,导致建设和运营过程中安全事故时有发生。

2. 地表空间的管理办法不适合地下空间管理

一是没有针对地下空间隐蔽、封闭的特点制定相应的地下空间管理办法,而是沿用地表城市规划建设的管理办法,造成管理漏洞百出、城市资源浪费并增加城市安全隐患;二是城市地下空间各管理与使用部门独立进行规划、勘察设计、施工建造和运维管理,相互之间基本不沟通、不协调、信息不共享,严重制约了综合开发利用和整体效益;三是地下空间建设工程质量监督管理不完善,政府没有形成统一的监督机构管理体系,相关行政部门监督管理执法程序不规范,具体执法的可操作性不强,约束机制不健全。

3. 地下空间资源的责任主体不明确

地下空间资源的开发利用全生命周期各个环节的规划、统筹、协调、组织制定法律法规的责任主体不明确。地下空间资源的有限性和不可再生性决定了地下空间开发和利用需要环环紧扣,任何疏忽都会导致巨大的浪费。开发前缺乏明确的部门制定整体规划,具体施工中缺乏具体的监督管理部门,发生事故后又没有具体的部门负责等,导致了地下空间资源在开发利用管理时矛盾复杂、困难重重,难以发挥其最佳效益,因此需要建设完善的运行机制和专职常设机构,即从项目审批、投资融资、招投标与工程设计施工到竣工后的运营管理,以保证工程高质量,提高地下空间的运转效率。

1)在规划管理方面

规划管理包括地下空间规划的组织编制、规划的论证、规划的统筹协调、规划的审核、规划的批准、规划的落实、规划的监督均不明确。

2)在工程管理方面

地下工程项目的立项、项目的论证、项目的审批、项目施工期间的监管,各工程行政主管部门的职责、管理权限,地下空间管理的要求、管理的依据、管理的标准、管理的体系等都不明确。

3)在登记管理方面

一是各个部门对地下空间的确定方式不同。消防部门对地下建筑在封闭要求和物理分割上有严格限制;住建部门对地下空间一般按整体出图,不单独区分业态功能及权益单元;不动产登记是以房产测绘成果为依据,地下空间不动产权也按整体登记,对涉及不同权利主体、不同业态的地下空间,其对应的登记单元和面积无法准确界定。二是现行不动产登记系统为二维平面,尚不能通过三维坐标对登记单元予以标识。三是地下空间用途在规划方案中进行商业等用途表述时,城市用地分类与土地利用现状分类两个标准不衔接,难以确认用途。单独建设地下工程,向哪个部门提出申请,接受申请部门根据什么来核发规划许可证,如何发放规划许可证等都还不明确。

2.3.5 地下空间安全统筹监管不力

安全风险管理、应急处置管理、责任认定管理等缺乏统筹监管。对地下空间安全监管的内容、制度、措施不健全,而城市地下空间的经营者更多注重的是经济效益,在安全管理人员和安全设施、安全培训等方面投入不足,加上地下空间具有封闭性和隐蔽性特点,人在其中,对外部环境感知的信息较少,容易缺乏方向感。因此发生水灾、火灾事故时,对内部人员疏散及灾害的控制都极为不利,不能及时预防预警和抵御安全事故。在地下空间设施运营期间,对其结构性能进行监测、检测,及时发现结构的损伤,评估其安全性,预测结构的性能变化并作出维护决定,是保障既有地下空间设施安全运营的重要措施。

2.3.6 地下空间信息融合集成不够

由国家、省、市级政府分级统筹涉及城市地下空间资源开发利用的部门(自然资源、人防、交通、水利、电力、建设、通信、测绘、地矿、能源、军事、反恐等)的信息资源,尚未建立数据管理与共享机制,无法全面集成融合城市地下全空间、全领域、全功能、全要素、全资源、全环境信息。

地下空间信息是国家几十年来花费大量人力、财力积累的宝贵财富,但由于部门、行业分隔,导致资料很少被利用,更难被共享;一方面,规划、建设、监管、应急无资料信息可用;另一方面,各行业又投入大量人力、物力重新申报立项,造成简单重复工作。

1. 管理部门众多,资料分散集中难

一是历史原因,与地下空间开发相关的各类调查、探测、勘查、规划、设计、施工、运行、安全防护等资料信息长期由各部门管理,对城市从来没有进行过集中管理,有的资料由中央直属部门、单位管理,有的由地方政府、事业单位、企业、院校管理。如地理信息主要掌握在测绘管理和测量部门;城市已开发地下空间信息掌握在不同的应用和管理部门;地下地质信息分散掌握在地质调查、矿产勘查、工程勘察等管理和实施部门。资料信息非常分散,集中难度大。

二是同一地下工程,管理部门众多,资料分属于不同部门,同样集中难度大。以地下管线为例,管线规划属于规划部门,管线建设属于建设部门,管线开挖属于城管部门,管线工程档案信息管理属于城建档案部门,地下管线事故引发交通问题由交管部门处理,灾害管理归应急部门管理。权属多元,自来水公司负责居民生活用水、循环水、绿化水和中水;燃气公司负责提供煤气和天然气;排水公司负责污水、雨水及合流的管道;热力公司负责热水和蒸汽管线;电力公司负责生产、生活和道路交通供电;电信部门负责的电话、广播、电视、宽带等又分属于中国电信、中国移动和中国联通三大运营商。所有管线资料由各部门、各单位掌握和行业自行管理。

三是统筹地下空间信息管理部门,当前国内城市地下空间信息化建设不多,现有工作主要集中在地下管线,还未将地下管线、地下建(构)筑物在内的地下空间作为整体统筹管理。

2. 资料纸质保存,共享利用程度低

一是城市没有建立涉及地下空间信息资料的汇交机制。城市地下资料信息没有统一的部门进行接收、保存和管理,分散在各领域、各行业、各企事业单位的资料室中,实行的是封闭式管理;二是由于技术局限,各类资料信息基本上以纸质档案保存为主,多数未数字化、未集成、未标准化,资料类型多、量大。任何部门、单位都无法获得城市、城市某一地区包括管线、地下工程、地质环境等全部的地下资料、信息、数据,很难实现地下资料信息共享,导致一方面资料利用率低,另一方面在信息掌握不全的情况下,规划、设计、施工的地下工程必然会给城市带来巨大的安全隐患。

3. 变更隶属关系,资料不全、丢失多

我国已经开展了较长一段时间的地下空间开发建设,但是由于前期建设时未考虑信息化管理,目前很多城市对早期建设的地下空间开发利用情况,尤其是以人防为主时期的地下空间利用现状掌握不足,包括没有登记、登记不全、没有保管,或多种原因资料丢失等各类地下资料、信息缺失情况,造成潜在的信息安全隐患。

出现上述问题的原因:一是当时缺少意识,没有留下任何信息档案;二是虽然形成有不完整的资料档案,但没有按相关要求归档,而保存在个人或部门手中,随着人员退休、转岗,部门调整解散,资料随之丢失;三是我国单位的隶属关系,随着机构改革而不断变化,形成的档案资料随着单位变化、搬迁而损毁、遗失。

以人防工程为例,除由政府、军队组织修建有一定规模的人防工程有备案登记外,占全部早期人防工程95%的其他人防工程由单位和个人自行管理,人防部门没有备案,存在工程管理断档、原始资料遗失、地下情况不明等问题。如上海从清朝开始建设地下空间,城市道路下埋设有供水、排水、燃气、电力、信息通信、热力、航油管道七大类23种管线,但是管网信息不全、数据失准的问题较为严重。地质调查方面,没有充分集成城市范围内所有地质资料,未建立城市地质资料汇交的机制,导致所建地质模型反映的地质体精度不够,获取的要素不全,难以真实反映地质体的三维空间特征;城市地质环境监测方面,目前只有很少的城市进行地下水监测和地面沉降监测,缺少专门城市地质工作的预算资金支持,项目完成后没有资金和组织进行长期维护,远未构成城市监测网。

4. 标准格式有差异,信息融合难度大

近年来,城市规划建设管理部门通过实施规划许可管理,对城市地下空间开发建设情况较为了解,但是各专业主管部门均按各自需求存储地下空间数据,自成体系,统计口径和遵循的标准不同,沟通不畅、数据融合共享十分困难。主要原因:

一是前后标准变化大。如管线信息载体各异,有的管线信息如燃气干管监测系统已经运用5G技术进行立体诊断和预警,有的管线增量信息已经纳入城市管廊系统管理,有的主城区管线信息还是纸质档案形式,甚至有的老旧小区因多次改造,地下管线的图纸都无处找寻。

二是不同行业、部门标准差异大。因地下管线分属不同领域,行业标准各异,施工建设规范不同,数据的标准、规范缺乏整体性,难以联合应用。如水务、电力、燃气等市政管道行业信息化建设较早较快,发展比较好,而地下建(构)筑物设施信息化建设相对缓慢且管理分散,造成标准执行力度不强。

三是同类标准不统一。同类设施不同标准间分类与代码也存在不统一的情况。例如,国家标准《基础地理信息要素分类与代码》(GB/T 13923—2006)和工程建设行业标准《城市地下管线探测技术规程》(CJJ 61—2003)中,前者对地理要素进行了分类,其中涉及城市地下空间的设施主要有城市市政管线、地下人行通道、地铁等,并且编写了相应设施代码,但其分类中未涉及人防工程、地下车库等设施;后者对电力、电信、供水、排水、燃气等地下管线及其附属物进行了分类和编码,但未涉及地下轨道交通、人防工程等设施,两个标准并不兼容,可操作性不强。

5. 创新技术落后,智能应用转型难

中国城市发展研究会发布的《2020中国城市地下空间发展蓝皮书》指出,城市地下空间种类多、源头多、标准多、存量多、风险多的"数字短板"尤为突出,无统一标准、无统一平台、无法共享利用,影响地下空间治理体系建设、规划建设、数据信息化管理建设等多方面。

一是海量数据积累缺乏完善数据组织体系,尚未建立完整统一协调的数据融合机制,各类地下数据多源异构,数据量大,资料分散,精度不统一,缺少功能强大的数据处理工具,难以组成有效的应用系统提供全方位的信息集成应用和数据交换,严重制约了地下信息提供服务的能力。二是各类三维数据库建设、三维建模、平台建设等技术不成熟,已建地质模型由于数据有限、获取的要素不全,深度和精度不够,难以真实反映地质体的三维空间特征,可信度不高、实用性不强。三是动态更新机制不健全,数据时效性滞后,未能建立数据更新和维护机制,基于数据传输和交换技术的地质体三维建模数据传输与交换系统,难以实现三维地质体建模数据的实时传输、动态更新。四是缺失覆盖全市地下空间完整系统的信息资源操作平台,制约了各职能部门的信息共享和功能整合,难以充分挖掘数据资源的经济价值,将松散的地下信息进行集成整合,开发出地下数据产品,及时给地下空间开发各环节、各领域用户提供无偿或有偿的信息服务。

2.3.7 地下空间建设技术能力不强

建立地下空间新体系存在有理论问题、方法技术问题、勘探精度与网度问题、评价标准问题、监测预警问题、信息利用问题、体制机制问题。

当前城市地下空间开发利用技术装备相对成熟,但对地下空间资源全生命周期的技术装备体系仍不完善,尤其是深层地下空间工程建设的环境扰动控制技术尚不成熟,地下工程建设关键设备和施工工法尚需发展,地下工程建设中的地下水控制不力,多灾害作用下,地下空间面临难以救援逃生等巨大安全问题。

1. 全生命周期技术体系不健全

地下空间资源开发利用全生命周期的技术体系包括地下空间要素探测技术、地下空间资源评价技术、地下空间规划技术、地下工程勘查技术、地下工程设计技术、地下工程建造技术、地下空间检测监测技术、三维地质建模技术、信息融合集成与服务技术。全生命周期技术体系特别是50m以深的探测、建造技术还存在瓶颈。

2. 地下空间资源开发利用理论体系不完善

当前城市地下空间开发利用主要依据工程开发相关理论,缺少以地球系统科学理论指导,包括地球表层系统平衡与扰动再平衡理论,地下岩、土、水、气、生相互作用与制约理论,地下全资源评价理论,深层空间开发理论等。

3. 地下空间探测技术存在瓶颈

城市地区缺少有针对性的探测技术方法,难以解决抗干扰和分辨力低等问题,如城市地区及其他不同景观区的强干扰问题;不同地质类型区不同探测深度的精度问题;地下地质结构、物性、水文、工程地质参数、温度场、应力场、物理场、化学场、地下水流场等指标的快速智能获取问题;卵砾石层、破碎岩、软弱岩层的岩芯原位提取问题;在城市建筑障碍区、山区,定向钻和水平钻的长距离取芯问题;已有地下空间、地下管线、地下建筑探测技术问题;地下空间信息自动提取技术问题。尚未针对城市地区松散层发育的特点研制出一套高采取率、抗扰动、随钻测试等钻探技术。

4. 地下工程勘查设备落后

现阶段我国的地质勘查工作者在实施地质结构勘查时所应用的勘查装备和勘查工艺依然相对落后,在勘查工作的具体环节中时常发生操作不当的问题,进而导致地质结构勘查的数据结论不精准,这已成为我国地质工程前进道路中面临的难题。

5. 地下工程建造与施工技术有待改进

目前,我国地下空间工程的开挖方法主要有明挖法、暗挖法、盖挖法、盾构法、冷冻法和沉管法等。大深度地下空间施工技术不成熟;分支盾构技术、竖井建造技术、换气技术、空间构建技术、隧道建造技术、移动物流技术等有待进一步开发。

6. 地下空间仿真模拟与预测评价技术

目前基于仿真技术的地下空间的安全评价研究较少,且大多是数学模型基础上的仿真。未来仿真技术,模拟复杂的地下空间受力状况、地质变化、温度湿度等环境变化将成为研究热点,而如何构造仿真实体模型、实体参数设置与预测,如何应用仿真结果分析地下空间安全性等问题将成为研究的难点。同时,需要保证仿真的合理性与仿真结果的可信度。

7. 其他技术

其他技术包括地下空间检测与监测技术、地下空间三维建模与场景再现技术、地下空间规划与协同开发技术、地下空间应急救援与快速处置技术、地下空间改造与修复技术。

2.3.8 地下空间开发标准体系缺失

当前,我国与地下空间资源开发利用相关的规范标准滞后于工程建设的发展,没有建立全生命周期统一的标准和相应的标准体系,地下空间资源的概念、定义、资源类型、功能用途、开发深度、探测程度、评价指标,地下空间规划,地下工程设计、勘察、建设、安全维护等方面都缺少统一的标准,没有形成标准体系。

地下空间资源的概念、内涵缺少权威界定;地下空间类型划分、功能用途、指标体现、分类体系尚未建全。

1. 标准体系不完善

标准体系按内容层次划分为综合标准、基础标准、通用标准和专用标准4层。其中基础类标准包括各领域的术语、制图等统一标准,通用类标准包括各领域内不同类型设施、建筑等通用设计标准及其他通用标准,专用类标准涉及特定专业类型的规划、勘察、设计、施工、验收、运营维护、拆除等全过程标准。标准体系按效力级别划分为国家标准、行业标准、地方标准和企业(团体)标准4级;按照效力属性又分为强制性标准和推荐性标准。城市地下空间开发利用为专用类标准,全生命周期包括探测、评价、规划、勘察、设计、施工、验收、运营维护及拆除等环节。每一个环节包含国家标准、行业标准、地方标准和企业标准4级。城市地下空间标准的制定需要从全生命周期的角度逐渐得到补充、完善和统一。

2. 标准制定不平衡

地下空间的不同领域的标准发展不均衡,其中城市地下交通空间的标准较完善,而地下公共服务空间、地下仓储物流及其他功能地下空间的标准比较欠缺。

地下空间开发利用全生命周期各阶段、环节标准发展不均衡,设计、施工类的标准最多,运维类的标准较少,规划类的标准最少。其中又以城市地下交通空间的标准较完善,而地下公共服务空间、地下仓储物流及其他功能地下空间的标准比较欠缺。地下空间探测、评价,信息获取、集成、三维建模、平台建设及规划类等标准阶位低且数量少,多数未制定;随着数字化技术、人工智能技术的飞速发展,运维类标准应紧随新技术的发展重新修订。

3. 缺少地下空间探测技术标准

目前,在城市地区开展的综合地质调查仍是基于区域地质、水文地质、工程地质、环境地质原有的理论和规范开展,地质单元划分的标准、地质要素的获取等没有有机结合,缺少统一的城市地质理论体系指导,各专业调查获取的指标仅能满足各自专业评价的要求,缺少城市全空间下资源与环境评价理论和评价标准。现有的工作精度以常规平面比例尺作为地质体的二维划分和控制精度,难以精确反映地质体三维空间展布。

第 3 章　建立健全城市地下空间开发与安全利用保障体系

城市地下空间开发与安全利用必须建立全生命周期理论、技术、装备、标准和监管体系，把每一座城市放在城市群、经济带的大区域中，从城市定位、规模、人口、区位度、经济发展阶段、地质基础、生态环境条件、地表景观特色、开发现状等多维度对城市拓展空间，形态布局，开发强度、深度、层数、功能、时序，进行系统、整体布局和规划。对每一项影响与制约地下空间工程的因素进行地质、经济、技术、环境、生态、安全等多方系统论证，才能真正形成科学、系统、绿色、安全、集约、高效的城市地下空间资源规划建设方案。

应逐步建立健全对各项法律法规、管理制度，有效监管城市地下空间全生命周期安全，从根本上消除因机制、体制、政策等因素导致的资源无序开发、多重投资、反复建设等现实问题；制定和完善有关地下空间开发对环境影响控制方面的政策、法规和技术标准，以利于对关键稳定地层、地下水系、周边建筑环境、自然植被和山水风貌等的保护；充分发挥地下空间在拓展城市发展空间、增强城市综合承载能力、保障基础设施运行等方面的重要作用。通过科学评估，合理确定城市地下空间开发范围、利用功能、开挖方式、分层深度、开发规模；因地制宜、合理控制城市地下空间的开发强度，最大限度地减少地下空间开发对城市生态环境的负面影响。

3.1　建立认知体系，系统了解地下空间"家底"

全面开展地下空间学科建设、基础理论研究、关键技术攻关、评价方法创新，建立地下空间认知体系，系统认知城市是地球表层系统的一个组成部分，全面认知城市地下基础地质条件、城市地下空间等地质资源"家底"、城市地下地质环境背景、城市地下人工工程现状、城市地下空间安全风险因素。在城市现状条件下，实现城市的人口集聚目标、有限的城市建设空间拓展目标、高质量的经济发展目标、有限资源的循环利用目标、融入自然的生态城市长久稳定安全目标，切实增加城市居民的幸福感、舒适感、安全感，真正提高对城市及城市所在区域地上地下整个国土空间内自然生态、原生环境、资源优势、开发强度、承载能力、制约因素、发展瓶颈的认知水平。

3.1.1 提高城市地球表层系统的整体认知水平

地球系统科学研究中一个突出的问题是难以确定地球系统的基本单元并划定单元之间的边界。

城市作为一个行政单元,包括空中、地面与地下一定深度空间,是一体化的城市国土立体空间,是一个有机的整体,同时也是地质历史时期形成,由复杂地质单元、地质要素构成的动态平衡系统。地上空间以大气为介质,受地域和气候影响;地面空间以山水林田湖草为介质,受地形地貌影响;地下空间以岩土水气为介质,这些岩土介质中不仅拥有巨量的空间资源,而且蕴涵丰富的地下水资源、地质矿产资源及能源资源。同时地下岩土介质形成了地下空间环境,构成了地下应力平衡系统、地下水流场平衡系统、地下温度场平衡系统、地下地球物理场平衡系统、地下放射场平衡系统和地下地球化学场平衡系统。系统的动态平衡由岩土地质结构、成分、孔隙发育程度、固结程度、水饱和度、埋藏深度等要素共同维持,每个要素在维持系统平衡中都起着特定的作用,且每个要素之间相互关联。地下空间的开挖及地下地质资源的开发利用,部分维持平衡的地质要素被利用后,将失去对动态平衡的支撑作用,系统动态平衡被打破,朝着新的平衡方向动态调整,而达到新的动态再平衡。因此,在城市系统中不能孤立地只就某种资源来论资源管理、开发、利用和保护问题,而是要系统地进行资源管理的体制、法制、机制建设,系统地推进城市资源合理开发利用。城市中每一种自然资源都有其特殊性,具有不同的资源特性、发展规律和资源利用规律,必须制定有针对性的尊重各类自然资源特性的资源管理政策;否则就会造成资源的破坏浪费、开发秩序的混乱和资源管理低效。

3.1.2 认知城市地下基础地质条件

城市地下基础条件包括岩(土)体结构、物质组成、地质环境、形成时代与演化过程,岩(土)体的形态、位态与状态,岩(土)体之间的关系,岩(土)体的稳定状态。科学认识各种复杂地质特征和性质,能够充分发挥各种有利的地质条件,避免不良地质情况的影响。同时,研发适应软岩、硬岩、硬土层或软土层等各种地质条件地下空间开发施工技术、开挖技术、支护技术、环境保护技术以及相应的施工装备和机具。随着现代科学技术的发展,地质条件已不能阻碍人们开发利用地下空间的决心和进程,但必须因地制宜,针对不同地区特有的地质情况,积极研究开发先进的施工技术。同时,我们还必须认识到,大规模地下空间开发有可能造成工程地质环境的危害,包括破坏地下水系,引发地面塌陷和地裂缝;基坑开挖引起地基土层的扰动,造成城市地面沉陷,危及周围建成环境;隧道的开挖可能改变岩体自然结构,导致山体滑坡等。

对地质条件准确而详细的认知,为工程设计与建设提供可靠依据,有效减少各种工程施工问题,保障工程施工安全与质量,延长工程使用寿命。

3.1.3 认知城市地下空间等地质资源"家底",充分发挥资源资产价值

地下空间及其共生的地质资源是城市空间资源和物质资源的组成部分,是城市发展的基础。摸清地下空间资源"家底",包括资源类型、总量、利用现状、利用潜力,可再生、不可再生、可循环资源,资源利用上限,从可持续生存的战略高度看待、利用、管控、保护地下空间和地下水等资源,并采用必要的技术和行政手段守住地下空间、地下水等地下资源的红线。从宏观上把握城市地下空间资源的总体分布和状态、动态变化规律、合理有效开发利用程度和潜力,不仅是准确认识地下空间地位和潜在作用的有力数据,也是站在城市空间未来发展的整体高度上,研究制定地下空间整体战略性、科学性总体规划,宏观控制城市地下空间资源并使之可持续有效使用的基础信息和重要依据。

自然资源资产化由单纯的利用土地资产扩展为对地上、地下空间的综合利用,过去由于人们过分关注地上空间的开发利用,导致地下空间利用不充分,其价值被低估。地下空间开发成本高、难度大、投入多,需要将地下空间与商业、旅游、服务业等深度融合,成功引入投资主体参与城市建设;需要加大地下空间综合开发利用力度,预留和控制地下空间,协调推进地下综合体建设,使地下空间的资产属性得到充分释放。

3.1.4 认知地下地质环境背景

地下空间及共生的自然资源蕴藏在以地下岩土水气为介质的地质环境中,同时资源本身也是地质环境的组成部分。开发利用赋存于地层环境之中的地下空间及地质资源必然会穿越复杂的地质结构体,改变地质环境的平衡而发生岩土变形和水、应力等环境的变化,这种环境变化又将反作用于地下空间,使之变形、破坏,威胁其运营安全。因此,正确认识和掌握地质环境是地下空间开发的前提,开发利用地下空间资源必然需要对地下空间及所在环境系统进行全面的认知。地下空间环境包括地下岩土环境,地下淡水、咸水环境,地下温度、湿度、密闭、腐蚀性环境,地下空气、氡气、天然气、有毒有害气体环境,地下生态环境,地下磁场、电场、重力场、速度场等地球物理环境,地下应力场环境。

从生态环境安全的角度,地下空间开发要避免对生态环境要素产生影响和破坏。从地质环境安全的角度,地下空间工程选址要避开严重的不良地质现象,一方面使地下工程可以更加经济安全而且经久耐用;另一方面也避免由于地下工程的扰动使地质环境进一步恶化,诱发地质灾害。在地下空间资源质量的评价中,必须考虑与生态系统要素之间的和谐,将生态系统安全目标作为地下空间资源工程制约性条件的组成部分,把生态系统与地下空间资源之间的合理空间和比例关系作为制约地下空间资源的重要条件进行明确分析、评估。

随着 50m 以下深部地下空间开发及综合利用,更需要了解深部地质环境,包括深部地质环境的确定,深部高应力及其对岩体力学特征的影响,高温和低温对深部地下工程安全性的影响,高地震烈度和断裂带活动性对深部地下工程安全性的影响,深部地下空间开发对人类居住环境的影响等科学问题。

3.1.5 认知地下工程开发现状

认知地下工程开发现状就是掌握城市地下已有工程"家底",调查地下空间开发利用现状,查清地下防空设施、地下管线、地下桩基、地下监测设施、地下室、地下交通设施、地下市政设施、地下处置设施、地下储藏等现有地下工程设施种类、构成、规模、功能属性、位置关系、运行安全状况,建(构)筑物位置、范围、用途、权属、建造时间等基本信息,积累基础数据,有利于服务地下空间地籍管理、规划管理、工程管理等相关政策的研究。

3.1.6 认知地下空间地质安全风险

地质安全风险及地质灾害是人与自然、地球表层系统要素之间相互作用的结果,充满了不确定性。人们需要从地球系统科学的角度来认知这些不确定的安全隐患,及时规避、排查和预警。开发利用城市地下空间资源必须首先了解地下存在的安全风险因素,包括宏观、中观、微观层面,浅层、中层、深层,地形地貌、气候、地质、水文、地震、灾害等因素;确定地下空间开发后可能出现的不确定性危险因素,建立城市地下空间开发危险、风险因素管理台账,在地下空间整体部署、规划、论证、工程建造、运维中及时识别并采取对策,避免危险和风险发展为灾害事故,确保安全开发利用地下空间资源。

城市地下安全风险因素包括地下岩溶、空洞、废弃空间,活动断裂、构造破碎带、地震带,软土、液化砂土、湿隐性黄土、填土、风化土、膨胀土、地面塌陷、地面沉降、地裂缝,地下高承压水层、地下高应力区,地下人工工程设施等方面。

从目前实际情况分析,地下空间已发生的灾害不仅有火灾、空气污染、水灾等实质危险,还有地质因素诱发的塌陷、沉降、涌水等安全事故。因此,对地下空间的安全评价,不但要考虑空间温度、湿度等定量指标,还要考虑地下空间位于地下、封闭、自然光线缺乏、空气流通较差等因素。

对尚未大规模开发利用的深部地下工程面临的诸如深地下防护工程构筑、抗硬毁伤能力和抗软毁伤能力等,要提前认知、及早探索,有效、安全、永久性地储存高放核废料,处置有毒废液、废物等方面技术。

3.2 建立法规体系,依法规范地下空间行为

国家层面要研究制定城市地下空间专项法规和必要的技术标准规范,明确地下空间资源的基本概念、开发界面、权属性质、相关利益方责权利等内容,以解决这些基本问题所引起的各方争议和矛盾,为地下空间协同开发利用提供制度和法律保障。

裁定地下空间发展的法律底线,拉好开发利用的"红线",建立科学完善的法律法规体系,依法依规开发利用地下空间资源,保证地下空间发展走上法制化的道路,确保地下空间资源得到集约、高效、可持续利用,地下空间环境得到有效保护,地下空间权益得到切实维护,地下

空间开发行为受到严格规范,地下空间规划、设计、建造过程得到有效监督,地下空间开发、运行安全得到有力保障,地下空间社会、经济、生态、防灾、国防等综合效益得到充分发挥,确保依法、依规、依理开发地下空间资源,使我国地下空间的开发和利用实现法制法、科学化和规范化健康发展。

3.2.1 完善地下空间开发利用法律体系

我国应制定地下空间资源法,明确权属问题,理清产权关系,规范并解决开发管理体制、标准与规程等实际问题,以实现地下空间开发统一规划、统一标准和统一管理。

通过立法,建立健全具有中国特色的地下空间资源开发利用法律法规体系,补充和完善国内现有与城市地下空间资源开发利用相关的单行法、地方性法规及条例,为地下空间协同开发利用提供制度和法律保障,推动地方立法和规范管理。

各省(自治区、直辖市)根据自身情况,因地制宜推动地方立法工作,研究制定城市地下空间规划编制、建设管理、权属登记、使用管理等方面的法规和规章,界定地下空间开发利用管理有关主体及其职责、职权,明确地下空间开发利用管理有关制度及其内容和程序要求,推进依法行政。

3.2.2 确立地下空间权力体系

通过立法明确地下空间权属关系,赋予中央和地方政府对地下空间资源行使管辖权、规划权、登记权、论证权、审批权、监督权、管理权、协调权。

1. 明确地下空间的权属关系

通过立法制定产权制度体系,对地下空间权利的内涵、范围、权利保护、登记管理等进行规定,确定地下空间的权属关系,维护国家、团体、个人等相关利益方权益,为解决各方权属争议和利益矛盾提供法律依据。对地下空间所有权、使用权,征用、划拨、出让、分层开发,以及登记、流转、抵押、拆迁补贴等制定同地上空间一样的法律法规,明确相关的法律责任。

1)地下空间所有权

土地所有权可以分解为地表所有权、地下空间所有权和地上空间所有权。我国实行土地公有制,土地所有权为国家或者集体所有,空间所有权自然为国家或集体所有。

通过立法进一步明确全民所有制土地的地上、地表、地下任何深度全空间为国家所有,将狭义的土地权力拓展到地上、地表、地下的国土空间权力;明确集体所有制土地地下一定深度以下的空间为国家所有,一定深度以上的地下空间与地表土地所有权一致。

2)地下空间使用权

原则上应分层设定地下空间使用权,浅层空间(0~15m 或 0~10m)使用权与地表土地使用权相关联,地下空间使用权除从土地所有权人取得外,还需要从地表土地使用权人中转让取得;中层、深层空间(15m 或 10m 以下)设立独立空间使用权,其使用权直接从地下空间属有权人中获得,对已被利用的地下空间,则通过协商转让,而不能从土地使用权人处直接取得。

地下空间使用权需要明确取得地下空间使用权人的使用条件、取得方式、使用期限,明确地下空间使用权人利用地下建设用地占有、建设、使用和收益的权利。建议将地下空间使用权划分为4种类型:一是生存用使用权,保障人的基本生存;二是公共用使用权,实现公共性目的,如地下交通和综合管廊等公共市政设施空间;三是生态用使用权,保护城市生态环境,如地下碳封存、地下污水处理、垃圾处理空间;四是经济用使用权,主体是实现经济利益,其最典型的代表就是地下商业街。使用权取得的优先级按使用类型确定,不应按使用权人的权力大小、部门重要性确定,一般生存使用权优先于其他类型,公共使用权优先于经济使用权。

3) 地下空间设施产权

地下空间设施产权需要明确界定地下空间设施的权属关系,明确地下空间、建(构)筑物的所有权和使用权,经营、出租、转让等处置权。制定地下空间、建(构)筑物的登记、流转、出租、抵押等法规,以及实施管理细则、办法。

4) 分层设定空间利用权

地下空间具有分层利用的特性,每层空间均可设定空间利用权,多个权利主体可分离同一地表下不同层次的空间,但各空间利用权人利用的空间必须是特定的,只能对各自使用的地下空间行使相应的权利,不能延伸至他人所享有的地下空间范围,否则构成对他人权利的侵害。权利主体应按规定办理登记手续,领取地下空间使用权证书,对其所记载的空间范围行使占有权、使用权,从而占有、使用其所拥有的空间建(构)筑物、工作物。空间利用权取得合同中必须明确各方享有的支配权的空间范围,以保障对空间的合理利用。

2. 建立中央与地方政府的权力体系

国家通过法律赋予中央和省(市)地方政府对地下空间的开发利用全生命周期过程行使管辖权、规划权、登记权、论证权、审批权、监督权、管理权、协调权,制定规划、论证、审批、监督、管理和协调等管理规章,依法依规进行管理。

建立中央、省、市地下空间开发全生命周期专门管理机构,明确各个职能部门和机构(单位)的管辖范围与执法力度。解决城市地下空间的部门职责、管理主体、开发方式、规划执行、防范措施、工程协调、功能连通等核心问题。

一是通过立法明确规划管理主体、决策与协调主体、监督与审查等相关责任主体,有序管理、决策、监督、协调等;二是制定地下空间开发规划、项目立项、政策扶持、建设管理、运行监督等行政管理类制度;三是制定地下空间在设立、登记、交易、保护和相邻不动产权利关系等方面诸多民事权利规章。

3.2.3 健全地下空间资源开发制度体系

通过建立制度,明确职责,依法对辖区内的地下空间资源进行规划、登记、论证、审批、监督、管理和协调,对地下空间开发利用过程中基础性、关键性、特有性问题及资源利用与保护进行规范。需要建立的制度包括地下空间资源、信息统筹管理制度,地下空间登记确权管理制度,地下空间规划管理制度,地下空间工程项目管理制度,地下空间运行与维护管理制度,地下空间监测管理制度,地下空间应急救援管理制度等。

在地下空间产权界定上,主要涉及资源出让"招拍挂"管理办法,地下空间的所有权登记(初始登记、变更登记和注销登记)办法,房地产登记条例实施若干规定,空间权的转让、租赁和抵押法规等;在开发建设管理上,主要涉及地下空间的规划管理、技术规范体系、环境保护和评价管理、建设资金及管理费用承担、鼓励民间参与投资等制度;在地下空间设施运营管理上,主要涉及地下空间的工程防火、防灾、安全应急管理、环境卫生、环保工作、危险品管理和相关税收、收费优惠政策等专项立法工作。同时必须制定相关配套的法规,主要涉及地下空间项目经营税收、融资、政府基金或补贴、捆绑开发、民间参与建设等导向性和鼓励性的一系列法规。

1. 地下空间土地使用权管理制度

地下空间土地需要明确所有权与使用权的关系,建立地下空间建设用地使用权设立程序、设立方式、出让金、权利内容、流转、消灭等管理制度。

2. 地下空间土地权属登记制度

对于地下空间土地权属应建立立体登记制度。一是制订登记管理办法,明确登记管理机关、登记执行部门;二是规范地下空间土地权属登记种类、登记程序、登记审查标准、登记簿和权利证书格式、地籍调查程序和内容、登记坐标系统、三维地籍图和宗地图的绘制、地下空间宗地编码编制方式等内容;三是向地下空间权人和地下建(构)筑物所有人颁发相关的地下空间权证书和地下不动产产权证书,明确土地使用权和建(构)筑物所有权的来源、地下空间建设物的边界、权利范围、相邻关系以及其合法性;四是地下空间使用权人以有偿方式取得一定的地下空间权,应交纳一定数额的出让金等。

3. 地下空间地籍管理制度

对于地下空间地籍应建立一套可持续的、统一高效的城市地下空间地籍管理制度。一是空间性,从空间角度考察地下空间利用的物理状态,描述具有明确边界的、在空间上连续的地下空间实体,准确反映地下空间利用状况;二是精确性,从空间角度精确描述地下空间利用的基本要素,尤其是空间位置与数量,记载封闭的权利实体所有的空间信息和属性信息;三是一致性,依法建立地下空间地籍,重新设置和限制地下空间利用的空间权利,记载和提供人地法律关系;四是连续性,从空间角度关注人地关系的变化,保持地籍信息记载的连续性和现势性,实现地籍的科学可持续使用。

4. 地下空间规划制定和实施制度

地下空间规划与实施制度包括地下空间规划制定的主管部门、地下空间规划种类、地下空间规划效力、地下空间规划制定程序、地下空间规划中的强制性内容、地下空间规划和既存城市规划之间的关系、地下空间规划信息公开、地下空间规划许可管理、地下空间规划检查验收、违反地下空间规划法律责任等。

5. 地下空间审批制度

建立严格的地下空间审批制度。一是明确地下空间的审批清单，主要包括地下空间规划审批、工程项目审批、工程设计审批、开发深度审批、分层开发审批、开发强度审批、报废审批、改造审批、关闭审批、征用审批等；二是明确代表权力机关的地下空间审批部门、发布部门；三是规范地下空间的审批程序；四是制定地下空间审批标准。

6. 地下空间安全监管制度

国家层面建立一套城市地下空间安全监管办法，针对不同类型的地下空间设施，厘清安全责任主体，明确安全管理内容和惩罚机制，形成系统的法律管理依据。

7. 地下空间资源与环境保护制度

通过建立法律制度保护地下空间资源的持续利用，地下地质环境、生态环境的持久稳定。一是明确地下空间资源与环境保护部门；二是制订地下空间资源与环境保护办法；三是建立地下空间资源与环境保护名录；四是制订地下空间资源与环境保护标准，建立符合我国国情的环境保护技术标准。政府、单位、公众应提高认识，共同参与保护，做好地下空间资源、地下水资源、地下文物古迹、地下国防设施等的保护，防止地下水污染和地面沉降等问题对地面建筑造成安全隐患。利用地下空间精细探测、整体评估、协同开发与安全利用的数据和结果，制定保护法规，明确需要保护的地质层位、地下设施、地下水和相关特种资源，为地下空间监督管理提供标准，为地下空间监测提供静态对比参照。

8. 地下空间开发与周边设施协调、补偿制度

建立地下空间开发建设规划部门协调制度需充分融入城市各部门、各行业利用地下空间资源需求；建立地下空间工程设计相关方协商制度，充分考虑设计工程对已有前期工程、设施的影响和避让；建立相邻地下空间建筑设施隔离层制度和补偿制度，因地下空间开发对相邻设施及地面土地相关利益主体造成不良环境影响给予相应经济补偿。

9. 地下空间资源探测和评价制度

该制度需明确中央、省、市地下空间资源探测和评价组织实施主管部门，内容包括制订探测和评价范围、深度，探测和评价对象与要素，探测和评价标准与程度，探测和评价阶段与程序，探测和评价信息集成、更新与使用、地下空间资料汇交等。

10. 地下空间协调、咨询制度

该制度包括建立政府和社会双方分工明确、共同参与管理，决策、执行、监督管理体制等内容。

成立决策协调机构:决策协调机构由主管城市建设方面的副市长担任主任,发展改革委员会(简称发改委)、自然资源和规划局、交通局、人防办、市政局、房产局、建设局(或建委)、园林局、应急(环保)局等部门领导作为机构成员。决策协调机构的职责主要为审查相关地下空间方面的规划,监督、协调地下空间的建设。

建立研究咨询机构:研究咨询机构应拥有国内外各方面的相关专家,其职责为研究地下空间开发利用相关问题,对与地下空间相关的规划在技术上进行咨询、把关,在技术层面为城市地下空间开发利用科学、有序发展提供支持。

3.2.4 制定地下空间开发政策体系

在市场经济条件下,城市地面空间开发利用必须支付土地使用费。那么,城市地下空间是无偿还是有偿使用,急需研究解决,并建立科学的地下空间开发利用政策支持体系。地下空间作为一种三维立体空间,具有容纳性。地下空间的开发者可以根据自身需要利用地下空间进行生产和生活。作为一种资源,地下空间权利人可将其视为不动产或用益物权,进行有偿出让、出租或转让。地下空间投资高、成本回收的周期长,为了保证地下空间各项设施的正常经营与运转,需要中央和地方政府通过制定政策,构建政府引导、政策扶持、社会参与、市场运作开发的地下空间资源新机制,拓宽建设项目融资渠道,盘活社会存量资本,调动地下空间开发者的积极性,正确引导地下空间良性开发,提高我国城市地下空间的利用效率。

3.3 建立规划体系,统筹部署地下空间功能

《生态文明体制改革总体方案》提出"构建以空间治理和空间结构优化为主要内容,全国统一、相互衔接、分级管理的空间规划体系,着力解决空间性规划重叠冲突、部门职责交叉重复、地方规划朝令夕改等问题"。明确地下空间规划法律地位,完善中央、省、市地下空间规划体系框架,建立地下空间规划体系,做好顶层设计,统筹协调开发与安全利用地下空间资源。将地下空间规划真正融合到国土空间立体规划中。将地下空间规划融入正在构建的"三基一水两条线""两界一区五张网"的国土空间保护开发边界体系中。其中"三基"指永久基本农田、基本草原、基本林地,"一水"指江河、湖泊、湿地等水域,"两条线"指生态保护红线和自然岸线";"两界"指城镇开发边界、村庄建设边界,"一区"指开发区、园区等产业集聚区,"五张网"指交通网、能源网、水利网、信息网、安全网。

3.3.1 建立城市地下空间规划体系

该体系包括规划层级体系、规划编制体系、规划论证体系、规划审批体系、规划监督执行体系。

1. 地下空间规划层级体系

地下空间规划在纵向上建立中央、省(经济区、城市群)、市(地级以上)和县(区)4级规划体系,其中省、市、区县为地方层面。

中央层面的规划侧重宏观性和战略性,是国家地下空间开发利用的整体布局和顶层设计,对地方各级地下空间规划发挥指导性、规范性和限制性作用。对全国地下空间开发进行整体规划和布局,在国土空间上提出地下空间禁止开发、限制开发、允许开发和重点开发区域。从中央层面提出地下空间规划编制的指导性意见,提出省(经济区、城市群)、市开发利用地下空间和进行地下空间规划的准入门槛。

省(经济区、城市群)级地下空间规划是在中央层面规划的基础上对全省(经济区、城市群)地下空间开发利用作出整体安排布局,并与市(地级以上)级地下空间规划进行衔接。编制省(经济区、城市群)层面地下空间开发一体化规划。以省(经济区、城市群)为单元制定省级地下空间开发利用整体规划,提出禁止开发、限制开发、允许开发和重点开发区域;明确限定省(经济区、城市群)内不同类型规模城市地下空间开发总体规模、开发深度、开发层数;编制省级地下空间规划指导意见,指导地级以上城市编制地下空间规划。经济区、城市群需要编制地下空间高质量发展一体化规划,重点对区域性连通的重要含水层、重要持力层、重要资源层提出禁止或限制性开发要求,对城市与城市之间的地下空间进行统一规划,解决区域地下空间开发整体性、协调性、统一性、安全性问题。

城市层面是地下空间开发的主体和基本开发单元,必须统筹规划目标、发展策略、开发规模、总体布局,绘制地下空间一张蓝图。在划定的城市国土空间内,进行空中、地面、地下空间一体化规划;通过梳理地下空间现状问题及战略发展定位,提出地下空间发展目标及规划策略;在限定的开发深度和允许开发范围内,依据地质结构、地下地质资源评估结果确定地下空间分层和各层地下空间主体功能;充分利用地下地质资源进行协同规划,明确总体布局及各设施分项布局,整体引领区域地下空间等资源综合开发。

区县层面是市(地级以上)级规划的具体细化和落地,是城市地下空间规划的组成部分。在城市地下空间整体规划的基础上编制县(区)地下空间发展规划,制定分层开发建设强度指数,从上到下,将人行通道、车行道、商业空间、综合管廊的层级、位置进行统筹。

2. 地下空间业务功能规划体系

城市层面建立城市国土空间总体规划、城市地下空间专项规划、城市地下空间功能规划3级。国土空间总体规划是对城市行政区范围内的地上空间、地面空间和地下空间的主体功能,生产、生活、生态和保障空间整体布局,建设空间的建设高度,地下开发深度,重点区域开发强度等系统规划布局,对各专业规划进行总体控制。城市地下空间专业规划是在城市国土空间总体规划的指导下对地下空间部分进行更加具体的详细安排,划定禁止开发、限制开发、重点保护、必须避让区域;确定地下开发层数、每层开发深度、各层间隔深度和总体开发深度;结合经济发展状况按近期、中期、远期、远景4个阶段开发强度进行地下空间区域控制,与点、线、综合体、立体网络、地下城布局对应;在明确城市需要将哪些主要功能放入地下空间的基础上,对每项功能放入地下空间的层、深度、最大跨度、最大高度、穿越路径进行基本限定,划出红线;宏观上做好地面交通、建筑、水域、绿地、广场与地下第一层空间相关功能的协同,地下交通、管网等线状功能设施之间及与大跨度空间设施的协同,不同层空间的协同,城市公共交通与城市间区域地下交通空间的协同,综合利用地下既有资源的协同,规划功能设施与已有地下在用设施之间的协同。城市地下空间行业功能规划是在城市地下空间专业规划的基础上进一步细化和落地,包括城市地下空间立体交通规划、地下综合管廊规划、地下市政基础设施规划、地下商业规划、地下物流规划、地下调蓄防涝规划、地下仓储规划、地下蓄能规划等,是地下工程项目选址、设计的依据。

3. 地下空间规划编制体系

中央层级地下空间规划由自然资源部代表国家主导,交通、城建、水利、能源等相关部委共同参与编制。省级地下空间规划由省自然资源厅代表省政府主导,交通、城建、水利、能源等相关厅局共同参与编制。城市地下空间总体规划和城市地下空间专项规划由自然资源和规划局代表市政府组织人防、交通、市政、城建、水务、防灾等与地下空间利用、管理相关的部门共同编制,把相关部门对利用地下空间的需求全部纳入规划之中。城市地下空间行业功能规划由人防、交通、市政、城建、水务、防灾等部门组织相关应用单位编制。县(区)级地下空间规划参照市级规划方式组织编制。详细规划要落实专项规划相关要求,明确具体地块的地下空间规划管控要求。

地下空间开发规划制定主体,除政府、行业部门外,还应当有土地权利人和利害关系人的参加;大中城市自然资源主管部门要会同人防等有关部门,依据国土空间总体规划,因地制宜编制完善城市地下空间开发利用专项规划,合理确定开发利用目标与战略,统筹安排各类地下设施和项目布局,做好与人防、交通、市政、水利、应急等规划的协调衔接。

4. 地下空间规划论证体系

中央(含经济区、城市群)地下空间开发利用战略规划由国家发展与改革委员会组织涵盖各地下空间开发利用相关领域国内外顶级专家组成的专家委员会进行论证。省级地下空间资源开发战略规划由省发改委组织涵盖各地下空间开发利用相关领域省内外知名专家组成的专家委员会进行论证。城市地下空间专项规划由市发改委组织涵盖各地下空间开发利用相关领域专家组成的专家委员会进行论证。城市地下空间行业功能规划由自然资源和规划局组织有关行业知名专家进行论证。

地下空间规划的论证除邀请专家外,还应建立开放、包容的多方沟通和协商机制,实现社会公共利益和私人财产利益平衡发展。既要面向未来,做好城市发展的远期谋划,也要面对现实,结合城市发展的历史现状;既要咨询专家科学规划,更要倾听土地权利人和利害关系人的切身需求。贯彻尊重私人合法权益,平衡兼顾社会公共利益和私人财产利益。地下空间开发规划制定程序,应当建立一整套信息公开、异议反馈、质询听证等制度,形成政府统筹、市场协作、专家咨询、公共参与相结合的地下空间开发规划制定工作模式。这样制定出来的地下空间开发规划方可保证其科学性、公正性以及可实施性。

5. 地下空间规划审批体系

规划审批包括审核、批准和发布3个程序,由上级主管部门组织审核,由同级人民代表大会常务委员会(以下简称人大常委会)批准,由同级人民政府发布。中央层面地下空间战略规划由国家发改委组织多部委联合审查后,由全国人大常委会批准,国务院发布实施;经济区、城市群地下空间一体化规划由城市群一体化协调委员会组织编制,经自然资源部组织涉及省市和相关部委审查后报国务院批准实施。省地下空间战略规划由自然资源部组织审核,由省人大常委会批准,省人民政府发布实施。城市地下空间专项规划由省自然资源厅组织审核,由市人大常委会批准,由市人民政府发布。县(区)地下空间开发利用规划由市自然资源与规划局组织审查,县(区)人大常委会批准,县(区)人民政府发布实施。副省级以上城市由自然资源部联合有关部委及所在省自然资源厅组织审查,报市人大常委会批准,市人民政府发布实施。地下空间规划每5~10年修订一次,并按程序审核、批准、发布。

6. 地下空间规划执行监督体系

地下空间规划要具有法律效力,规划一经批准,必须严格执行,不得任意更改,这是规划实施的法律保证。建设完善运行机制并设立专职常设机构,从项目审批、投资融资、工程设计施工与招投标、竣工后的运营管理,保证工程高质量,提高地下空间的运转效率。鉴于地下空间的不可逆性,地下空间开发利用规划应该具有强制力,需要建立各级地下空间规划执行和监督体系,防止不执行规划及不按发布的规划开发或随意更改规划的行为。

一是由市级人民政府成立专门机构或委托自然资源和规划局监督执行,受委托部门代表政府对开发利用地下空间资源的所有部门在规划期内所有地下工程项目进行核查,核查通过后再进入相关的审批程序,要保证城市地下空间规划的严肃性。任何部门、单位,不论是公共还是私有,不论是政府还是企业,不论是生命线工程还经济开发工程,凡是与已发布规划不一致或相违背的一律不能通过审核。

二是针对重点地区地下空间开发,政府深度参与地下空间工程的设计和建设,确保地下空间开发规划的完整落实。政府制定的地下空间开发总体规划、控制性详细规划都需要各个工程项目的建设单位通过编制修建性详细规划或者工程设计方案的方式予以落实。

3.3.2 确立城市地下空间规划基本原则

城市地下空间规划要坚持开发与保护、平时与战时、地下与地上、纵向与横向、新区与老区、当下与未来、公用与私营、集中与分散、经济与安全、政府引导与社会资本相结合的原则。

1. 地上地下立体化统筹部署原则

由二维平面进入三维立体开发时代,形成城市地面空间、地上空间和地下空间的协调发展新模式。一是哪些功能和用地以地表为主,哪些功能以地下为主,哪些功能地上、地下衔接,城市发展的重点区域、重点工程的整体空间布局等统筹安排;二是城市中心区立体化再开发,对城市结构进行根本性的改造,形成规划上统一、功能上互补、空间上互通的地下综合体;三是统筹推进市政基础设施体系化建设,建设海绵城市、韧性城市,补齐排水防涝设施短板,有序推进综合管廊系统建设。

2. 因地制宜、整体规划、分期实施原则

城市地下空间要依据城市发展规模、城市人口密度、城市区位、城市经济发展水平和发展目标,综合考虑城市自然地理地质条件、城市地下空间资源禀赋,因地制宜进行地下空间整体规划,分阶段、分期、分批按规划秩序实施。

3. "五个融入"和"保护优先"原则

要按照融入国防建设、融入城市建设、融入经济建设、融入生态文明建设、融入社会发展要求,进行地下空间统一规划。要遵从生态保护原则、资源保护原则、交通优先原则、开发成本原则及长远规划原则。

4. 地上为主、地下补充的原则

城市地下空间是对城市地上空间的功能补充,其建设(开发利用)应遵循"人在地上、车在地下、物在地下""人的短时间活动在地下、长时间活动在地上"的基本理念。

5. 效益优先,统筹兼顾原则

一是充分发挥城市轨道交通等主要功能对地下空间开发的带动和促进效应,促进"立体枢纽"建设和土地综合开发;二是充分发挥城市中心区的辐射效应,城市地下综合体、商业街的集聚效应,地下空间的环境优化效应,人防与调蓄工程的防灾、战备效应,地下市政工程设施的生命线保障效应,物流与仓储设施的物质保障效应;三是紧密结合新区开发、旧城改造和基础设施建设,优先安排供水、排水、燃气、供电等市政基础设施,以及交通、人防、综合防灾等公共服务和公益性设施。

3.3.3 城市地下空间规划内容与指标

1. 规划内容

1)专项规划

专项规划包括战略目标、组织模式、开发利用方式、开发利用规模预测、布局结构、平面层次规划、竖向层次控制、规划期限、开发实施步骤,重点地区地下空间规划,地下交通空间、地下市政设施、居住社区地下空间、人防工程与地下空间相结合,近、远期相结合规划,规划管理准则与规划实施措施等。

2)功能规划

功能规划包括开发范围、总体布局、使用性质、建设规模、竖向高程、出入口位置、连通方式、分层要求等方面。

2. 规划指标

1）强制性指标

强制性指标包括地下使用功能、地下用地边界、地下开发面积、地下容积率、地下建筑密度、地下建筑退界、地下停车泊位、地下公共连通道、地下人行过街设施、地下公共停车场停车泊位与控制范围、地下轨道交通设施控制范围、地下道路控制范围、市政综合管廊控制范围、地下空间禁止开口处、地下防灾设施级别与规模等。强制性指标中采用"上限指标"和"下限指标"，下限指标仅规定地下空间开发程度的下限，上限由建设单位根据自身情况和地块情况自主决定。

2）指导性指标

指导性指标包括地下开发深度与层数、地下建筑层高、竖向标高、地下公共开放空间、下沉广场及地下公厕等其他环境与设施配套要求。

3. 分级控制与仿真模拟

1）分级控制

根据地下空间使用、规模及容量、行为活动、组合及建造、配套设施等方面进行分级控制，再根据各指标要素进行控制性详细规划编制。

2）仿真模拟

利用信息服务平台在城市规划阶段，精准仿真，预估潜在风险，提前完善，制定应急预案，洞悉当下，预见未来。

3.3.4 实施城市地下空间分层规划

地下空间要实现分层规划，把地下功能设施规划在最经济、最安全、最合适的地下深度，该深则深、能浅则浅、人货分离、功能协同、分期分批、平面分区、竖向分层、突出重点。

1. 分层原则与依据

分层规划，控制单层深度与整体深度下限。主要取决于：一是取决于地下填土层、松散沉积层、基岩风化层、地下基岩层，地下含水层、隔水层、地下工程持力层等的厚度与埋深；二是取决于地下潜水位的深度和城市侵蚀基准面的高程；三是取决于每项功能对空间长度、高度、跨度、湿度、温度、抗振动、抗干扰、防腐蚀、抗辐射的要求；四是取决于抗击各等级自然灾害、常规武器对地轰炸、单次核打击和多次核打击的能力；五是取决于城市已有地下空间的开发现状和地下建筑基础、高层建筑桩基的深度与密度。

2. 功能分层建议

综合目前开发现状、存在的问题，并结合国际经验，提出4～5个竖向分层建议。

（1）第一层：地上地下交互空间（地下0～10m或15m左右），主要容纳人防工程及供水、电力、燃气、通信等市政公共设施；与地上功能联系紧密、使用频繁、人流量大；包括公共地下空间、自有地下空间、结建地下空间的共用空间。一是在主干道路、次主干道路、小区道路下规划地下市政管线、管网、综合管廊和排洪暗沟设施；二是地面建筑连体地下室、地下商业、娱乐、文化、医疗卫生、科研教育设施；三是地下步行通道、轨道交通站台、地下停车场等地面与地下交互空间；四是海绵城市雨水下渗通道及下沉式城市广场空间。

（2）第二层：规划地下综合功能空间（地下 10m 或 15～30m）。以公共地下空间为主，部分规划自用地下空间，以独立空间功能规划为主，综合利用。一是规划地下轨道交通、地下机动车道。二是规划地下市政基础设施的厂站、调蓄水库和常规物质储存空间；地下人防工程，地下防灾工程设施。三是规划以地铁站点为核心的地下综合体空间（0～30m）；城市中心区或交通枢纽区规划以地下商业街为主体大型地下综合体空间（0～40m）。第二层为人员活动时间短的交通空间和人员流动大的综合体、商业街空间，是真正意义上的地下空间，是城市重点开发层地下网络化空间层。

（3）第三层：快速交通、预留空间（地下 30～50m）。以城市快速轨道交通、快速地下公路、城际交通、快速物流为主，是地面快速高架路、环形路的补充，形成城市地下快速交通网，连接各组团、各中心、各地下综合体和城际之间的地下交通，以及配套的仓储、站场、消防设施。其余作为预留空间及与深层空间沟通的支撑空间。该层是浅层与深层地下空间的过渡与隔离层。

（4）第四层：调蓄、储能与处理空间（50～100m）。50m 以下深层地下空间，目前开发技术还不成熟，相关科研机构正在研究深层空间开发技术。本层（该层）重点规划石油、天然气、煤炭等石化能源储存空间，水电能源储存空间，CO_2 封存空间，地下洪水调蓄空间；城市地下污水集中处理、地下垃圾集中处理空间；军事、战略物质生产厂房设施，抗核打击防空设施，地下军事指挥设施；地下数据集成处理中心及特殊精尖设备储存空间。该层是深层地下空间的上部空间。

（5）第五层：预备空间（100～200m）。100m 以下目前极少有开发范例，开发技术难度更大，成本更高，目前的经济条件和发展阶段还缺少大规模开发利用的能力。该层可利用已有矿山空间用于储存水资源、进行地下长期生存的科学试验。该层主要作为城市高度发达以后的预备开发空间。

3. 分层深度建议

1）浅层地下空间（0～50m）

上浅层地下空间（0～15m）：地表向下延伸层，以地下管线、人行地下通道、停车场、地面建筑地下室、地下商业、轨道交通及部分市政设施为主，基本与填土层及耕作层、残坡积及基岩风化层、包气带及潜水面以上层相对应，与地表频繁联系，以大开挖开发方式为主。

中浅层地下空间（15～30m）：地上空间与地下空间联络层，以地下交通功能、物流为主。一般与全新统沉积层、潜水与承压水之间的隔水层相对应，在下扬子地区与第一硬土层、下蜀土层相对应。

下浅层地下空间（30～50m）：是真正意义上地下空间，不受地面影响，是城市快速路承载城市不同组团和主体功能地下连通通道,以城市地下街为主体。

2)深层地下空间(50~200m)

深层地下空间进一步划分为中深层(50~100m)地下空间和深层地下空间(100~200m)。

中深层地下空间(50~100m):东部城市及特大城市即将大规模开发的地下空间,主要承载地下大型市政工程、地下物流运输和地下仓储。与松散层中砂层、卵砾石层、地下基岩风化层、地下承压含水层对应,波状平原及丘岗区与基岩对应。

深层地下空间(100~200m):是城市预留和潜在利用地下空间。深层地下空间为整个城市区域的物资和能源的输送、处理和储藏提供空间,可实现城市地上使用,地下输送、处理、回收、储存的功能。在华北及长三角平原区以粉砂层、黏性土层、砂层交互为主,有多层承压含水层,在其他地区以基岩为主。

3)大深度地下空间(200m以深)

已超越城市主体功能利用地下空间的范围,是国家级应急含水层、地热利用和特殊功能利用空间。

3.3.5 制订城市地下空间宏观战略计划

高质量、高效率、集约化、绿色、安全、可持续利用城市地下空间资源需要多层面、多维度、多尺度进行总体设计,结合城市经济条件和发展特色,在开发深度、开发强度、开发时序、开发阶段、开发保护上进行战略部署和统筹安排,最大限度避免出现资源浪费、环境影响、生态退化与危及安全的现象发生。

坚持全面规划,远近兼顾,在对城市地下空间开发利用时,既要脚踏实地又要有远见卓识,以保持总体规划布局在时间和空间上的连续性和发展弹性。同时,对已开发利用的地下空间可以进行改造利用,对于城市重点地段的地下空间开发应考虑到将来水平和垂直方向改造与扩建的需要,预留接建的可能。

1. 空间尺度规划

在国家层面上确定主要经济区、城市群的开发深度下限,各城市在区域下限内规划开发深度,城市分层和分层深度由城市依据空间需求及最大开发强度预测确定。城市空间所有权划分深度由国家统一确定。

立体空间上划分重点开发地区、禁止开发地区、限制开发、预留开发区,空间上划定4个区域的具体边界,只允许在重点开发区和限制开发区内编制地下空间规划。

2. 时间尺度规划

地下空间开发阶段一般按近期、中期、远期、远景期划分,一般近期为5年,中期为10~15年,远期为35~50年,远景期为50~100年。

地下空间开发时序上先浅后深、先上层后下层,先易后难,先市政管线设施到地下交通再到商业等地下其他设施的规划,先公共设施再自有设施,先结建工程再单建工程,先生命线工程、安全设施工程再生活、生产设施规划的总时序。是一次性设计分步实施或一次性设计统一实施完成,取决于可行性、必要性和紧迫性要求。

3. 开发强度规划

通过对城市发展规模的预测上限、城市建设区可拓展的最大上限预测需要开发地下空间的总面积下限,综合分析最大限度适宜放入地下的功能,主体功能最能发挥效益的深度,综合预测城市地下空间需求总量、已开发量以及保留待开发量等数值,结合地质特点、目前开发现状预测地下空间的最大开发强度,允许开发深度和开发层数。

3.3.6 城市地下空间规划编制依据

城市地下空间规划编制依据包括法律依据、政策依据、城市经济发展依据、国土空间战略规划依据、技术能力与技术标准依据、开发现状依据和地下地质条件、地质环境与地质资源信息依据。其中最重要的是掌握地下现状信息,包括掌握城市地下空间利用现状,城市资源禀赋的先天定数及地下空间、矿产、水、土、能源等资源总量、利用现状与潜力,地质环境的风险因素,环境容量发展的后天变数,城市发展中的极限能力。在清楚有利因素和不利因素的基础上,才能划分禁止开发区、限制开发区、重点开发区,协同利用地下水、地热等地质资源,避开活动断裂、岩溶等不利因素,提高城市发展的安全可靠程度,以实现城市的可持续发展。

如何依据地下空间全资源和全空间整体分层评价结果进行城市地上、地下空间分层次和全功能协同规划,把城市将来能放入并适合放入地下的功能放在适应功能和环境的不同层次地下空间中,将需求和经济发展阶段进行有序协同,为地下工程设计、权属登记、边界确定与空间定位、地下空间的监督与管理提供依据。

3.4 建立监管体系,依规管理地下空间工程

建立健全城市地下空间开发与安全利用全生命周期监督管理体系,完善城市地下空间监督管理制度,制定监督管理标准,规范化、制度化、标准化、精准化管理地下空间开发行为,确保地下空间建设工程质量,维护地下空间开发秩序。

3.4.1 明确依法监管

地下空间的管理是由相关部门代表国家、政府进行管理,是地下空间开发全生命周期的全过程管理。依法成立相关管理机构,赋予管理机构管理权限,明确管理职责,并通过政府规章下发执行。

3.4.2 建立监管体系

城市地下空间开发利用全生命周期管理体系包括规划管理、建设管理、监督管理、运行管理、安全管理、权属管理、登记管理和地籍管理等。

3.4.3 明确监管机构

1. 统一管理机构

建立城市地下空间开发利用相关部门之间的协同管理机制,维护城市地下空间的整体性、系统性,避免条块分割、多头管理。

在中央和地方省、市政府层面明确负责地下空间开发利用的专门机构,负责统筹协调地下空间开发利用的重大事项。

市人民政府是地下空间开发利用管理工作的责任主体,要加强组织领导,明确主管部门。

1)成立城市地下空间资源开发管理委员会(简称地下空间管委会)

地下空间管委会对城市地下空间资源开发全生命周期、全过程管理,对地下空间资源的开发利用进行统一全面的规划,明确各个职能部门和下属机构(单位)的管辖范围与执法力度。地下空间管委会由市政府市长、副市长(分管地下空间资源开发工作)、人大副主任与专业委员会主任委员、政协副主席与专业委员会主任委员、发改委、人防办、自然资源和规划局、城建局、交通局、市政局、水利局、能源局、应急局、商业局、科技局、财政局等涉及利用和管理地下空间的相关局委负责人组成,市长担任委员会主任,分管副市长、人大副主任、政协副主席担任副主任,其他局(委、办)负责人为委员。常设机构为地下空间管委会办公室,办公室设在发改委,办公室主任由分管副市长担任,副主任由发改委分管副主任担任,办公室成员由发改委、人防办、自然资源和规划局、城建局、交通局、市政局、水利局、能源局、应急局、商业局、科技局、财政局等涉及利用和管理地下空间的相关局(委、办)分管领导组成。

2)明确职责

明确探测评价、规划、确权、登记、论证、审批、监督、安全、信息等主要管理环节的管理部门和管理职责。业务上归地下空间管理委员会直接领导;探测评价、规划、确权、登记管理由自然资源和规划局代表政府行使管理职能;建设许可证管理由人防办代表政府行使职能;论证管理、审批管理、监督管理由地下空间管委会统筹管理,依据论证项目类型委托相关部门组织负责;安全管理由应急局和人防办依据相关职责、按项目类型代表政府管理;地下空间信息管理由地下空间管委会授权信息管理局成立地下空间大数据中心进行集中统一管理,在各领域应用单位建立分布式分中心进行专业数据管理。

3)功能(专业)管理

针对各个地下空间的专业领域设立地下空间功能管理部门对如地下轨道交通、地下停车库、地下商城、地下仓库、管线设施、人民防空等进行具体明确的全过程管理。

2. 建立咨询机构

充分发挥专家顾问作用,为城市地下空间规划建设管理提供技术支撑,避免地下空间开发利用由于地质条件的复杂性、地下情况的不确定性等带来的高风险。建立不同层级的专家咨询委员会,提高地下空间规划、设计、工程决策的科学性和准确性。

1)政府咨询机构

成立城市地下空间专家咨询委员会,专家覆盖各学科、各领域、各专业、各功能,由城市人民政府聘任,任期5年,主要进行方向把控、咨询、国土空间规划、专项规划、重大地下工程的论证。专家咨询委员会是政府咨询机构。

2)行业咨询机构

成立交通、市政、城建、探测、评价、规划等专业技术委员会,由相关专业领域专家组成,主要参与专业规划、工程项目论证、设计评审、项目验收。有聘期制专家委员会和临时组建专家组两种形式。

3.4.4 制订监管制度

1. 建立监督检查机制

加强对城市地下空间建设和使用的跟踪监测与监督检查,建立地下空间开发利用质量监管机制、安全使用监管机制、应急管理机制等,落实监管人员,提高地下空间开发利用建设质量与安全保障。在完善城市地下空间开发利用的同时,应更加注重地下空间的应急管理体制机制建设,确保地下空间的施工安全和使用安全。

2. 建立评估机制

对规划实施情况和有关配套政策机制实施情况进行跟踪分析与总结评估,及时发现问题并作出调整。

3. 建立公众参与制度

对于地下空间规划和地下空间重大生命线工程、民生工程、公共地下工程,要让公众、市民参与和知情,减少政府主观性、决策盲目性和公众神秘感,提高公众支持率,减少决策失误率。一是在规划编制、项目申请、设计编写前进行广泛调研,听取各阶层、各行业公众意见和建议;二是在论证过程中实行有公众、市民代表参加的听证,征求公众意见建议。

3.4.5 完善监管标准

针对各个地下空间的分支领域(如地下轨道交通、地下停车库、地下商城、地下仓库、管线设施、人民防空等)进行具体明确的管理,对相关违法情况进行相应处罚。加强对地下空间工程质量的监测和管理,加快相关标准规范的制定。

3.5 建立论证体系,科学评估地下空间项目

地下空间工程是百年大计、千年大计,一旦建成很难更改,应科学论证、谨慎开发,不宜仓促上马,不能为了追求经济利益无约束、无节制地攫取资源,否则很可能殃及后代,造成无法挽回的损失。中国目前正处于地下空间开发的起步阶段,应建立论证体系,对已开发空间、地下空间规划、工程设计进行充分和系统论证,提高审批决策的科学性、可靠性和公正性。

3.5.1 明确论证的法律地位

建立论证制度是确保科学、绿色、集约、协同、安全开发利用城市地下空间资源的保障,有效避免规划、开发、运行及其后出现的问题,明确论证制度法律地位,确保依法论证,提高论证工作的权威性、严肃性、有效性、公平性。论证制度包括论证组织机构及职责、纳入论证体系内容清单、论证工作程序、论证工作标准、论证结果的执行。

3.5.2 建立论证工作制度

建立地下空间论证工作制度,为城市地下空间规划建设管理提供技术支撑,避免地下空间开发利用由于地质条件的复杂性、地下情况的不确定性等带来的高风险。地下空间的开发涉及社会、地理、地质、生态、经济、历史等多学科融合,市政、交通、城建、商业、人防等多行业应用,规划、设计、建设等多环节控制,资源、环保、应急等多部门管理,政府、团体、公众等多用户参与,探测、勘察、监测、信息集成等多单位支撑,需要建立涉及行业、领域、用户等共同参与的论证组织体系。论证工作制度要将政府、企业、居民等主体的意愿纳入考虑范围中,科学评估地下空间工程的稳定、集约、高效、绿色、持久、安全。

(1)政府管理部门:由政府成立专门的机构组织论证,或由政府授权有关部门组织论证。

(2)专家咨询委员会:针对不同的论证对象成立由相关领域专家组成的专家委员会组织论证。

(3)相关用户:编制和提交论证材料的政府、部门或单位。

(4)利益相关方:与被论证规划、项目、工程有利益关系,需要协调的有政府、部门、单位或个人。

(5)公共利益方:代表公共利益方的有关团体或居民。

3.5.3 建立论证清单

建立论证清单制度,把与开发利用地下空间相关的规划、设计、方案、工程、项目等纳入依法论证清单中,并明确不论政府、部门、单位、个人申报的规划、设计、方案、工程、项目只有通

过论证后,才能进入批准、登记、领证的程序。

(1)规划类:涵盖所有与开发、利用、改造地下空间资源的各级各类规划。

(2)项目立项类:涵盖政府、企事业单位、个人提出的所有利用地下空间资源建设的项目立项,包括探测、评价、评估、新建、扩建、改建项目。

(3)工程选址类:涵盖所有跨区域、跨系统、跨单元的工程选址。

(4)工程设计与建设方案类:已批准立项实施的所有工程设计或建设方案。

3.5.4 规范论证程序与内容

1.论证程序

论证程序包括审阅材料、专题汇报、实地勘查与核实、多方听证、相关方认同、通过论证并形成论证意见、提交论证意见。

2.论证类型

论证类型包括可行性论证、必要性论证、经济技术论证、施工工法选择合理性论证、红线底线上限论证、编制依据论证、依据标准论证、生态环境影响论证、综合协同效益论证、安全风险评估论证、保障措施论证等。

3.论证内容

1)开发条件论证

从自然环境因素论证是否可进行开发;从经济发展现状论证是否有必要开发;从经济水平、技术水平论证是否有能力开发。

2)开发效益论证

论证地下空间资源及相关资源是否得到充分利用,是否会出现资源浪费现象;论证是否利用地下空间资源优势,充分发挥经济、社会、生态、国防等综合效益。

3)环境保护论证

从地质环境安全角度,论证地下空间开发对地质环境影响,是否会大规模扰动地质结构,诱发地质灾害;从生态环境安全的角度,论证地下空间开发对水文条件、生态环境的影响,是否会引发水资源枯竭、沼泽化、荒漠化现象。

4)安全防护论证

论证地下空间工程选址是否避开了活动断裂、岩溶等严重的不良地质现象;论证针对地下安全风险因素是否采取了安全防护措施;论证是否预判工程建设可能发生的重大地质灾害,是否有针对性的应急预案。

5)开发周期论证

地下空间是战略性的工程,是百年大计。论证规划建设周期是否合理,是否考虑未来50~100年的发展目标。

3.5.5 明确论证依据、制订论证标准

1. 明确论证依据

1）政策、法规依据

政策、法规依据包括中央、省、市制定的有关地下空间上位法、专业法,管理办法、管理条例、开发政策等。

2）规划依据

规划依据包括土地利用规划、国土空间规划、经济发展规划、上一级的地下空间规划、平行的地下空间行业功能规划。

3）权属依据

权属依据包括土地与地下空间确权登记依据,所有权、使用权、经营权等权属关系依据。

4）已有地下设施依据

已有地下设施依据包括全面掌握废弃、利用、正在建设、同时申请建设的地下工程现状信息依据。

5）地下地质信息依据

地下地质信息依据包括地下地质结构信息、断裂等地质构造信息、地下水文地质环境信息、地下工程地质承载能力信息、地下岩溶及地下洞穴信息。

2. 制订论证标准

地下空间论证除了提供论证依据之外,还必须制定相关论证标准,依法、按程序、按标准进行程序化、标准化、公正化论证,为科学、慎重、负责任审批决策奠定可靠基础。

3.6 建立监测体系,精准感知地下空间风险

地下空间安全监管系统由地下空间风险监测系统、网络传输系统、安全监管应用系统三部分构成。监测的目标是及时、精准感知地下空间风险。建立城市地下空间开发运行监测体系,该体系包括监测组织、监测对象与监测内容、监测技术与监测网建设、监测信息获取与传输、监测信息集中分析预警。精准感知开发、运行过程中出现的危险因素,及时提出预警,快速采取应对措施,防止事态扩大酿成灾害事故,确保地下空间基础设施和运行安全,确保城市资源、生态、环境安全,社会稳定。

3.6.1 建立监测体系

监测体系包括监测管理部门、管理职责、监测机构、监测对象、监测程序、监测标准,依法依规开展地下空间监测工作。

城市地下空间监测系统由地下空间安全管理部门统一管理,制定监测管理办法,编制地下空间监测整体方案、全市监测网建设方案,制定监测标准。统一管理监测机构、汇聚集成监测信息,判断风险,提出预警。

3.6.2 监测对象与监测内容

1. 城市区域监测

城市区域监测对象包括地下地质结构、地下水流场、温度场、地壳形变和地面沉降,监测内容包括地下水监测、地壳形变等监测、地下气体监测、地球物理场变化与地球化学环境监测。地下水监测内容包括对地下水水位、水质、水温监测,采用水位计、泥位计等进行定时定期监测。注重地下设施运行期间地下水渗漏监测、地下水水位升降监测、地下水进入地下空间的风险监测等。

2. 地下工程施工监测

为了保证施工稳定性,减少对周边的环境影响,必须对施工现场进行实时监测。地下工程施工监测包括开发基坑监测、盾构施工监测、地下隧道施工监测、地下工程建筑建设监测等,监测内容包括施工引起的地表变形、附加荷载和压力、地下水压力、结构的位移、"噪声"振动和地下水水位的变化监测。

3. 地下设施运行监测

地下设施运行监测对象包括地铁轨道和站点、地下管线、管网及控制室、地下市政及商业设施等,监测内容包括地下设施运行期间沉降监测、地下水渗漏监测,地下水水位升降监测、应力监测、变形监测、气体变化监测、火灾隐患监测、地面水进入地下空间的风险监测等方面。地下设施运行可以分为地下设施支护结构体系变形监测和周围环境监测,其中支护结构体系变形监测包括土压力监测、土层地标变形及位移监测、锚杆的锚固力监测等;周围环境监测则主要包括地层含水带、破碎带、溶洞或空洞、地下障碍物等。

3.6.3 监测技术与监测网

1. 监测手段及频率

利用物联网(Internet of Things,IoT)、第五代移动通信技术(5th Generation Mobile Communication Technology,5G)、人工智能(Artificial Intelligence,AI)等前沿技术,实时感知城市动态数据(表3-1),实现智能决策与各职能部门信息共享,三维可视化运营。

第3章 建立健全城市地下空间开发与安全利用保障体系

表 3-1 监测手段及频率表

主要环境地质问题	监测手段及频率				
	监测要素	监测手段	日常频率	激发频率	应急频率
地面塌陷	变形	裂缝计、应力应变计	1次/h	1次/h	1次/5s
	位移	位移传感器、加速度传感器、全球导航卫星系统(GNSS)	1次/h	1次/h	1次/5s
	振动	振动传感器(机械式、光学式、电测式等)	实时	实时	实时
	声音	声波传感器(电磁、静电、电阻或光电变换)	实时	实时	实时
	地下水水位	水位计、泥位计	1次/h	1次/h	1次/5s
地面沉降	变形	合成孔径雷达干涉成像、基岩标、分层标、分布式应力应变测量系统	1次/月	1次/月(除InSAR)	1次/h(除InSAR)
	地下水水位	水位计	1次/h	1次/h	1次/5s
地震	变形	合成孔径雷达干涉成像、分布式应力应变测量系统	静默	1次/d	1次/h(除InSAR)
	位移	位移传感器、加速度传感器、全球导航卫星系统	静默	1次/d	1次/5s
	振动	振动传感器(机械式、光学式、电测式等)	实时	实时	实时
	声音	声波传感器(电磁、静电、电阻或光电变换)	实时	实时	实时
活动构造	变形	合成孔径雷达干涉成像、裂缝计、应力应变计、分布式应力应变测量系统	1次/a	1次/d(除InSAR)	1次/h
	位移	全球导航卫星系统、裂缝计、分布式应力应变测量系统	1次/a	1次/d	1次/h

续表 3-1

主要环境地质问题	监测要素	监测手段及频率			
		监测手段	日常频率	激发频率	应急频率
地下水水位升降	地下水水位	水位计	1次/h	1次/h	1次/h
	地下水化学成分	特征离子传感器（周期取样分析）	1次/h（分丰、枯水期取样）	1次/h（1次/周）	1次/h（分丰、枯水期取样）
水土环境异常	地下水水位	水位计	1次/h	1次/h	1次/5s
	地下水化学成分	特征离子传感器（周期取样分析）	1次/h（分丰、枯水期取样）	1次/h（1次/周）	1次/5s（分丰、枯水期取样）
	土壤化学成分	定期取样分析	1次/a	1次/月	1次/周
土地覆被	土地覆被	遥感	1次/a	1次/月	1次/d

2. 智慧感知技术

智慧感知技术包括集快速检测、GIS 与 BIM 技术、物联网技术、云技术和大数据，把带有信号发射功能的传感器嵌入和装配到城市地下空间的建筑、道路、停车场、市政管线（电力、电信、燃气、供水、中水、排水、热力）等设施中，进行结构健康、通风、渗漏水的监测，将传感器与平台相连，用物联网技术串联在一起，通过现有设施的智慧化运作，全面感知各个地下设施位置，实时监测每一座设施状况，并被普遍连接，形成物联网，然后将物联网与现有的互联网整合起来，实现物理世界与信息系统的整合。

3. 监测网建设

利用空中、地面、地下监测技术建立城市资源、环境、安全监测网，将地下空间监测整体纳入城市监测网中。

地下空间风险监测系统针对地下空间面临的风险，构建"天空地"立体化监测网。针对每一类风险，实现隐患及时发现、事件实时报警和科学分析的数据支持。

3.6.4 监测信息传输与集成

1. 监测信息感知获取

通过安装各种专业的传感器，对城市地下空间进行全面透彻的感知，自动感知提取温度、湿度、气体浓度、压力、测力、电压、电流、角度、位移等实时信息，系统采用 RFID（射频识别）二维码、摄像头、GPS 等技术对地下空间的物体进行标识、识别和定位，以视频形式提供动态信息，包括地下空间中人员、车辆、物流、建（构）筑物、停车场、道路、环境、突发事件等信息。

2. 监测信息实时传输

网络传输系统包括前端监测数据的传输以及地下空间监管系统与各管理单位之间监测数据实时传输。

各监测点、各监测仪器设备实时获取的监测信息通过无线网向布置监测设备的监测单位进行实时网络传输；监管系统管理单位间信息传输；地下空间监管中心通过专线与各地下空间使用管理单位进行信息传输。

3.6.5 监测信息分析与反馈

地下空间运行风险报警分析是根据对每类监测传感器设置的阈值，当监测数据超过阈值后对地下空间的运行异常和发生的危险源进行报警。

开展城市地下空间、地质资源、地质环境的智能监测、预警和管控，不能局限于若干单一的监测预警模式、随机采样方法和测试检验手段，而应当根据地球系统科学原理，采用临界带核心科学体系及地学大数据战略，系统全面地采集跨层圈、跨领域、跨界的多源多类异质异构数据，再加以集成、同化、融合、挖掘和评价。

3.6.6 城市地质环境智能监管的关键技术

构建用于数据采集、传输、汇聚的城市立体监测数据链；攻关在纷繁复杂的跨界现象和海量的多源多类异质异构数据中，感知城市地质资源和地质环境变化与隐患关键技术；从城市地学时空大数据中挖掘出城市运行和地下空间利用中的地质环境演变规律；同化、融合静态地质结构数据和动态跨界监测数据，并通过对地学大数据的深度挖掘和广度聚联进行地质灾害智能预警与管控。

3.7 建立防控体系，快速处置地下空间事故

地下空间防灾是城市综合防灾的一部分。地下空间只有保证自身在灾害中的安全性才能在城市综合防灾中发挥作用。当前地下设施的开发有大型化、综合化、地上地下一体化以及深层化等趋势，使得地下空间在面对火灾、爆炸、水淹等灾害时更加脆弱，这对地下空间的安全和运行的稳定性提出严峻考验。因此针对地下空间的安全和运行，需要建立灾害评估机制、灾害预警措施以及灾害防治预案。

建立城市地下空间防控体系，快速处置地下空间工程、设施在开发和运行过程中出现的各类事故，在最短的时间内恢复秩序，防止事故蔓延、扩大，减少损失，维护社会稳定。

由于地质环境的隐蔽性、封闭性、复杂多变性，灾害事故的突发性以及对环境影响的控制难度，造成救援困难、协调难度大、灾害严重且难以恢复等，需要建立安全防控体系，提高应急处置、快速高效施救能力。

3.7.1 建立地下空间安全防控体系

城市地下空间安全涉及工程设计、施工、管理、运营等各个环节。就管理层面而言,包括安全隐患排查、安全信息处理、安全调度联络、安全指挥救援、安全事故评价分析、安全与参与模拟、安全体系管理等环节。

1. 安全管理机构

各城市应急管理局、人民防空办公室为城市地下空间安全事故管理处置的常设管理机构,行使城市地下空间安全管理、检查职责。针对重大安全事故成立应急救援指挥系统,调动全市资源快速响应,应急处置,善后处理并总结经验教训。

2. 制度化的地下空间安全预警机制

地下空间灾害事故包括施工事故、交通事故、水暖电供应故障、结构性损坏、火灾事故、爆炸事故、空气污染和缺氧、与地下空间相关的地面塌陷事故、地下空间设施淹水事故等类型,需要建立一套制度化的地下空间安全预警机制。

制订地下空间灾害性突发事件的分类和分级标准,建立预案体系,明确组织体系,形成相关的应急保障措施和监督管理机制。

3.7.2 提高地下空间事故应急处置能力

提高地下空间事故应急处置能力包括提高地下空间灾害事故的智能辨识能力、灾害类型与事故级别大小的快速判断能力、组建救援处置队伍的快速反应能力、自然灾害原因快速分析和事故精准施救处置能力、事故现场的快速恢复能力。

通过引入物联网技术,地下空间安全监管应用系统包括地下空间基础数据管理、地下空间运行状态实时监测、地下空间运行风险报警分析和地下空间安全事件综合处置等内容。

1. 健全城市地下空间监测系统

建立健全城市地下空间监测体系,精确感知地下空间风险,精确感应地下空间事故发生区域、发生地段和发生点。

2. 畅通信息汇聚与智能分析判断能力

畅通及时、全面汇聚所有环节监测数据信息能力;智能分析收集到的安全数据,提高对安全隐患的自动识别、对安全信息的智能分析和处理、对安全组织的调度和联络、对安全事故的指挥和救援、对安全风险的诊断和评价、对安全灾害的预测预警和仿真模拟等能力。

3. 提高地下空间安全事故快速反应和应急处置能力

地下空间安全事件综合处置是当地下空间出现安全问题后,通过综合分析,快速组建应急救援队伍能力和提出地下空间安全问题处置的建议及应急处置方案的能力。

4. 坚实的地下信息支撑能力

城市地下安全管理是一项不断获取数据、分析数据和处理数据的过程。通过不断获取各种各样的信息和数据,并对这些大量、复杂的信息和数据进行快速处理、及时反馈,以优化管理流程并提供决策支持。

由于地下空间的隐蔽性和相对封闭性,地下建筑自身的安全和突发危险是开发利用过程中极为主要的关键点。建立完善的集成全空间地理信息,全要素地质水文工程环境信息,全功能市政、交通、水利及已有地下工程等多源数据信息的三维可视化系统,在应急救援过程中提供准确、快速、科学的依据,提供科学高效精准的紧急救援服务,为城市地下空间安全事故处置提供强有力的信息保障。

3.7.3 开展地下空间安全隐患排查

由政府安全管理部门统一组织,周期性开展对城市地下空间工程的安全隐患排查行动,重点对老旧城市地下空间的结构安全、使用管理、消防防汛等进行安全排查,发现问题及时有效整改,对排查项目建档进行分级管理;运用智能、信息化技术对老旧城市地下工程进行实时监测,对早期建设的城市地下空间的工程质量和安全性要逐一排查整改,彻底消除安全隐患。排查周期根据实际确定。

3.7.4 快速制订方案,精准高效施救

地下空间安全事故发生后,城市地下空间安全管理部门应立即启动应急救援机制,动员全部力量,通过不断获取的各种已有信息和实时监测信息数据,进行智能化快速分析、处理和研判事故原因,鉴定事故类型和危险等级,快速制定科学、有序、精准、高效应急救援与事故处置方案,组建人员精干、专业对路、分工明确的应急救援队伍,快速、有效地应对灾害,经济、安全地处理事故。

3.7.5 及时总结反馈完善防控体系

地下空间安全事故处置后,应进行全面总结,查明发生事故的原因,分析是自然因素,还是人为因素。对于自然因素,重点研究是哪些自然因素导致了灾害事故的发生,下一步查明自然影响因素、避开敏感地段、优化建设方案、调整施工工法、增加经济投入、提高预防级别。对于人为因素,分析是设计原因、工法选择原因、标准偏低原因,还是违规操作原因、偷工减料

原因、监督失职原因。对于人为因素造成的灾害,一要依据责任大小进行责任追究,二要完善技术标准,三要严格安全管理。

通过事故经验教训总结,建立城市地下空间事故案例库,加强宣传教育,同时完善城市地下空间开发安全防控体系。

3.8　建立集成体系,及时掌握地下信息动态

集成管理城市地下全空间地理信息、全要素地质信息、全功能地下管线与地下建(构)筑物信息,建立城市地下空间数据中心,实时汇聚城市地下空间地质探测评价、基础设施普查、地下空间规划、设计、工程勘查、工程施工、地下工程改造、竣工验收、工程运行、动态监测、安全监管、应急救援处置等地下空间开发利用全生命周期获取的信息,及时更新维护,全时段保持整个城市地下空间的历史与现状的最新变化信息,建立能满足规划、设计、监管、论证、救援等城市地下空间开发全生命周期要求的三维地质模型、工程地质模型、水文地质模型、地下工程设施及建(构)筑物模型和资源环境评价模型,为地下空间开发全生命周期提供地下所有信息服务。

建立城市地下空间大数据更新机制,将全生命周期形成的地下空间数据随时汇集到大数据中心,进行实时更新、完善,及时掌握城市地下空间动态变化,随时以最新信息为城市地下空间规划、建设、运行、管理与服务提供地下全空间、全功能、全要素数据信息,以减少和防止地下设施突发事故发生,提高城市应急处置和抗灾能力,为环境治理等提供精准决策服务,是保障城市安全和高效运行的基石。

一是集成城市地下已获取并掌握的所有信息;二是出台城市地下空间信息提交和资料汇交管理办法;三是建立城市地下全空间大数据中心,各部门与行业建立地下空间数据分中心;四是周期性全面普查城市地下管线及已有设施,周期性开展城市全要素地下空间探测,全资源、全环境评价,周期性更新地下设施和地下地质要素信息;五是实时汇聚地下空间监测信息,动态掌握地下空间运行现状;六是及时掌握最新数据集成、三维建模、立体实景表达、平台展示、仿真模拟、动态预测、机器学习等现状信息技术、硬件、软件,并引进、开发利用。

3.8.1　集成数据类型

1. 集成现有馆藏资料

城市地下信息包括城市全空间地理信息、城市地质信息、城市地下工程信息、城市废弃未利用地下空间信息、城市古文化信息。这些信息的特点,一是主要以纸介质为主,20 世纪 90 年代以前,甚至以手抄本保存为主;2000 年以后部分信息有电子文档。二是信息保存部门多、单位多,地质、城建、市政、交通、水利等部门建立有专门档案馆,行业类信息严格按档案管理要求进行管理,档案规范、资料齐全,行业管理部门下属事业单位、大型国有企业都建有档案室,对本单位承担、建设的项目和工程资料按档案管理要求进行归档、保存。三是部分企业及

私有公司保存资料不全,也不规范;部分单位档案资料因单位经常合并、拆分或变更主管部分导致档案丢失。

集成整合目前城市各部门、各单位档案馆现有的资料信息,真正建成城市地下大数据信息中心,这样目前城市地下空间开发利用中存在的很多问题都能迎刃而解。

2. 出台地下空间资料汇交与信息集成提交管理办法

制定并颁发《城市地下空间资料汇交与数据信息集成管理办法》。一是明确要求城市地下空间资料信息除按常规要求归档外,必须无条件集中汇交到统一部门,并与项目和工程审批挂钩;资料汇交单位放开一定权限免费共享相关信息;资料室中藏有与地下空间相关资料,特别是钻孔、地球物理、测试分析数据、地下设施相关信息的单位可以申请立项,获取城市资助经费后,按要求对资料数字化、建立数据库,再进行信息汇交;所有资料必须按要求、按标准整理,建立统一格式数据库,资料集中管理部门制定并发布数据库建设标准(地方标准);发布地下空间开发建设信息汇交部门名单,需要汇交的地下空间开发建设信息种类、格式,汇交的地下空间开发信息查询,汇交的地下空间开发信息强制使用范围等。

3.8.2 数据集成方法

集成的数据主要包括城市全空间地理数据、全功能地下设施数据、全要素地质数据三大类。

城市地下空间探测评价包括地理信息资料、地质信息资料、地下管线与建(构)筑物信息资料、政府规划与管理资料。

1. 地理信息资料

地理信息资料包括地形、地貌及动态变化资料,城市发展与变迁资料,城市高程控制点、城市 DEM 信息,城市地下空间地理信息,地理国情普查、城市土地利用调查、不动产权籍调查、地名地址调查资料。通过平面、高程、地面、地下控制测量和联系测量,建立统一的地上地下一体化时空基准和框架。

2. 地质信息资料

地质信息资料包括区域地质调查、水文地质调查、环境地质调查、城市地质调查、地质矿产勘查、地质灾害调查、工程地质调查、工程地质勘察资料,不同历史时期地下水、地面沉降、环境、工程运行等监测资料,涵盖调查点、调查路线、钻探、物探、化探、分析测试原始资料,地质图件、评价报告,数据库与管理系统等所有地质资料。

3. 地下管线、建(构)筑物信息资料

地下管线、建(构)筑物信息资料包括城市地下所有管线资料,地下所有人防、地下室、地下基础设施、地铁、地下桩基础等信息。

4. 规划资料

规划资料包括城市总体规划、区域专项规划、区域控制性详细规划资料，城市地下空间总体规划（或地下空间专项规划）资料，城市土地利用总体规划、专项规划资料，城市交通、轨道交通专项规划资料，城市市政设施规划资料，城市综合管廊规划资料，城市生态文明建设规划资料，城市生态红线区域名录资料，历史文化名城保护规划资料。

3.8.3 建立大数据中心

1. 建立地下空间大数据集成中心

建立城市地下空间大数据集成中心，统一集中管理所有与地下空间相关全空间、全功能、全要素信息，建设一个可以查询地下空间详细信息（地质资料、工程资料、图纸、管线资料）的地下空间大数据信息管理服务平台。一是能够向全市开放，向各阶层、各领域、各行业提供信息服务，解决长期存在的信息瓶颈；二是实时掌控全市地下空间开发利用状态，便于监督管理；三是通过实时监测监控，及时掌握风险隐患，及时发现事故苗头，及时获取事故发生地段、发生点信息，快速展开应急处置；四是实时更新地下信息，及时掌握动态变化。

2. 建立领域、行业、工程地下空间信息分中心

建立两级分中心：第一级为全功能地理信息分中心、全要素地质信息分中心、全功能地下管线与设施信息分中心、地下空间规划信息分中心、地下市政管线信息分中心、地下交通信息分中心、地下商业等建筑信息分中心、地下人防信息分中心、地下监测与安全防控信息分中心，分中心由主管局委建立；第二级在部门下属的测绘、勘查、勘察、监测、规划、建设、运行、管理等事业和企业单位建立地下空间数据支中心。

3. 建立三级中心信息数据传输体系

畅通城市地下空间三级大数据信息中心信息传输与共享渠道，通过互联网、物联网、云空间技术传输，市数据中心与分中心之间建立互通共享，分中心与其下属支中心建立互通共享，分中心之间通过市中心实现共享，分中心下属各单位之间通过分中心实现共享（图3-1）。

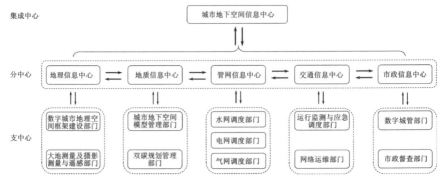

图3-1 三级中心网络传输方式示意图

所有用户可以向市中心提出申请获取需要的各种信息，行业内通过分中心或分中心下属中心获取信息，跨行业通过市中心获取。

3.8.4 完善数据更新机制

周期性开展地下空间全功能普查和全要素探测，实时进行数据更新。

1. 开展城市地下空间现状普查

建立地下空间资源的普查制度、补（修）测制度、汇交制度。由政府部门主导，依托智慧城市建设，开展对城市地下空间设施现状的普查，完善现有地下设施基础资料汇集，对已有和在建地下空间进行分类、信息收集，并纳入不动产统一登记管理。

2. 开展城市地下空间全要素探测

以现代地球系统理论为指导，以地质学为基础，融合地质、经济、规划、建设多种学科，利用、引进、研发适用不同区域和不同地质背景的地下空间探测技术进行地下空间全要素精细探测，建立地质体和地质单元全要素地质档案；开展全资源评价，建立城市地下空间等地质资源档案；开展全空间环境评价，建立城市地下空间生态环境本底档案；开展对城市发展和安全有重要影响的关键要素评价，建立相应的正面和负面清单档案；建立城市水土环境、地面沉降、地下应力场、地下水流场等三维立体智能监测网络。

3. 构建城市地下空间探测工作机制

推动城市政府建立地质工作长效机制，纳入城市政府管理主流程。成立由城市政府领导，市自然资源和规划局牵头组织，建设委员会、水务局、环保局、农业委员会、市政管理机构等部门参与的领导与协调组，属地化地勘单位组织实施，城市政府提供政策和资金保障。

4. 建立更新体系、实时提供城市地下现状信息

建立城市地下空间信息实时更新机制，畅通信息来源与反馈渠道。公益事业单位还可承担城市的地下空间开发项目的施工备案与竣工备案工作，这一备案制度可与地下空间管理信息系统的建设和使用结合起来。备案时，可将地下空间信息直接纳入信息系统，将信息系统更新到最新状态，以便今后及时提供给设计单位和施工单位。

3.8.5 引入先进信息技术

利用三维可视化技术对地下空间范围内的建筑、结构、供热、通风、空调、给排水和电力照明等实现可视化表达及展示，实现感知-传递-智能控制功能，为事故现场的应急指挥与决策以及事故发生后的抢险与转移等提供信息和辅助支持，提升地下空间安全防控水平，为地下空间规划、建设和管理提供强有力的决策依据。

3.8.6 融入智慧城市建设,提升城市治理能力

城市治理能力现代化是当前经济社会发展的必然产物,而智慧城市以信息技术来构建城市现代化治理的平台,引导民众利用信息技术便捷、快速地参与到城市治理中,促使城市在生产方式、生活方式、交换方式、公共服务、政府决策、市政管理、社会民生等方面产生巨大和深远的变革。

1. 融入智慧城市

智慧城市的核心要素就是智慧感知、分析和决策。

智慧感知指的是运用信息技术来获取有关城市交通、环境保护、民生服务以及公共安全等城市管理的基础信息,这是开展智慧城市建设的基础性数据保障,智慧感知的作用是及时对城市运行中的数据自动、实时获取。

智慧分析是在智慧感知的基础上,对所获得的数据实施挖掘,将那些未知的、隐藏的、具有潜在价值等的信息进行深入挖掘,这是一个价值体现的过程。

智慧决策指的是运用挖掘出来的知识来决策,这也是智慧城市的最好体现。智慧决策注重的是数据感知和万物互联,推动城市管理和运行的智慧化。

2. 充分地感知城市新体系

第一,以智慧城市的建设来提升城市敏捷感知度。在新时期城市治理现代化发展过程中,对新型智慧城市的全部框架进行详细分析,对里面的信息技术进行充分应用。将社会信息收集和整理作为城市建设的准绳,推动城市治理现代化的精确感知度提升,促使城市信息更好地进行分享和交流,提升城市便民服务的水平。应用先进的互联网技术强化城市居民的信息获取能力,实现居民生活品质提升,充分地享受到城市现代治理所带来的高效化生活服务。

第二,以智慧城市建设来了解城市发展状态。在智慧城市建设过程中,充分发挥信息技术的优势,构建全面性、开放性的信息数据库,对城市治理现代发展动态进行实时监测和感知,实时预警可能产生的问题,从而进行有效化的评价和判断,为政府部门决策提供所需要的信息,促进城市治理的现代化发展。

3. 充分理解城市新的发展模式

第一,通过智慧城市建设完善城市数据信息库。在城市现代化治理过程中构建比较完善的城市数据信息库,实现不同部门之间的信息共享,以高效化的手段和方式来监督与管理城市运行情况,通过数据分析切实了解经济市场的发展变化,对其中可能发生的问题进行预测从而提出具针对性、有效性的解决举措,最终提升城市现代化治理水平。

第二,通过智慧城市建设调整和完善城市管理办法。对当前新型的智慧城市管理模式展开深入分析和探讨,提升城市治理的有效化和科学化水平。将以建设智慧城市管理模式为中

心,将城市治理过程中各个领域、各个环节的信息实施整理,有效监督城市治理运行情况,对城市管理方式进行统一,来提升当前城市管理的质量。

第三,通过智慧城市建设改变城市传统产业的发展模式。充分地利用信息技术的优势和特点,促使各个产业都向着智能化、网络化的方向发展,推动城市治理向着精细化管理方向发展,构建完善的、科学化的城市经济产业发展体系,实现城市产业发展能力和质量的提升,促进城市产业发展结构的完善。

4. 充分分享城市发展新业态

第一,通过智慧城市建设促进城市治理向着多元化的方向发展。积极利用信息技术的优势,促进网络沟通平台的完善,充分表达各种社会需求,按照城市发展的具体情况构建智慧城市政府服务模式,构建比较畅通的互动渠道,让城市居民更好地参与到城市治理工作中来。

第二,通过智慧城市建设改变城市治理参与主体。信息技术的高速发展,可提升城市中不同阶层的参与主体在城市服务质量、城市资源开发等领域的参与力度,对城市管理制度和模式进行调整和改善,解决城市治理中产生的问题,为城市发展创建更加良好的环境。

第4章 建立城市地下空间资源探测评价体系

4.1 城市地下空间开发全生命周期技术体系

建立我国城市地下空间资源开发与安全利用全生命周期理论体系、技术体系、评价体系、协同开发与安全利用体系。

地球是由岩石圈、水圈、大气圈和生物圈共同形成的相对稳定的动态平衡系统。地质历史时期岩、土、水、气、特定生物构成的地球表层系统,具有岩石、矿物、地球物理、地球化学等多种物质属性,各种流体和气体的渗透流动、交换属性,既是一个开放体系,同时在一定系统内也是一个封闭体系,具有资源属性,同时也具有环境属性,并且在地表、浅层及地下不同深度层位态、状态、形态属性会发生变化。开发利用地下空间,首先是岩石圈的平衡系统被打破,引起水圈和大气圈的变化,同时也会导致生物圈的变化。地下空间开发以后必然会朝着新的平衡方向发展。建立新的稳定平衡需要一定的时间,也必然会涉及一定的空间范围。这个平衡变化的过程可控说明开发对周边的影响范围有限,再平衡过程不会对周边其他环境产生大的影响。这个平衡过程不可控说明开发对周边的影响范围广,需要更大范围(系统)的平衡,才能保证地下局部区域的平衡。这个不可控的过程可能是断层、岩溶或者大的含水系统等要素。再平衡过程一是取决于开发资源量和开发强度,二是涉及断层、岩溶、高承压隔水层等关键区域被挖断和连通多个平衡单元。再平衡过程时间长说明以缓变为主,通过孔隙充填、地面沉降等方式使地下局部区域达到新的平衡,主要是子系统内部的再平衡。再平衡过程时间短则说明以突变为主,通过突水、砂土液化、地震、塌陷等多种方式达到新的平衡,它往往是两个子系统或多个子系统之间的再平衡,是系统从一种结构转变为另一种新结构的非平衡演化,系统的性质发生了质变,多个子系统合并成一个更大、范围更广的新系统,这种演化是在某一特征值(控制参量)达到特定的阈值时出现的从无序到有序的突变,而没有经历一个渐变的过程。因此,安全资源量(地下空间开发强度)评价,首先是不能影响到不可控系统,要在可控的范围内评价。查明不可控的影响因素不能局限于开发范围的有限空间,需要在广度和深度上扩大一定的探测范围。

4.2 城市地下空间资源探测评价技术体系

以不同发展阶段的小城镇、城市、城市圈(城市群)为单元,对城市地下一定深度空间范围内所有地理、地质、地下设施进行系统性整体调查、探测评价,建立城市地下空间探测评价技术体系,包括全要素获取、全信息集成与全空间评价技术体系。

需要清楚整套系统所包含的体系,体系所需要的程序及建立整套系统、体系需要的理论、关键技术与核心技术,需要建立的规则,包括法律法规、标准规范,这是地下空间探测与安全利用的总目标(图4-1)。

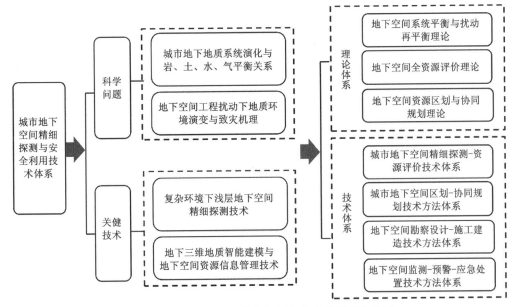

图 4-1　城市地下空间精细探测与安全利用技术体系

全要素获取包括全空间地理要素、全功能地下设施要素、地下地质全要素。全信息集成是集成获取的所有地理信息、地下设施信息和地质信息。在此基础上开展全空间基础条件评价、资源评价、环境评价和安全风险评价。

提高城市及城市地下空间认知水平,需要我们建立科学的观测、探测、监测体系,资源可利用程度、环境可承载能力、风险可承受限度的资源环境风险评价体系,建立地下岩、土、水、气形成环境,动态平衡与资源开发,环境改变后再平衡变化仿真模拟研究体系,攻克城市干扰环境、特殊景观区及地质环境复杂等条件下探测和监测技术,建立探测、评价、监测技术标准体系(图4-2)。

4.3 城市地下空间资源探测评价程度

地质工作贯穿城市建设、发展的整个过程,城市地下空间探测评价是服务于地下空间全生命周期的保障性支撑工作,尽可能满足城市地下空间整体布局、空间规划、选址设计、工法

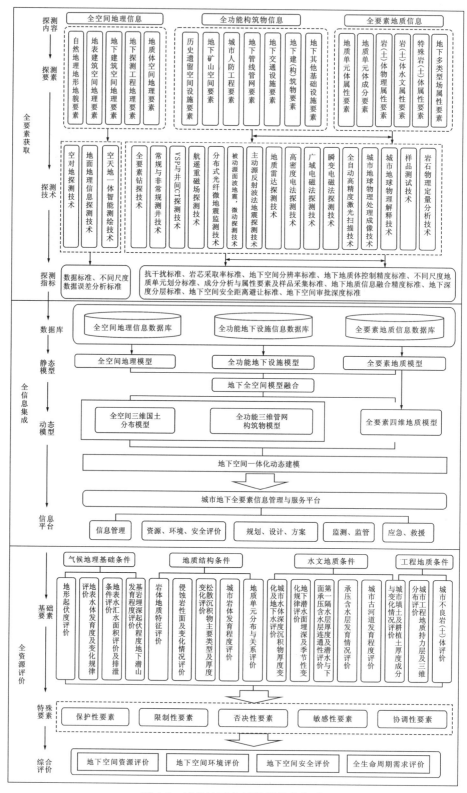

图 4-2 城市地下空间探测技术体系

选择、建造施工、安全运维、应急救援等对地质要素的需求。不同阶段的工作范围、侧重内容和工作程度有差异,但不是割裂的,是整体与局部的关系。地质工作包括规划前的全面普查,规划、设计、施工、运营阶段的重点勘察、监测与检测等。每个阶段探测范围、目标与要求不同,相应的探测深度、探测精度和评价标准也不同。

每一次城市地下空间探测必须明确探测范围、探测深度和探测精度,满足城市地下空间平面布局、竖向分层、开发时序3个联动维度要求。

4.3.1 城市地下空间的探测范围

为充分体现地下空间探测的系统性、整体性、立体性、层次性、智能性、成效性和补测性原则,应围绕城市国土空间整体规划中地下空间利用定位,目前地下空间开发现状、地下情况掌握程度等因素综合考虑开展城市地下空间探测的范围和重点区域。实现地下空间全要素信息的贯通、集成、融合和更新,满足地下空间开发利用对地下地质三维、完整、准确、规范和共享的信息需求。主要范围包括城市行政区、城市主城区、城市新规划区、城市重点建设区等。

1. 城市尺度

小区域大比例尺的探测以地下空间和地下水利用为主,城市建设区探测到 100~200m,城市群和城市圈尺度则探测到 500m,探测重点是松散沉积层、活动断裂、岩溶发育带、地下含水层、持力层、软土层、液化砂土层等。主要建立地下水平衡系统和砂土应力平衡系统,建立多种平衡系统单元的地质档案,为地下空间、地下水、地热、渣土等全资源及全环境评价提供基础。

2. 区域尺度

省级、经济区与流域层面为中比例尺度的调查与探测,探测深度以 500~2000m 为主。主要评价深层含水层、地热异常层、能够储存的空间层,以及活动断裂带、岩溶带和区域地下水系统。同时为省级自然门类资源登记提供信息,既需要大深度的探测技术,也需要高分辨的探测技术。

4.3.2 城市地下空间的探测深度划分

1. 城市地下空间分层开发深度

城市地下空间根据其在竖向埋置深度分为浅层空间、深层空间和超深层空间。以地下 50m 和地下 200m 为标准划分,地下 50m 以浅为浅层地下空间,地下 50~200m 为深层地下空间,地下 200m 以下为超深层地下空间。

(1)浅层地下空间(0~50m):可分为上浅层(0~50m)、中浅层(15~30m)、下浅层(30~50m)。

地下轨道交通系统及避难设施。作为对地面城市的补充,构建地下立体交通网络,实现城市规模的竖向延伸,解放地面交通压力。构筑地下停车库、商城、医院,设计地下避难设施,在火灾,地震,战事等特殊条件下确保人类安全。

(2)深层地下空间(50~200m):可分为上深层(50~100m)和下深层(100~200m)。

50~100 m:地下宜居城市。突破深地大气循环、能源供应、生态重构等瓶颈,建设地下宜居生态城市,引入模拟阳光、深地地热转换与空气循环系统、地下储能与水电调蓄系统、地下水库及地下生态植被系统和通信网络,形成独立的深地自循环生态系统。研究大数据环境下多源信息融合技术,为建立地下智慧城市奠定基础,提出地下城市宜居环境的参数化、定量化评估方法,构建新型地下生态宜居城市。

100~200 m:地下生态圈及战略资源储备。形成非生物部分、生产者、消费者、分解者的全链条生态系统,实现生物群落与无机环境的统一,作为城市生态系统的补充与扩展。同时,充分利用其强大的抵御自然灾害的能力,开发深地储油库、深地种子库及粮仓、深地水库、深地数据中心等。

(3)超深层地下空间(200~2000m):可分为上超深层(200~500m)和下超深层(500~2000m)。

200~2000m:地下能源循环带。综合深地增强型地热转换与储存、深地高落差势地下水库(蓄能调节)及水力发电技术,构建多元能源生成、蓄能、调节与自循环系统,最大限度利用深地可再生水利资源,解决地下生态城市的能源供给问题。

2. 地下空间探测深度

1)探测深度确定原则

一是依据现状、规划开发深度确定。城市现有地下工程开发深度、近期规划开发深度及城市一定时期内(如50年或100年)可能需要开发深度的2~3倍。目前多数城市地下空间实际利用深度以0~30m为主,规划到50m,上海、北京等千万以上人口的特大超大城市以0~40m(或50m)为主,规划到100m,远期到200m。因此,城市地下空间探测深度以50m、100m、200m和500m为宜。

二是按开发范围和探测精度确定。探测范围大,探测比例尺小,相应需要探测深度,从更大尺度、更多关联掌握地下深部信息。探测范围小,探测比例尺大、精度要求高,则探测深度与相应工程深度为1.5~2倍即可。

确定具体探测深度,结合城市地下空间开发现状、整体布局、经济发展阶段、地质地貌类型和目前地质工作程度来确定。

2)城市地下空间探测深度

城市行政区全域探测深度0~200m,中小城市0~100m;城市国土空间整体规划建设区探测深度0~200m,中小城市0~100m;城市地下空间专项规划区一般探测深度0~100m,中小城市0~50m;城市地下空间重点建设区探测深度为建设深度的1~2倍。

3)单项工程探测深度

单项工程主要是钻探和物探工程探测深度。钻探在覆盖土层小于100m的区域探测到新鲜基岩,覆盖土层厚度超过200m的,探测深度以200m为主,少数控制性钻孔钻至新鲜基岩。物探剖面在城市区以探测到基岩面为主,城市行政区控制在地下500m。

4.3.3 城市地下空间的探测精度

地下空间的探测精度为立体探测精度,平面的比例尺已难以进行精确表达。立体探测精度要充分表达三维地质体的划分精度和三维地质体的控制程度。地表调查路线的网度、地质调查点的密度只反映地质体的二维控制程度,三维探测必须有垂直地面的线(钻孔)、面(剖面)的密度和网度控制。城市地下空间探测精度包括地面调查和地下探测部分。

1. 地表面二维调查精度

平面比例尺选择。地级以上城市全域按1∶100 000比例尺;城市建设区及县级行政单元按1∶50 000比例尺;城市重点工程建设区按1∶10 000比例尺。

城市国土空间整体规划阶段城市市区(生活功能区)整体按1∶50 000比例尺,城市地下空间专项规划阶段按1∶25 000比例尺,城市地下空间规划建设重点区按1∶10 000比例尺;面积在5000km²以下的城市(含县级)行政区全域按1∶50 000比例尺,面积在5000~10 000km²之间城市(含县级)行政区全域按1∶100 000比例尺,面积在10 000km²以上的城市(含县级)行政区全域按1∶250 000比例尺。地表面调查由地质调查点和地质调查路线控制,已有相应的区域地质、环境地质、城市地质等调查规范和技术标准,可以满足地下空间探测表层与浅层调查要求。

2. 地下三维立体探测精度

立体探测精度包括地表面、剖面、钻孔"两面一线三部分"调查与探测精度确定。与二维地质调查路线和地质调查点决定比例尺精度对应,以剖面间距和剖面线上的钻孔(测井)来体现立体控制精度。1∶100 000比例尺立体精度以5~10km的剖面间距和3~5km的钻孔间距;城市发展区以2~4km的剖面间距和1~3km的钻孔间距;重点建设区以0.5~1km的剖面间距和0.5~1km的钻孔间距。复杂地区及特殊地质单元地区需要相应加密。

1) 钻孔

钻孔是获取地下地质体全要素最直接有效的手段,钻孔的设计深度为本次调查确定的探测深度。原则上根据地下空间分层需要可以采用不同的钻孔深度;钻孔的密度取决于地质体的划分尺度和地下地质复杂程度。原则上,每个划分出的地质体至少要有不在同一条直线上的3个钻孔控制,每一条剖面应至少有3个钻孔控制,与地表面调查比例尺对应的每百平方千米或每十平方千米内至少应有明确的钻孔控制数。

2) 地质-地球物理剖面

一定深度的立体空间内地质体的全要素探测要有相应的地质-地球物理剖面控制,剖面控制深度取决于钻孔深度和选择的地球物理方法能够探测的深度,剖面的划分精度取决于经过剖面的钻孔密度和选择的地球物理方法能够分辨的精度,钻孔剖面的间距取决于地下地质情况的复杂程度以及最小地质体的立体空间划分尺度,已划分的地下地质体、地质界面、断裂至少应有 2 条剖面控制,原则上应与地表面二维调查精度相匹配。

3. 竖向比例尺选择

钻孔以能划分的基本层为原则;物探以最小分辨率和基本单元层三维空间连通为原则;市域以 1∶1000 比例尺、城市区以 1∶500 比例尺、重点建设区以 1∶200 比例尺为宜。

4. 探测精度分级

对地下世界的认知是长期探索和积累过程,不是一次调查就能完成的,而每开展一次调查探测都是对前一次工作的总结。地下空间的地质探测工作可以制定长远的规划,分阶段持续进行,针对规划前阶段、规划阶段、设计阶段、施工阶段、运营阶段等对地质要素信息的需求提出明确的要求,包括探测深度要求、探测程度要求、评价要素要求。

探测精度分级实际是在现有各种数据密集控制程度的基础上,对实际工程周边区域推测虚拟信息的可信度进行分级,确保提交资料的可信度。一是对用户负责,提醒用户依据不同资料的可信度谨慎决策,减少失误;二是对资料提供者负责,规避资料提供者的无限责任;三是对政府负责,政府明确投入多大费用只能得到相应的可信度信息。

无论是地表平面图件,还是地下地质体三维结构模型,都是依据有限的资料及地质规律分析推断的,在没有实际控制区域得到的始终是推测信息,与实际情况有差异,甚至差异还很大。地表平面图用比例尺表达可信度,地下三维立体结构则是由地下工程控制网度和密度决定可信度,从而对推断的地质体进行可信度分级。

对地下空间探测同一比例尺(精度)所对应资料的可信度、准确度和代表性进行分级,暂分为 A、B、C、D、E 五级。

1) A 级——精准控制(可信度高)

所有地质体均由多条地质地球物理剖面和多个穿透性钻孔完全控制,所有要素都齐全,且都有测试分析和试验数据,具有完全代表性,任意区域的虚拟钻孔施工验证吻合度大于 80%。

2) B 级——基本控制(可信度较高)

所有地质体均由 2 条以上地质地球物理剖面和 3 个以上穿透性钻孔控制,所有要素较齐全,且都有代表性测试分析和试验数据,任意区域的虚拟钻孔施工验证吻合度大于 65%。

3) C 级——一般控制(可信度一般)

所有地质体均由地质地球物理剖面和穿透性钻孔控制,所有要素基本齐全,有代表性测试分析和试验数据,任意区域的虚拟钻孔施工验证吻合度大于 50%。

4) D 级——部分推测(可信度较低)

所有地质体均由剖面和钻孔控制,主要要素基本齐全,有测试分析和试验数据,任意区域的虚拟钻孔施工验证吻合度大于 30%。

5) E 级——完全推测(可信度低)

部分地质体由剖面和钻孔控制,主要依据少量钻孔和地球物理信息,通过地表地质调查信息推测建立三维地质结构,任意区域的虚拟钻孔施工验证吻合度低于30%。

可信度分级有利于对地质资料进行科学鉴定。在提出资料需求时,可明确提出所需可信度级别的成果资料。

5. 资源与环境评价分级

地下空间、地下水、地热、石英砂等资源评价的可信度需要一定要素(或工程)控制,也就是明确相对应的工作量,有利于进行地下三维空间探测预算的编制。

(1)资源评价:资源量、质量、准确度。
(2)评价程度划分:探明的、控制的、推断的、预测的。
(3)评价可信度划分:证实的、估算的、概算的、潜在的。

4.4 城市地下空间资源探测阶段

第一阶段属于预查,要对全市可用地下空间初步摸底;第二阶段属于普查,要对全市的可用地下空间全面摸底,并选择出优先开发的区段;第三阶段属于详查,要对优先开发的区段可用地下空间详细调查,为城市规划和进一步工程的设计提供基础资料。

第5章 城市地下全空间探测要素

城市地下空间以地质历史时期形成的岩、土、水、气为介质，蕴涵丰富的地质成因信息、资源信息、环境信息与生态信息，不仅包括有形的物质数据信息，还包括无形的场数据信息。这些信息通过要素和相关指标体现出来，地下岩、土、水、气的全要素信息是地下资源评价、环境智能感知、地下空间规划、设计建造、安全运维、模拟预测、应急救援等全过程需要的最直接和最真实的基础信息，是确保城市安全运行和可持续发展的基石。

城市地下空间探测所获得的要素信息，并不针对某一具体客户，而是向各类用户提供通用的基础要素信息，对于不同用户所需的特殊信息需要通过专题性调查获取。

5.1 城市地下空间全要素信息分类

城市地下空间包括地下岩、土、水、气赋存和既有空洞的实体空间，以及应力场、温度场、电磁场、放射场等虚体场空间。城市地下空间全要素包括全空间地理要素信息、地下全功能建(构)筑物要素信息和地下全要素地质信息。

5.1.1 全空间地理要素信息

全空间地理要素信息是城市地下空间的三维信息基座，它包括自然地形地貌、地表建筑空间形态、地下建筑空间形态和地下探测工程地理要素，它是城市地表地理信息的向下拓展。自然地形地貌主要为数字高程信息(DEM)和地表自然要素信息(如山体、水体等)。地表建筑空间形态主要包括地表基础设施、建(构)筑物、道路和工程的位置坐标信息。地下建筑空间形态主要为地下管网、地下建(构)筑物及特殊标志物、地下基础、地下桩基、已有地下空间等所占据的三维空间位置与立体坐标信息。地下探测工程地理要素为地下钻探、坑探、测井、物探等所有探测线状工程的地面坐标和地下工程位置与三维坐标信息，所有采集样品点、调查点、监测点的空间位置与三维坐标信息，地下地层、侵入岩体等地下地质实体及断层、侵入、不整合、整合等关系界面的空间位置与三维坐标信息。

5.1.2 地下全功能建(构)筑物信息

地下全功能建(构)筑物信息是城市既有地下空间开发利用的各类工程建筑信息，包括历史遗留空间、地下矿山空间、城市人防工程、地下管网信息、地下交通设施、地下建筑设施信息和城市其他地下设施要素,是城市地下空间资源普查与确权登记主体,其信息包括规划、设计、审批、登记、施工、规模、形态、深度、材质、内部结构、建造及运行时间等。

5.1.3　地下全要素地质信息

地下全要素地质信息包括地质历史时期形成的,与地下岩、土、水、气相关的,从宏观、中观和微观尺度的,所有地质结构、物质成分、属性和场的要素信息,是城市地下空间资源的空间载体,是在地下一定深度立体空间内、一定精度下划分地质单元、评价地质资源和地质环境所需要的所有要素、参数和指标信息。

地质结构要素不仅包含了对地质体结构的描述,还包括对区域地质单元结构的描述。其中,地质体结构形态要素主要描述矿物结晶程度、矿物颗粒大小、矿物形状以及它们之间的相互关系。区域地质单元结构形态要素是由各地质体组成的集合体,具体包括地层厚度、产状(走向、倾向、倾角)、接触关系、构造(褶皱、断层等)、形态(产状、节理裂隙宽度、长度等)。

物质成分要素主要包括固相成分要素[岩(土)体]、液相成分要素(地下水)和气相成分要素(浅层气),其中固相成分要素主要包括岩(土)体类型、矿物成分与定名,液相成分要素主要包括地下水类型、水化学成分(有机、无机),气相成分要素主要包括气体类型、化学成分等。

属性特征要素可分为岩土介质工程地质、水文地质属性特征要素,地下特殊岩(土)体属性特征要素和场属性要素。工程地质属性特征要素可进一步细分为基本物理参数、强度参数、变形参数和特殊岩(土)体参数。水文地质属性特征要素主要为反映含水层或透水层水文地质性能的指标。场属性要素可分为地下渗流场要素、地下温度场要素、地下磁场要素和地下应力场要素等。

5.2　全空间地理信息要素

全空间地理信息是地表平面地理信息的三维拓展。

所有获取的数据都要精准定位在地球空间信息系统中,在三维立体空间坐标下真正实现二维到三维的空间表达。地理系统是客观自然与社会统一体,具有界线、尺度、关联、结构、动态要素,具有功能、组织、自调节和稳定程度等特性。

全空间地理信息要素具体可分为自然地理地形地貌要素、地表建筑空间形态要素、地下建筑空间形态要素和地下探测工程地理要素。

5.2.1　自然地理地形地貌要素

地形要素主要包括地形类型、地势起伏、地势状况等要素;地貌要素是指地貌形态的各个组成部分,如河流阶地为阶地前缘、阶地后缘、阶地面、阶地陡坎等要素。城市中还包括山包、河道、人工水道、阶地、水塘、人工水库、山前斜坡地等微型地貌要素。

1. 气候要素

与建筑空间环境直接相关的气候要素主要包括季节、大气压、气温、湿度、日照、降水(降雪)、风(风速、风向、风向频率等)及雷暴、冰雹、沙暴、台风等灾害性天气现象。

2. 地貌要素

城市地下空间开发与地形、地貌因素密切相关,地下空间的形态、结构形式和开发施工方式在很大程度上取决于地形、地貌的特征。各种地形、地貌对地下空间开发都有正、反两方面的影响,关键是要因地制宜,扬长避短。

1)地貌类型要素

地形(地貌)从宏观上可分为丘陵地、山地、平原及高原等几种典型的地形地貌,从小地区范围上又可分为山谷、山坡、冲沟、盆地、谷地、河滩、阶地等。

城市分布的地貌部位对城市未来的地下空间开发、平面空间布局产生重大影响。我国城市主要分布在河流交汇处(如武汉市、广州市),平原或盆地底部平坦区域(如沈阳市、西安市、长春市),不同地貌区域分界处(如北京市、成都市、乌鲁木齐市),河谷阶地处(如兰州市、太原市),海滨和岛屿处(如上海市、青岛市、厦门市、深圳市)等地貌部位。

2)地貌特征要素

地貌特征主要通过 DEM 反映,它包括地表地理坐标、高程、起伏变化度,地貌单元内的侵蚀基准面高程、相对低区域和相对高区域的面积、高程、与邻近地貌的边界及高程差距,地貌单元内地表水体的边界(丰水、枯水、常年)、形态、面积、水下形态。根据地面坡度一般可划分为平坦地、丘陵地、山地和高山地(表5-1)。

表 5-1 基于地面坡度的地貌划分

地面坡度/(°)	地貌类型
<3	平坦地
3~10	丘陵地
10~25	山地
>25	高山地

3)地形地貌多尺度划分

根据地形地貌多尺度描述,可划分为流域尺度(大尺度的跨行政单元主要河流及其支流范围)、自然景观尺度(中尺度的行政单元内单一或多种景观地貌组合)和工程场地尺度(小尺度的工程建设场地范围)。

5.2.2 地表建筑空间形态要素

地表建筑空间形态要素主要包括地表基础设施、建(构)筑物、道路和工程的位置坐标信息和面积、高度等形态信息,主要依据城市行政区划管理(区、街道、社区)进行分类统计。

5.2.3 地下建筑空间形态要素

地下建筑空间形态主要包括地下建(构)筑物三维坐标位置、地下建(构)筑物面积、空间形态,地下空间纵向起止深度,最深、最浅处的标高;地下建(构)筑物面积以地下建(构)筑物的建筑占地面积为准,包括水平面垂直投影最大、最小面积。

5.2.4 地下探测工程地理要素

钻探、坑探工程的地理坐标,孔深、地下终点三维坐标,钻孔弯曲形态的空间位置要素,重要地质体分界点、断层点、样品采集点、试验点的空间坐标。不同物探技术测点、测线、测面及钻孔的空间位置和空间坐标要素。地表与地下监测点、线、面、体的空间位置与空间坐标要素。

5.3 地下全功能建(构)筑物信息要素

现状条件下历史以来已开发的包括全部利用功能的城市人工地下空间要素。按照功能划分包括历史文化遗留空间、地下矿山空间、城市人防工程、城市地下管线管网、城市地下交通设施建设、城市地下建(构)筑物、城市地面建筑地下基础及其他地下设施要素。

人工地下空间调查的内容主要为地下建(构)筑物和地下管线的空间信息及功能属性信息。其中建(构)筑物调查包括轮廓面的基础信息、空间信息和属性信息;地下管线调查包括地下管线点、线的空间信息和属性信息。

全功能建(构)筑物信息要素除了空间地理坐标信息外,还包括地下空间设施连接关系要素,如地下空间实体中涉及的点、线、面间连续、相邻、闭合、包含 6 种组合关系。建(构)筑物属性包括所有地下设施的建设时间、建设方案、主管部门、审批部门、建设单位、使用单位,地下土地所有权、使用权、地下设施所有权,地下空间和设施形态、高度、宽度(跨度)、长度、倾斜度、顶面弧度,地下空间和设施的内部结构,是天然岩土边界还是混凝土、预制板、土砖、瓷砖、金属、木质等边界,设计使用年限、已使用年限,地下空间设施的安全性、稳定性,地下空间和设施的主要功能、用途等建(构)筑物内部构件的物理性质、相关功能特性和建筑项目全生命周期要素信息。

5.3.1 历史文化遗留空间设施要素

历史文化遗留空间设施要素包括地下生活空间(窑洞)、地下储藏空间(储水、储粮、储种子、储物、酿酒)、地下军事设施、地下宗教设施(石窟、石刻、壁画)、地下古墓葬(王陵、帝陵)、地下古文化遗址等。属性主要包括功能类型、用途、内部结构、周边介质、建设时代、规模、形态、顶底深度、高度、保存完整性、安全性、文化价值等要素。

5.3.2 地下矿山空间要素

以矿兴市、依托矿业发展城市有大量地下开采遗留空间，如江苏徐州，安徽淮南、淮北，江西萍乡，辽宁抚顺，山西大同等煤炭城市；安徽铜陵，江苏南京，辽宁鞍山等金属矿山城市都有大量遗留矿山空间；有的被改造利用，多数废弃闲置，特别是煤矿空间，对城市发展有较大的安全隐患。属性要素主要包括矿山类型、开发时代、开发深度、开发规模、巷道与矿洞类型、稳定性、安全性、利用现状、利用功能、矿山所有权、权属登记状态等要素。

5.3.3 城市人防工程要素

城市人防工程要素主要包括人防工程建设时间、建设方案、主管部门、目前使用单位，形态、高度、宽度（跨度）、长度、内部结构，边界类型（天然岩土边界、人工混凝土边界）、安全性、稳定性等要素。

5.3.4 城市地下管线管网要素

城市地下管线管网包括交通管线、给水管线、工业管线、电信管线、电力管线、供热管线，燃气管道、输油管道、自来水管道、雨水管道、污水管道和地下综合管沟等类型。相关属性要素主要包括地下管线管道类型、建设时间、建设方案、主管部门、审批部门、建设单位、使用单位，埋深、材质、管径、附属物、所在位置等信息、设计使用年限、已使用年限，以及管线起止走向、管线的连接关系等要素。

5.3.5 城市地下交通设施要素

城市地下交通要素包括隧道、轨道、公共、人行等线状设施，停车站点设施。属性主要包括地下交通设施的建设时间、建设方案、主管部门、审批部门、建设单位、使用单位，所有权、使用权，交通设施形态、高度、宽度（跨度）、长度，倾斜度、顶面弧度、内部结构，是天然岩土边界还是混凝土、预制板等边界，设计使用年限、已使用年限，地下空间设施的安全性、稳定性等要素。

5.3.6 城市地下建（构）筑物要素

城市地下建（构）筑设施类型繁多、形态错综复杂，该要素包括地下居住设施、地下室、地下商场与商业街、地下体育文化娱乐设施、地下停车场、地下仓库、冷暖房、变电站、水厂、污水厂、地下工厂等设施，每种类型又可以细分为多种子类型。属性主要包括地下建（构）筑设施的建设时间、建设方案、主管部门、审批部门、建设单位、使用单位,地下土地所有权、使用权、地下设施所有权,设施形态、高度、宽度(跨度)、长度,顶面弧度,设施的内部结构,是天然岩土边界还是混凝土、预制板、土砖、瓷砖、金属、木质等边界,设计使用年限、已使用年限,地下空间设施的安全性、稳定性,设施的主要功能、用途等要素。

5.3.7 城市地面建筑地下基础要素(桩基)

城市地面建筑地下基础要素包括一般地面建筑、设施的地下基础、地面高层建筑的地下桩基础。主要包括地下基础与地面建筑关系,建设时间,地下基础的范围、深度,基础的类型、材质,桩基础的埋藏层位、持力层等要素。

5.3.8 城市其他地下设施要素

以上 7 种类型之外的其他地下设施要素,统称为城市其他地下设施要素。如海绵城市建设工程、地下洪水快速疏通工程、地下雨污分流工程、浅层地温能利用工程的分布、深度、材质、性能、大小等要素。

5.4 城市地下全要素地质信息

城市地下地质历史时期形成的全部地质要素信息包括岩土结构要素、成分要素、地质作用、物理化学特性、工程地质属性、水文地质属性、场属性等。

5.4.1 地质要素尺度划分

1. 宏观尺度要素

城市地下 0～200m 空间内一般包括固结基岩层、松散土层和地表基质(土壤)层三大类。固结基岩层、松散土层由自然地质作用形成,地表基质(土壤)层是人类与自然共同作用层。宏观数据主要通过区域地质调查、区域地球物理测量和地球物理联合剖面获取要素。

1)固结基岩层

固结基岩包括沉积岩、侵入岩、喷出岩、变质岩四大岩类及之间的沉积、侵入、喷发、断层关系。

2)松散土层

松散土层包括由水、冰、风、重力四大地质营力形成的沉积土层、冰碛土层、风积土层、重力堆积土层,由物理、化学、生物等风化作用形成的风化土层、残积土层和坡积土层及由冰期沉积、间冰期侵蚀形成的沉积、侵蚀关系。

3)地表基质(土壤)层

地表基质(土壤)层主要包括城市地表硬化层、各种类型填土层、尾矿堆积层和城外郊区农用地耕作层,人类活动层可以覆盖在土层上,也可以直接覆盖在岩层上。土层与岩层以侵蚀面、剥蚀面、沉积不整合面和断层面等界面划分。

2. 中观尺度要素

中观尺度是在宏观尺度的基础上进一步细分,以岩性层、岩性组合划分三维空间单元。中观尺度是在区域地质调查资料的基础上从应用角度进一步细分,以断层、侵入、喷发、整合、侵蚀、不整合、超覆、渐变、尖灭等界面划分,单元内部岩性、岩相及微观特征基本一致,与周边单元特征差异明显。还包括温度变化、地下水水位界面。中观尺度以地球物理、钻探联合剖面探测为主获取要素。

3. 微观尺度要素

微观尺度是以单一成分层或韵律性组合层的成分、结构和属性特征要素为主。包括岩石面理裂隙发育程度、破碎程度、风化程度、变形程度、断层等构造特征要素;岩(土、水、气)成分、矿物成分、生物成分、岩石化学成分、单元素成分、有机化学成分、放射性成分等成分特征要素;颗粒粒度、形态、圆度、均匀度、接触关系、胶结、固结、排列等颗粒结构特征要素;密度、比重、硬度、压强、颜色、气体浓度、湿度、温度、磁性、导电性、导热性、延展性、弹性、孔隙率、强度、受力状态、运动速度、运动方向等物理特征要素;潮气、氡气、易挥发性有机化粒子(包括纤维)及微生物等特征要素。微观尺度要素通过地质点、天然剖面或通过钻孔取样和测试获取。

5.4.2 地下地质单元体结构要素

1. 宏观地质单元类型

中国幅员辽阔、地质结构复杂、地质历史漫长、地壳活动频繁、地貌单元多样。坐落在不同区域的城市具有不同的特点,以剥蚀、堆积地貌及松散堆积层的厚度划分为基岩埋藏深、土层(体)厚覆盖城市,基岩埋藏浅、土层(体)覆盖中等城市,基岩裸露、土层(体)浅覆盖城市。

1)基岩埋藏深、土层(体)厚覆盖城市

基岩(岩体)埋藏较深,松散沉积土体覆盖厚,城市地下空间开发及地下工程活动以松散土层为主,松散土层覆盖厚度在100m以上,甚至大于200m。它主要包括东北平原、华北平原、黄淮海平原、长江三角洲平原、江汉平原、成都平原、关中平原城市。其中华北山前平原城市(北京、石家庄、保定、洛阳等)、平原中部滨水城市(武汉、郑州、成都、沈阳、太原)、滨海平原城市(天津、盐城)、三角洲平原城市(上海、东营)、黄土平原城市(西安、宝鸡)。

2)基岩埋藏浅、土层(体)覆盖中等城市

我国东部、中部以及高原地区,大江大河中上游地区、河流直接入海的河口湾地区,基岩(体)埋藏浅,局部有出露,松散土体覆盖中到浅,以多级阶地沉积、河口湾海陆交互沉积为主,覆盖土层厚度一般在100m以浅,少量大于100m。松散土层类型多样,岩相变化快,河、湖、三角洲、潮坪等沉积相频繁转变。出露和埋藏基岩(体)受区域地质构造控制,类型复杂。其中,河口海湾城市如杭州、温州、福州、厦门、汕头等,滨江滨湖城市如武汉、南昌、长沙、南京、哈尔滨等,西北黄土塬城市如延安等。

3)基岩裸露、土层(体)浅覆盖城市

我国大部分地区为极少松散土层覆盖的基岩(体)出露区,这些地区长期以抬升剥蚀作用为主。出露基岩类型复杂,有以花岗岩、火山岩为主,有以古老变质结晶岩为主,有以古生代沉积岩为主,有以中生代"红层"为主,多数城市为多种岩石类型共存城市,其中东南沿海地区的火成岩发育数十甚至达百米的巨厚风化层。其中,东南、鲁东南沿海火成岩区城市如青岛、日照、宁波、泉州、深圳等,西南、中南岩溶发育区的城市如贵阳、桂林、南宁等,中东部"红层"盆地区城市如衢州、金华、上饶、鹰潭、承德、重庆等。

2. 城市地下宏观地质单元层划分

平原与盆地区大体可划分为填土与耕作土层、松散土层、基岩层;波状平原与岗地区可划分为耕作层、松散土层或残坡积(风化)层、基岩层;低山及丘陵区可划分为土壤层、残(坡)积层、基岩风化层、基岩层。

3. 不同地质结构区重点要素

1)单一地质结构型

单一地质结构型主要是以厚覆盖区单一松散层和以裸露区基岩为主的城市,厚覆盖包括冲积以河湖砂泥层为主的厚覆盖区、风积以黄土堆积为主的厚覆盖区和山前冰碛冲积砂砾石扇为主的厚覆盖区。基岩裸露区则包括以岩浆岩、结晶岩为主的结晶岩区,以碳酸盐等易溶沉积岩为主的岩溶发育区,以元古宙—古生代时期正常砂泥质沉积岩为主的地层发育区,以中新生代红色碎屑岩为主的"红层"发育区,探测重点要素见表5-2。

表5-2 单一地质结构型城市探测重点要素

地质结构	探测重点要素
厚松散土层覆盖地区	地层分层、活动断裂、地裂缝、地面沉降,获取岩土物理力学参数、地下水流场、温度场、地球化学场等属性参数
黄土地区	黄土覆盖层厚度、黄土结构、基底地质构造、活动断裂、地裂缝、地面沉降等
碳酸盐岩地区	隐伏岩溶(溶洞、土洞)的规模、分布及埋深,探测岩溶地下水(暗河走向,地下水补径排,流量)
砂泥岩地区	硬质层和软弱层分布范围、厚度、埋深及结构构造,探测不同岩层分界线
花岗岩及结晶岩地区	岩体完整性及裂隙空间分布,岩体与周边地层接触面,岩体风化壳范围、厚度及埋深,地应力、岩体物理力学性质、地下空间热力场等属性参数

2)复合地质结构型

复合地质结构型包括二元复合结构和多元复合结构,如松散土层与基岩的复合以及不同类型基岩之间的复合。

二元复合结构:主要为上部松散土层和下部基岩层复合,探测重点主要是浅部松散土层物理力学性质、松散土层地层压缩性、下伏基岩结构、隐伏断裂、风化层特征等。

多元复合结构:主要为多种类型基岩之间的复合,重点是各类地质体接触关系、下伏基岩结构、覆盖层下隐伏断裂三维空间展布、应力在松散土层传递规律、松散土层下基岩风化层厚度及空间展布、区域构造、断裂、地下水活动规律等。

4. 地下地质体结构、构造要素

地质体结构主要是指不同地质历史时期相对稳定的环境下形成的具有一定规模、内部相对均匀的地质实体(地质单元)之间的突变和渐变与过渡界面。地质实体可以是固结成岩的,也可以是松散或是半固结的,不同尺度地质单元体、地质结构体形态、位态、状态的空间地理与坐标定位要素由地质体和地质体之间关系界面及断裂三大要素构成。

1)地质体结构要素

地质体主要包括层状地层体和块状岩石体,结构形态要素主要描述矿物结晶程度、矿物颗粒大小、矿物形状以及它们之间的相互关系。具体包括岩(土)体矿物颗粒及颗粒集聚体的大小、形状、表面特征及其定量比例、组合排列和彼此之间的连接特征,岩(土)体孔隙、裂隙大小及孔隙比等。

2)不活动断裂构造要素(基岩中发育断裂)

断裂位态要素(起点、终点、上端点,地表走向、倾向、倾角),断裂特征要素(断裂面形态、断裂带宽度及变化、断裂充填物性质、断裂影响的范围),断裂的性质要素(张、压、剪性),断裂分划要素(系统界面、单元界面、单元内部界面)。

3)接触关系要素

接触关系主要包括地层与地层、地层与岩体、岩体与岩体之间的接触类型及其空间分布。沉积地层的岩性、岩相界面要素(整合、超覆不整合、构造不整合);侵入岩体与周边地质体的关系界面(侵入界面、被侵入界面、被沉积覆盖界面、断裂界面);侵入体内部的成分与结构界面;火山岩层的喷发界面、岩性岩相转换界面、次火山岩穿插界面等。

4)褶皱构造要素

褶皱构造要素包括地层产状、褶皱形态、类型,褶皱轴面、枢纽,褶皱范围,褶皱体与周边关系,褶皱核部变化特征。

5)盆地构造要素

盆地构造要素包括盆地形态、盆地面积、盆地底界面形态及与下伏基底关系,盆地长度与宽度,盆地周边与盆地内部的产状变化。

5.4.3 地下岩、土、水、气成分要素

地下岩、土、水、气成分要素包括岩石、松散土体、扰动土壤等固体,地下水等液体和氡气、汞气、甲烷等气体成分要素。

1. 固体岩石成分要素

固体岩石成分要素主要包括地质体的岩石成分、矿物成分、生物成分、地球化学成分要素。沉积岩的沉积构造、侵入岩的侵入构造、火山岩的火山构造、变质岩的变质构造要素。岩石内部颗粒之间关系的结构要素包括沉积岩粒度及关系要素、结晶矿物粒度及矿物之间关系要素、变质矿物粒度及矿物之间关系要素,岩石风化后原生矿物及结构变化后形成新矿物的成分与结构关系要素,生物作用形成的生物体成分结构及有机质特征要素。

1)沉积地层成分要素

沉积地层成分要素主要包括沉积岩相、颜色、矿物成分、岩石地球化学成分、主要古生物与地层时代等方面。首先确定基本沉积地层单元,每个基本沉积地层单元的空间形态、产状、顶底界面、厚度与横向变化,岩石类型与基本岩性,沉积层理构造、粒度结构与成熟度、成分结构与成熟度,沉积岩相,主要古生物与地层时代,结核等特殊结构成分,物性、电性、磁性。按单一、互层、韵律性再现等规律归并与探测尺度对应的地层单位。按层序地层、构造沉积旋回,不整合界面、侵蚀、超覆、暴露标志等建立地层层序。

2)侵入岩体成分要素

首先确定侵入岩体单元,每个侵入岩体单元的岩石类型、颜色、构造、矿物成分、矿物粒径大小、排列结构与均匀程度,岩石化学成分、岩石地球化学成分、同位素及年龄;侵入岩体单元的出露面积、立体形态、空间展布、裂隙发育程度。

3)火山岩层成分要素

首先确定基本火山喷发单元,每个基本火山喷发单元的岩石类型、颜色、矿物成分、岩石化学成分、地球化学成分,单层喷发单元厚度、顶底面变化,气孔、流纹等火山构造,集块、角砾、凝灰结构,原生节理构造。按单层、互层、韵律层、旋回层、冷却单元、喷发不整合等建立火山喷发层序。

4)变质地层和变质岩体成分要素

变质岩中的面理构造、结构,变质岩石类型、颜色、矿物成分、岩石化学成分、地球化学成分、同位素及年龄,变质单元接触关系。

2. 松散沉积地层(土体)成分要素

松散沉积地层(土体)成分要素主要包括松散沉积土体的类型、颜色、粒度结构及含量、矿物成分、化学成分、生物成分、岩相等要素。以砾石层为例:砾石颜色、大小、形状、磨圆度、扁平度,砾石砾径最大值、中值、峰值,砾石原岩类型、大小、占比,砾石的原始排列方式、倾斜角度,砾石含量、在基质中的接触关系,基质的颜色、粒度、成分均匀度、粒径混杂度、砂质占比与泥质占比等要素,初步判断直流河道、辫状河道、曲流河道、冲积扇、坡积扇、冰碛、海滩等沉积相。

3. 地下水成分要素

地下水成分要素主要包括地下水的类型、颜色、透明度、水化学成分(有机、无机),如矿化度、浑浊度、pH 值、硬度等。

4. 气体成分要素

气体参数主要分为物理性质和化学性质参数。其中,物理参数主要包括颜色、气味和放射性等指标;化学性质参数主要包括气体成分,放射性元素、同位素等。

5.4.4 地下岩土介质工程地质属性要素

1. 岩(土)体物理参数

岩(土)体物理参数主要可分为直接测定的基本物理性质指标、计算求得的基本物理性质指标。岩(土)体物理参数主要包括基本物理性质指标(密度、比重、含水率、孔隙比、饱和度、粒度、界限含水率等)、透水性指标、击实性指标、磁性、电性、速度(纵、横波波速)、热力学指标(温度、热导率、比热容、热扩散率)、环境参数、放射性指标等。

2. 岩(土)体强度参数

岩(土)体强度参数主要包括抗压强度、抗拉强度、抗剪强度、孔隙水压力系数、无侧限抗压强度和灵敏度、软化系数及特殊岩(土)体个性指标(如黄土的湿陷性、红黏土的膨胀性、软土蠕变参数、冻土冻融参数)等。

3. 岩(土)体变形参数

岩(土)体变形参数主要包括岩(土)体压缩系数、压缩模量、剪切模量、压缩指数、回弹指数、泊松比、弹性模量、动剪切模量、动弹性模量等。

5.4.5 地下岩土介质水文地质属性要素

地下岩土介质主要为反映含水层或透水层水文地质性能的指标,如渗透系数、导水系数、水位传导系数、压力传导系数、给水度、释水系数、越流系数等;渗透率、孔隙率、矿化度、硬度、水温以及动态变化等。

5.4.6 地下特殊岩(土)体属性要素

地下特殊地质体包括地下空洞、流沙层、膨胀土、高压缩性软土、风化破碎岩石、地下孤石、地下障碍物、地下古河道砂砾石层、富含气体地层、活动断裂、地裂缝、地下硬土层、地质文化层、含有特征元素的成分层、特殊意义的地下水层等相关的要素和指标。其参数主要包括黄土湿陷性参数(湿陷变形系数、渗透溶滤变形系数、自重湿陷系数、湿陷起始压力等)、软土蠕变参数(次固结系数、灵敏度等)、膨胀土膨胀性参数(自由膨胀率、膨胀率、膨胀力等)、冻土冻融参数(冻胀率)等。典型的地下特殊岩(土)体有如下几种。

1. 冰碛层

冰碛层的最大特点是寒冷的气候条件,堆积物中砾、砂、粉砂、泥质等多元混合,粒度杂、成分杂、颜色杂。以湖区和沟口堆积区为主。最重要的是砾和泥两端元常共生。特别是一些大的砾石发育在泥质层中形成的孤石,对地下工程的影响较大,需要单独作为要素层建立数据库与单元。

2. 孤石

在节理构造发育、球状风化发育、地形快速抬升的地区,由于崩塌、地震等作用形成的巨石,沿陡峭的山坡在重力作用和惯性作用下,滚动到平缓地区和水体之中。崩塌形成砾石层的区域,分布不均匀,随机性大,后期被砂、泥的沉积物所掩埋,而形成隐伏的孤石。它已成为制约地下工程施工的环境地质问题,东南沿海地区及小盆地中尤为突出。

3. 网纹红土

东南沿海、长江流域的城市中,常发育网纹红土层,时代大体在早更新世至中更新世。常被现代河流切割,有的形成阶地,有的埋藏在更新世以后形成的沉积物之下。成分较杂,含砾石、结核等成分,多已成为黏土矿物,网纹的黏土化更彻底,主要为伊利石、蒙脱石、高岭石等黏土矿物,粒径大,具膨胀性。它对地下水及地下工程施工影响较大,沿江地区及丘陵地区城市可能会有大面积分布,具有全球对比特征。

4. 黄土

在西北及黄土高原地区,黄土生成年代久远、土层深厚、土质密实、干容重大、凝聚力强、抗压强度高,陇东、陕北、豫西、晋中南等地区晚更新世的黄土层是最适合于施工建造窑洞的土层。

在下扬子地区及东南沿海丘陵岗地普遍发育,有的与下伏的网纹红土共生,多数地域独立发育。形成于中更新世至晚更新世,是灰黄色硬土层。在东南沿海地区是中低层建筑的地基持力层,常出现在河道或古河道切割相对孤立的岗地。"下蜀黄土"下往往有卵砾石层发育,是长江流域及三角洲地区浅层地下空间开发常遇到的层位。需要建立下蜀土层地质特征档案。

5. 暗浜

在长江中下游及三角洲的水网发育区,普遍存在暗浜,实际上是侵蚀基准面下降,平原地区下切侵蚀后形成水网水道,当海平面上升后,这些水道率先被沉积物或人工填土充填,形成暗浜,对浅层地下空间开发影响较大。

6. 泥岩

泥岩成岩时间短,成岩条件差,结构疏松,胶结程度差,易膨胀和崩解。

7. 岩溶

岩体内部有暗河、溶洞,建(构)筑物的地基通常很不均匀。上覆土层还常因下部岩溶水的潜蚀作用而坍塌,形成土洞。

8. 断层破碎带

断层破碎带是不良的地质灾害中最为常见的,破碎带区域围岩状态极不稳定,断层破碎带中一般含有地下河流、淤泥带和溶水等,影响到水的渗漏,给地下设施带来隐患。同时在地下空间修建过程中出现坍方、围岩大变形、涌水、突泥等地质灾害,这些工程问题均与断层破碎带密切相关

5.4.7 地下多类型场属性要素

与地下岩土介质位态、形态、状态相关,能反映物性特征的磁场、重力场、地震速度场、电磁场、应力场、温度场、地下水流场也是宏观特征的表现形式。它可分为地下温度场要素(地温、地温梯度),地下磁场要素(磁场强度、磁场方向),地下应力场要素(地应力大小、方向),地下地球化学场要素(pH、元素背景值、异常下限值等),地下放射场要素。

其中地下水流场是对地下空间开发利用具有重要影响的场要素,涵盖了地下水系统分层、地下水层间要素和地下水物理化学参数。

1. 地下水系统分层

含水层系统按功能划分为上层滞水、潜水和承压水,包括透水层、含水层、储水层、隔水层(面)等存在形式。

1)不同城市地下水主要含水系统

平原与盆地区城市:一般可划分为包气带层、潜水层、第一隔水层、孔隙水承压含水层(可多层)、深部含水层(包括基岩裂隙及岩溶水)。

波状平原与岗地区城市:一般可划分为包气带层(潜水层)、隔水层、孔隙承压含水层、基岩裂隙及岩溶承压含水层。

低山及丘陵区城市:一般可划分为包气带层(潜水层)、隔水(弱承压)层、基岩裂隙及岩溶含水层。

2)地下水分层结构要素

不同尺度下最小划分单元。基本单元层(含水层、隔水层)顶板、底板埋深(x、y、z 三维坐标),厚度,空间分布与周边关系,主体依据地质结构。不同尺度单元层是在基本单元划分基础上的层级归并。

2. 地下水层间要素

地下水层间要素包括上层滞水、潜水和承压水层地下水埋深、承压水头高度、分布、流向、

流速、富水性、水位变化。地下水水位要素包括初始水位、静水位、年度丰水期与枯水期水位、多少年一遇丰水期与枯水期水位,局部区域工程降水水位。

3. 地下水物理化学参数要素

物理性质参数主要包括颜色、气味、味道、透明度或浑浊度、温度、密度、导电性和放射性等指标。

化学性质参数主要包括水体各种离子、分子,有机化合物,有机和无机络合物,微生物,胶体及放射性元素、同位素等。

综合上述,城市地下空间全要素分类和各要素内容,全要素指标体系见表5-3。

表5-3 全要素指标体系表

一级要素	二级要素	三级要素	四级要素
地理信息	自然地理地形地貌	地貌类型	丘陵
			山地
			平原
			高原
			山谷
			山坡
			冲沟
			盆地
			谷地
			河滩
			阶地
		地貌特征	地理坐标
			高程
			起伏变化度
			侵蚀基准面高程
			水体形态
			山体形态
	地表建筑空间形态	地理坐标	
		面积	
		高度	

续表 5-3

一级要素	二级要素	三级要素	四级要素
地理信息	地下建筑空间形态	三维坐标	
		面积	
	地下探测工程地理	探测工程坐标	
		探测深度	
		地质体空间坐标	
建(构)筑物信息	历史文化遗留空间	功能类型	生活空间
			储藏空间
			军事设施
			古墓葬
			古文化遗址
		用途	
		内部结构	
		周边介质	
		建设时代	
		规模	
		形态	
		顶底深度	
		保存完整性	
		安全性	
		文化价值	
	地下矿山空间	矿山类型	煤矿山
			金属矿山
			非金属矿山
			化学矿山
		开发时代	
		开发深度	
		开发规模	
		巷道与矿洞类型	
		稳定性	
		安全性	
		利用现状	
		利用功能	
		矿山所有权	
		权属登记状态	

续表 5-3

一级要素	二级要素	三级要素	四级要素
建(构)筑物信息	人防工程	建设时间	
		建设方案	
		主管部门	
		使用单位	
		形态	高度
			宽度(跨度)
			长度
			内部结构
		边界类型	岩土
			混凝土
		安全性	
		稳定性	
	城市地下管线管网	管网类型	给水管线
			排水管线
			电力管线
			电信管线
			燃气管线
			热力管线
			通信管线
			工业管线
			地下综合管廊
		建设时间	
		建设方案	
		主管部门	
		审批部门	
		建设单位	
		使用单位	
		埋深	
		材质	
		管径	
		附属物	
		位置	
		设计使用年限	
		已使用年限	

续表 5-3

一级要素	二级要素	三级要素	四级要素
建(构)筑物信息	地下交通设施	设施类型	隧道
			轨道
			人行通道
			停车站点
		建设时间	
		建设方案	
		主管部门	
		审批部门	
		建设单位	
		使用单位	
		所有权	
		使用权	
		形态	高度
			宽度(跨度)
			长度
			倾斜度
			顶面弧度
			内部结构
		边界类型	岩土
			混凝土
		设计使用年限	
		已使用年限	
		安全性	
		稳定性	
	地下建筑设施	建筑设施类型	居住设施
			商场与商业街
			体育文化娱乐设施
			停车场
			仓库
			冷暖房
			变电站
			水厂
			污水厂
			地下工厂

续表 5-3

一级要素	二级要素	三级要素	四级要素
建(构)筑物信息	地下建筑设施	建设时间	
		建设方案	
		主管部门	
		审批部门	
		建设单位	
		使用单位	
		所有权	
		使用权	
		形态	高度
			宽度(跨度)
			长度
			倾斜度
			顶面弧度
			内部结构
		边界类型	岩土
			混凝土
			土砖
			金属
			木质
		设计使用年限	
		已使用年限	
		安全性	
		稳定性	
		建筑基础	范围
			深度
			类型
			材质
			埋藏层位
			持力层位
	其他地下设施	设施类型	海绵城市建设工程
			地下洪水快速疏通工程
			地下雨污分流工程
			浅层地温能利用工程

续表 5-3

一级要素	二级要素	三级要素	四级要素
建(构)筑物信息	其他地下设施	分布	
		深度	
		材质	
		性能	
		大小	
地质信息	物质成分	固体岩石成分	岩石类型
			颜色
			矿物成分
			岩石地球化学成分
			主要古生物与地层时代
			结核成分
			同位素及年龄
			高光谱特征
		松散沉积地层(土体)成分	类型
			颜色
			粒度结构及含量
			矿物成分
			化学成分
			生物成分
			高光谱特征
		地下水成分	地下水类型
			颜色
			透明度
			水化学成分
		气体成分	气体类型
			颜色
			气味
			放射性
	地质体结构形态	地质体结构	矿物结晶程度
			矿物颗粒大小
			矿物形状
			矿物表面特征
			岩(土)体孔隙、裂隙大小
			岩(土)体孔隙比

续表 5-3

一级要素	二级要素	三级要素	四级要素
地质信息	地质体结构形态	接触关系界面结构	接触关系界面类型
			产状
			界面顶底坐标
		断裂构造形态	产状
			空间位置
			断层带宽度
		褶皱构造形态	褶皱类型
			产状
			空间位置
		盆地构造形态	形态
			面积
			底界面形态
			盆地与下伏基底关系
			盆地周边与盆地内部产状变化
	岩土介质属性	工程地质属性	密度
			比重
			含水率
			孔隙比
			饱和度
			粒度
			界限含水率等
			透水性指标
			击实性指标
			磁性
			电性
			纵横波波速
			温度
			热导率
			比热容
			热扩散率
			地质体年龄
			放射性指标
			抗压强度

续表 5-3

一级要素	二级要素	三级要素	四级要素
地质信息	岩土介质属性	工程地质属性	抗拉强度
			抗剪强度
			孔隙水压力系数
			无侧限抗压强度
			压缩系数
			压缩模量
			剪切模量
			压缩指数
			回弹指数
			泊松比
			弹性模量
			动剪切模量
			动弹性模量
			黄土湿陷变形系数
			黄土渗透溶滤变形系数
			黄土自重湿陷系数
			黄土湿陷起始压力
			软土次固结系数
			软土灵敏度
			膨胀土自由膨胀率
			膨胀土膨胀率
			膨胀土膨胀力
			冻土冻胀率
		水文地质属性	渗透系数
			导水系数
			水位传导系数
			压力传导系数
			给水度
			释水系数
			越流系数等
		场属性	地温
			地温梯度
			磁场强度

续表 5-3

一级要素	二级要素	三级要素	四级要素
地质信息	岩土介质属性	场属性	磁场方向
			地应力大小
			地应力方向
			地层 pH
			地层元素背景值
			地球化异常下限值
			地下放射场
			地下水系统分层类型
			地下水分层结构
			地下水层间关系
			地下水物理性质参数
			地下水化学性质参数

第6章 城市地下全要素探测技术

城市地下全要素探测技术按作业空间分为空中、地面和地下探测技术。空中探测指主要利用卫星或航空载体通过遥感、高光谱、航重、航磁、航电、航放等技术进行大面积宏观尺度对地观测;地面探测以麻花钻、洛阳铲、背包钻等轻便仪器设备和利用地表设施进行现场、实地调查,以微观和中观尺度为主,主要进行地表及10m以浅深度调查;地下探测技术是指借助钻孔、空洞、洞穴、岩溶等通过地球物理、高光谱、激光扫描等手段探测周围及深部地层结构的探测技术(图6-1)。

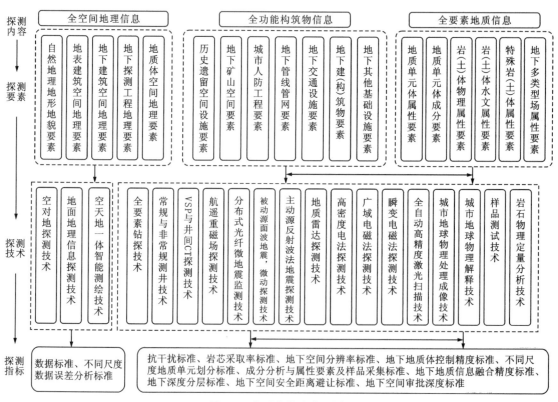

图 6-1 全要素获取流程图

6.1 适宜城市地下空间探测的主要技术

城市地下空间探测体系是由地理测绘技术、地球物理探测技术、钻探技术、高光谱技术、分析测试技术等组成的技术体系。

6.1.1 地理测绘技术

应用多平台、多时相、多层次卫星影像产品,全球、全天候、全天时、全要素、全尺度提供及时定量的卫星遥感服务。

1. 卫星测绘技术

新型基础测绘首先要提到全球导航卫星系统 GNSS(能在地球表面或近地空间的任何地点为用户提供全天候的三维坐标和速度以及时间信息的空基无线电导航定位系统),然后是北斗卫星导航系统,其卫星数量多,采用三频定位,抗干扰能力强,兼容北斗卫星的 GNSS 可以弥补传统 GNSS 在高楼密集区和树丛茂密地区固定解无法快速获取的局限性,提高遮挡条件下定位精度,提供统一的、完整的、高精度的基准参考。同时可以利用似大地水准面模型,解算高分辨率厘米级精度的精化大地水准面,实现利用 GNSS 技术在测得高精度的平面位置的同时获得该点的正常高,代替低等级水准测量、三角高程测量。

2. 倾斜摄影技术

倾斜摄影技术是国际摄影测量领域近十几年发展起来的一项高新技术,该技术通过从一个垂直、四个倾斜、五个不同的视角同步采集影像,获取丰富的建(构)筑物顶面及侧视的高分辨率纹理。它不仅能够真实地反映地物情况,高精度地获取物方纹理信息,还可通过先进的定位、融合、建模等技术,生成真实的三维城市模型。航空倾斜影像不仅能够真实地反映地物情况,而且还通过采用先进的定位技术,嵌入精确的地理信息、更丰富的影像信息、更高级的用户体验,极大地扩展了遥感影像的应用领域,并使遥感影像的行业应用更加深入。

3. 导向仪

导向仪法可以有效解决管线定位问题,针对存在空孔的一束非金属管线空间位置问题进行有效解决。对相应精度进行分析,其结果的干扰精度能够达到 0.15h,若干扰较大,需要将其和其他探测方式之间进行相互校核。

4. 陀螺仪

陀螺仪也被称为惯性导航系统,借助惯性传感器,对载体运动所带来的惯性数据进行测量,促使这一载体任何时刻位置以及姿态做出相应计算。这种方式可以对机体相对静止坐标系角度速度、角度变化等有相对准确的感应,此后借助反馈的方式,或者使用计算机对其进行计算,或者使用加速度计测量到的加速度信息,针对惯性坐标系而言,在其没有发生角度转变的基础上,促使载体和惯性坐标系加速度的测量得以实现。该技术的应用能够充分解决管线的定位问题,能够促使孔径在90mm两端开口的不同管线定位问题得以有效解决,不会因为地形而受到限制。

5. 智能全站仪系统

智能全站仪系统通过目标自动搜索、识别、跟踪和精确照准并获得角度、距离和三维坐标等信息,在城市重要基础设施变形监测领域得到了广泛的应用。

6. 激光扫描技术

三维激光扫描技术的出现是继GNSS之后,测绘领域的又一项技术革新。相比于传统的测量方法,三维激光扫描技术具有非接触、扫描速度快、获取信息量大、实时性强及自动化程度高等特点。根据三维扫描仪测量过程中是否移动,可以将三维激光扫描仪分为固定架站式三维激光扫描仪,手持、车载、机载及背包等移动式三维激光扫描仪。

采用三维激光扫描技术,通过发出的脉冲信号进行探测,可真实地还原实物的原貌。使用地面三维激光扫描技术可对地下城市空间进行数据采集。具体的操作流程为控制点布设—地下空间结构扫描—内业数据处理—数据质量审查—数据建模—数据制图。三维激光扫描技术通过发射激光脉冲信号对实物进行扫描获取信息,然后通过计算信号发出和接收的时间差确定扫描物距测量点的位置,并同时根据扫描仪旋转的角度,将实物呈现到设备定义的三维空间坐标系中,反映给施工者。三维激光扫描技术通过高速激光扫描测量的方法,能够快速获取面积大、分辨率高的既有地下空间表面的三维坐标数据,并能快速采集大范围空间点位信息,适合地下空间信息快速采集。通过专业软件和测量数据建立既有地下空间的三维实体模型。该技术具有非接触性、快速性、主动性和实时性等特点。处理后的激光三维立体点云数据直接导入至CAD,利用Cloud Work for CAD所属功能进行快速切片,隐藏切片外的点云数据,切换不同的视图,将三维立体点云数据转为二维平面数据,从而快速生成二维线划图。

三维激光扫描技术测绘速度快、效率高,对空间结构测量准确完整,并且可多视角观察三维点云模型。它能将所测绘的实物转化为模型,并进行有关数据的标记(如高度、角度、体积、距离、断面尺寸等),还能创建各种几何形状(如工字钢、弯头等)。后期处理所用的周期比较长,扫描数据拼接缺乏统一标准。

根据三维激光扫描仪在地铁、地下停车场等地下空间普查中的应用,三维激光扫描仪扫描获取的信息丰富且全面,根据对相同部位的尺寸量测对比,三维激光扫描仪扫描的数据准确可靠。三维激光扫描数据能够生成网页浏览模式,还能够进行浏览、量测等基本操作,这极大地方便了后续相关的设计工作。

6.1.2 地球物理技术

地球物理勘探是对地球本体和近地空间物质组成、形成演化、物质构造以及地球物理场的分布进行观测,研究相关的现象和变化规律。

地球物理探测技术是利用目标体与周边介质的物性差异,通过分析研究观测到的地球物理场达到探查地下目标体、地下人工埋设物的目的。

根据探测深度、目的、技术要求的不同,地下空间探测技术采用的技术方法也不同。城镇区人文干扰众多,场地环境复杂,这也是诸多地球物理探测施工和分析解释的主要技术难点。选择抗干扰能力强、探测深度较大、分辨率高的地球物理技术对解决城市浅层地下空间精细探测问题至关重要,是地球物理探测技术在城市浅层地下空间探测应用的主要方向。

地球物理探测技术是利用岩石的密度、弹性等物理性质进行地球物理特征参数测量。利用先进的仪器在被探测的地质层级中根据地球物理特征参数的分布情况研究与探测目标之间的对应关系,从而可以对周边的情况进行准确的预测和分析,解决探测程中出现的一些问题。物探技术参照一定的物理特征参数来测量,测试参数来源主要可以分为重力、电磁法、地震以及放射性勘探等几种类型,是绿色无损探测技术。电磁法、浅层地震法、高密度电阻率等方法具有勘测效率和精确度高等优势,其在城市地下空间探测中应用广泛。

目前针对 0~200m 深度范围内可以开展的地球物理勘查方法很多,有重力、磁法、电法(直流电法、电磁法)、浅层地震、微动、测温(米测温、井中测温)、放射性(氡气测量、γ 能谱测量)等,根据不同的观测载体或观测空间,这些方法除地面开展外,部分方法还可以开展空中、地下测量,如航空重力、航空磁法、航空电(磁)法、航空放射性,以及井中(井间)电法、磁法、电磁法、放射性、波速、地温等。

1. 重力

重力勘探是以岩石的密度差为依据,利用引力的地表重力加速值以及组成地壳的岩体(矿体)的密度差异所引起的变化而进行的一种勘测方法。重力勘探是一种传统的地球物理勘查手段,目前应用领域十分广泛,其成本低廉,适用于大面积、多种比例尺扫面工作,在面上横向分辨率较高,对区内高密度体的隆凹起伏等异常反映清晰。主要缺点是垂向分辨率不高,并要求勘探目标有一定的密度差异,同时还需具有一定规模。重力勘探方法勘探深度深可达莫霍面,浅可以近地表。随着技术的进步,仪器观测精度进一步提高,高精度的重力勘探除用于传统的地质勘查外,已逐步应用到工程勘察(含水溶洞、空洞、储热层、地面塌陷等)、天然地震预报、地下水环境、活动断裂监测等领域,尤其是其具有抗电磁干扰的特性,较适于城市环境下的应用。

目前常用的测程大、精度高的重力仪器以国外进口为主,主要有美国产的贝尔雷斯(BURRIS)和加拿大的 CG-5/CG-6。国产的主要有 Z400 型和 ZSM 系列重力仪。

2. 磁法

磁法勘探是一种传统的方法,其利用自然界中各种介质在地球磁场等作用下,都能产生强弱不同的磁场,它使地球磁场在局部地区发生变化,产生磁异常。通过观测仪器发现这些磁异常,研究其规律进而寻找磁性矿体并研究地质构造的方法。其成本低廉,适用于大面积、多种比例尺的工作,对磁性体反映清楚,但垂向分辨率相对不是太高。同时还要求勘探目的层既要有一定的磁性差异,又要有一定的尺度规模。磁法勘探深度可深可浅,深可达居里面,浅则为近地表。磁法勘探除用于传统的地质找矿、地质填图外,也可用于环境监测、城市地下障碍物、管线、考古、工程勘察等领域。缺点是抗电磁干扰能力差。

磁法勘探对探测地下磁性目标具有良好的效果,尤其是对地下爆炸物、地下管线的探测以及考古勘探等,而且已有大量的成果得到应用。

目前常用的高精度磁力仪器主要有美国产的 G856 系列质子磁力仪、G858SX 铯光泵高精度磁力仪,加拿大产的 GSM-19、ENVI 系列质子磁力仪,Scintrex SM-5 铯光泵高精度磁力仪,捷克产的 PMG 质子磁力仪,俄罗斯产的 POS 系列质子进动磁力仪等。国产的有 WCZ、CZM 系列磁力仪、PM-1A、ACZ-8 型智能质子磁力仪等。

3. 电磁法

电磁法勘探是根据地壳中各类岩石、矿石、流体的电磁学性质(如导电性、导磁性、介电性)和电化学特性的差异,通过对人工或天然电场、电磁场或电化学场的空间分布规律和时间特性的观测和研究,电磁法勘探常被用于寻找金属、非金属矿床,勘查地下水资源和能源,解决某些工程地质及深部地质问题,在地质构造分区和地下管线探测中起着重要的作用。其具体又分为传导类电法(电阻率法、充电法、自然电场法、激发极化法等)和感应类电法(电磁波法、地质雷达、无线电透视法等)。城市地区常用的方法(不局限)有以下几种。

1)直流电阻率剖面法、测深法

(1)直流电阻率剖面法(以下简称电剖面法)是用以研究地电断面横向电性变化的一类方法。一般采用固定的电极距并使电极装置沿着剖面移动,这样便可观测到在一定深度范围内视电阻率沿剖面的变化。相对于电测深而言,电剖面法更适用于探测产状陡立的高、低阻体,如划分不同岩性的接触带、追溯断层及构造破碎带等。剖面法勘探深度较浅,一般不足百米。

(2)直流电阻率测深法(以下简称电测深法)是根据岩石和矿石导电性的差异,在地面上不断改变供电电极和测量电极的位置,观测和研究所供直流电场在地下介质中的分布,了解测点电阻率沿深度的变化,达到找矿和解决其他地质问题的目的。随布极方式不同,电测深法又可分为三极、对称四极和偶极测深法等。电测深法无论在金属、非金属矿产普查方面,还是在能源勘探、地质填图,以及水文、工程地质调查等方面,都有良好的地质效果,发挥着重要的作用。其勘探深度可达数百米。

目前该方法常用的仪器型号种类较多,进口的有加拿大产的 GDD 系列大功率激电仪,除常规电剖面、电测深测量外,还可进行高密度电阻率法测量,如捷克产的 GEP-S2000 直流电测深仪,法国产的 VIP-ELREC 大功率激电仪以及美国产的 IPR-12 时间域激发极化/电阻率接收仪等。

国产的有重庆产的 DZD-6 系列激电找水仪、DJF-10 系列大功率激电仪,北京产的 DDJ 系列多功能激电仪、DWJ 系列微机激电仪,继善高科产的 DQ-10 系列大深度激电仪、JSSP-2 系列时频激电仪,奔腾 WDJD-3 系列多功能数字激电仪、CGIF 大功率激电仪。具有较强抗干扰能力的"基于 m 序列的伪随机信号系统辨识"的 KGR-x 系列的电法仪,"基于 $2n$ 序列的伪随机信号"的 WSJ-x 系列激电仪以及阿波罗(Abollo)是未来城市电法勘探极具潜力的新一代电法勘探仪器。这类仪器除可进行传统的剖面、测深测量外,还可进行大深度的高密度电阻率法勘探,同时取得电阻率、充电率(极化率)两个参数,更适于城市地下水环境的勘探与监测。

2)高密度电阻率法

高密度电阻率法是一种阵列勘探方法,是电剖面法和电测深法的完美结合,野外测量时只需要将全部电极置于观测剖面的各测点上,然后利用程控电极转换装置和微机工程电测仪实现数据的快速和自动采集,即可达到探测地下目标体沿水平和垂向上的分布特征的目的。它具有获取信息量大、勘探精度高、工作效率高、自动测量、自动反演成像的优点,最终给出地下电性分布的二维或三维图示结果(解释成果)。高密度电阻率法广泛应用于浅层的工程地质调查、坝体检(监)测、地下障碍物探测、空洞(溶洞、采空区及地裂缝)探测、地质灾害(塌陷、滑坡)、管线探测、考古等众多领域。

(1)频谱激电法。频谱激电法(SIP)是一种利用常规电阻率法测量超低频和多频电阻率以及复电阻率的电极装置。在测量的光谱中,包括由电导率引起的近场电磁波谱和由电导引起的激发极化光谱。这两种谱在频带上占据不同的位置,通过不同模型对测量的视频频谱进行拟合和反演,可以分离出电磁响应,获得 4 个激发光谱(IP)参数:表观几何(RsRIS)、视觉电荷率(MS)、视觉时间常数(TS)和视频率相关系数(CS)。这 4 个 IP 参数反映了地下异常地质体的电导率,可以对异常物质性质作出更准确的判断。

(2)电成像法。电成像也称高密度电阻率层析成像,是在常规电阻率法的基础上发展起来的,观测上采用电极阵列,数据处理上利用实测视电阻率值重建二维或三维介质真电阻率分布图像。由于电阻率值与地层的岩性、结构、岩石孔隙度及孔隙中流体的性质有着密切关系,根据阿尔奇公式,在饱和条件下的同一地层中,电阻率的降低在很大程度上取决于介质孔隙度的增大和孔隙水的增多。因此,电阻率层析成像图像中出现的低阻区(带)或者强梯度带主要反映断裂带、破碎区和富集水的分布位置。

电成像法的观测系统分为地面、井地、井间及其相互组合等方式,在一定条件下可以实现全方位探测,数据采集密度大,勘探精度高,操作简便,施工费用低,数据处理速度快,周期短等优点。同时,对每种方法又有多种观测装置,如温纳 α、偶极 β、微分 γ,其中温纳 α 装置的水平分层能力相比其他两种方法效果好,并且垂向反应灵敏。

该方法常用的仪器型号种类较多,进口的有加拿大产 GDD-10 大功率激电仪、捷克产的 ARES 全自动高密度电阻率法仪、法国产的 SYSCAL 全自动高密度电阻率法仪、美国产的 AGI 高密度电阻率法仪及俄罗斯产的 ERA-MAX 不接地电磁电阻率(带高密度电阻率法)测量系统等。

国产的有重庆产的 DUK 系列高密度电阻率法仪、大地华龙产的 RIS-2D 分布式高密度电阻率法仪、骄鹏公司 E60DN 高密度电阻率法工作站、澳翔公司的 FLASHRES-UNIVERSAL 电法仪、北京产的 DCX-1 多功能高密度电阻率法仪、深圳赛盈公司 GD-10 多功能直流电法仪、上海岩联工程技术公司 YL-ETD 高密度电阻率法仪及中国地质大学(武汉)GMD-X 系列多功能电法仪等。

3)电磁法

以介质的电磁性差异为物质基础,通过观测和研究人工或天然的交变电磁场随空间分布规律或随时间的变化规律,达到某些勘查目的的一类电法勘探方法。按其电磁场随频率和时间的变化规律可分为频率域和时间域电磁法。

这类电法勘探方法种类也很多,适合城市地质勘探的主要有可控源音频大地电磁测深(CSAMT)、音频大地电磁测深(AMT)、瞬变电磁(TEM)、地质雷达(GPR)、大地电导率法、跨孔电磁波层析成像等。

(1)可控源音频大地电磁测深是一种利用接地水平电偶源为信号源的一种电磁测深法。该方法原理与大地电磁测深法类似,其工作频率为音频,其实质是利用激发频率谐变的人工电磁场来弥补天然场能量的不足。由于 CSAMT 具有勘探深度大、数据质量高、横向分辨率高、解释与处理方法简单(解释方法与 MT 方法相同)、方法不受高阻层屏蔽及工作成本低廉等优点。近年来,该方法在电法找水、工程勘察、矿产勘探、地热田勘探及油气田勘探中得到了广泛应用与发展。

该方法常用的仪器型号种类较多,进口的有加拿大产 V5~V8 系列网络化多功能电法系统,美国产的 EH-4 连续电导率剖面仪、Geode EM3D 三维分布式电磁勘探系统、ZEN32 位大地电磁仪及 GDP-32Ⅱ多功能电法工作站等。

国产同类仪器商用的较少,目前有骄鹏公司 EM3W 电磁法工作站(CSAMT 功能),继善高科的广域电磁 GY-2(适于大探深)等。

(2)音频大地电磁测深是根据地壳中不同岩层之间、岩石和矿石之间存在的电性差异,利用地球上广泛分布的频率范围很宽的天然变化的电磁场,进行深部电性构造研究的一种频率域电测深法。由于本方法不需要人工建立场源,装备轻便、成本低,具有不低于人工源频率测深的勘探深度。对地下低阻层反应灵敏,对高阻层也有较强的穿透能力。其与大地电磁法原理相同,仅是采集的频率范围不同,野外采集数据的磁探头不同。其广泛应用于找水、工程勘察、矿产勘探、地热田勘探等领域。勘探深度一般低于 1000m。

该方法仪器多与 CSAMT 相同,仅是数据采集模块不同,进口的主要有加拿大产的 V8、MTU-5 电法工作站等,美国产的 EH-4 连续电导率剖面仪、Geode EM3D 三维分布式电磁勘探系统、ZEN32 位大地电磁仪及 GDP-32Ⅱ多功能电法工作站等。

国产同类仪器商用的较少,目前有骄鹏公司 EM3W 电磁法工作站(AMT 功能)、北京橘灯公司的 Aether 大地电磁系统(原美国 CG 公司产)等。

(3)瞬变电磁法是利用不接地回线或电极向地下发送脉冲式一次电磁场,用线圈或接地电极观测由该脉冲电磁场感应的地下涡流产生的二次电磁场的空间和时间分布,来解决有关地质问题的时间域电磁法。瞬变电磁法的激励场源主要有两种：一种是回线形式（或截流线圈）的磁源，另一种是接地电极形式的电流源。其广泛用于勘查矿产、煤田、地下水、地热、地灾及研究构造等各地质问题。

瞬变电磁法的工作方式较多，常规的有中心回线法、重叠回线法、偶极法、定源回线法等，还有较先进的反磁通瞬变电磁法、小偏移距瞬变电磁法（SOTEM）、长偏移距瞬变电磁法（LOTEM）等。

该方法常用的仪器型号种类较多，进口的有澳大利亚产SM24瞬变电磁系统，加拿大产PEM瞬变电磁仪、PROTEM瞬变电磁仪、V8系列网络化多功能电法系统（瞬变功能模块）等。

国产同类仪器商用的较少，目前有骄鹏公司EM3W电磁法工作站（TEM功能）、MDTEM多道瞬变电磁采集系统、重庆奔腾的WTEM-1Q浅部瞬变电磁系统、地大华睿的CUGTEM-GK1、中南大学的HPTEM-18反磁通高精度瞬变电磁系统等。HPTEM-18灵巧方便、浅层分辨率高，相对更加适合城市地区工作。

（4）地质雷达是依据被探测体内的不同介质具有不同的物理性质（如电阻率、弹性波速、介电常数等）的差异进行探测的。它利用表面天线T将高频电磁波（主频为数十兆赫至数百兆赫以至千兆赫）以宽频带短脉冲形式送入被探测体内部，该电磁波在被探测的介质内部传播时，会发生不同程度的衰减，遇到不同介电常数的介质分界面时，就会发生反射，反射波返回被探测物体的表面，为接收天线所接收后被采集进入仪器进行显示、存储。通过处理分析所采集反射波的频率、幅度和相位等信息，便可得到不同介电常数的介质分界面的深度及目的反射物的分布范围等参数。

新型地质雷达技术利用雷达天线对地下隐伏目标体进行全断面扫描的方式获得断面的扫描图像，通过对雷达图像分析，解译地下目标物的空间分布特征。受地下介质电导率的影响，电磁波在传播过程中的能量会迅速衰减，当有效能量值达到背景值后，地质雷达的深度达到最大探测深度。新型地质雷达通过提高仪器发射功率、叠加次数可有效压制背景噪声的能量值，从而提高雷达的探测深度。一般情况下探测深度低于5m时效果最好，在黏土不发育的地区，使用中低频大功率天线，探查深度可达20～30m，采用大功率雷达最大探测深度可达百米（Ultra pE大深度探测雷达）。

三维地质雷达技术是近年来国外发展起来的一项新技术，具有分辨率高、探测速度快、抗干扰能力强、定位异常准确的特点，在道路地下空洞检测、地下管线探测、工程质量检测、考古等领域应用，取得了良好的效果。

该方法常用仪器多为进口，主要有美国GSSI公司的SIR系列、瑞典MALA GEOSCIENCE公司的RAMAC/GPR系列，加拿大Sensors & Softward公司的pulseEKKO系列、Ultra pE大深度探测雷达以及意大利IDS公司的RIS-2K/MF雷达。

国产地质雷达起步于20世纪80年代，地面探测雷达代表性的主要为中国电波传播研究所的LTD系列地质雷达，骄鹏公司GEOPEN型地质雷达。

4. 浅层地震

浅层地震勘探是一种研究人工震源（如机械敲击、可控震源、爆炸等）所激发产生的地震波在地下岩层、土壤或其他介质中传播来解决工程地质问题的方法。其基本原理是当人工震源所激发的地震波在介质中传播时，由于不同的岩层具有不同的弹性特征（如速度、密度等），当地震波通过这些岩层的分界面时，将产生反射或折射，并且有纵波、横波、面波等之分。而这些不同类型的波具有不同的传播速度、路径、频率和强度。用仪器记录各种波的传播时间和波形特征的变化规律，分析解释地震记录，可以推断出有关岩石性质、结构和几何位置等参数，从而达到勘探的目的。

浅层（工程）地震勘探具有既快速又准确的优点。由于方法简便并可大面积测量，各种地震学方法可以确定浅部或深部的工程地质指标，以及人们需要了解的任何范围内的土层性质。地震学方法不需要采集试样，不需要破坏岩体连续性和土层的天然结构，就可确定岩体、土层的工程地质指标。浅层地震勘探各种方法的有效性，使其可以提供连续的剖面或面积性的工程设计参数、地质信息，并可节省大量工程钻探费用。这些优点使浅层地震勘探在提高效率、保证质量和节约资金方面起到重大作用，在工程地质勘察领域中具有不可取代的重要地位。特别适合城市电磁干扰强，无法开展电、磁方法的地段。其勘探深度与震源强度密切相关，最大可达数百米。

浅层地震方法分为反射波法、弹性波法等。

1) 浅层地震反射波法

浅层地震反射波法是地震勘探方法中应用较为广泛的一种方法。该方法主要根据组成地层岩石的弹性差异，利用人工激发地震波，当地震波向下传播遇到波阻抗差异的分界面时，就会发生反射，地震勘探仪器记录这些反射地震波。由于反射波在介质中传播时，其传播路径、振动强度、波形将随介质的结构和弹性性质的不同而变化，根据接收到的反射波旅行时间和速度资料，就能推断解释地层结构和地质构造的形态，而根据反射波的振幅、频率、速度等参数，则可以推断地层或岩石的性质，从而达到地震勘探的目的。

浅层地震反射波法是城市活断层浅部探测中最为有效、分辨率最高的物探方法之一。该方法主要是以获取高信噪比、高分辨率及高保真度的叠加剖面图为目的。从野外数据采集到室内数据处理等各个环节都是以提高数据分辨率和信噪比为目的。获得分辨率和信噪比合格的记录是野外数据采集的关键，需对各种干扰予以识别和压制，同时在观测系统设置上采取多道覆盖观测，提高了数据信噪比。地震资料的数据处理是提高浅层反射资料信噪比和分辨率的重要措施，其中对噪声、干扰波的压制或消除，静校正，速度分析与动校正等是数据处理中的主要内容和关键环节。

2) 弹性波法

弹性波法是利用弹性密度差别而测量的一种方法，通过研究人工激发的弹性波在地壳中的传播情况为参考依据，进行地质情况的分析。弹性波法具有勘探精度高、效果好的特点，但是这种方法的不足之处在于，其应用成本较高，而且极易受到施工环境的影响。但是在当前的地震区划、建筑基础振动测试、桩基检测、地基砂土液化判定等方面，弹性波法仍是重要的物探手段。

该方法常用进口仪器主要有美国 Geometrics 公司的 DZ 系列地震仪、Strata Visor NZXP 型地震仪、Geode 轻便地震采集系统、Geometrics 轻便可控源城市地震勘探系统，SI 公司的 S-land 地震数据采集系统，以及德国 DMT 公司的 SUMMIT 型地震仪等。

国产的有骄鹏公司的 SE2404EI 综合工程探测仪、SE2404NTN2D/3D 遥测地震仪，北京地质仪器厂的 GEIST438 分布式地震仪，大地华龙的 Sm98 瑞雷波仪，湖南奥成的 HX-DZ-02A 地震仪、PSW-I 型智能面波仪等。

5. 微动探测

微动探测是利用自然现象和人类活动等非地震引起的天然源面波微小振动信号作为天然震源进行探测的技术。

微动探测近几年在国内越来越成为城市探测的一种不可或缺的方法手段。微动探测方法是从圆形台阵采集的地面微动信号中通过空间自相关法提取出面波（瑞利波）频散曲线，经反演获取台阵下方 S 波速的地球物理探测方法。该项技术不受电磁及噪声干扰影响，探测深度可浅可深，虽然当前仍存在一定的局限，但其显示的优越性表明该技术是一种很有前景的新技术。近些年，此项技术逐步应用于国内城市活断层调查、工程地基勘察和场地稳定性评价等多个勘探领域。微动探测技术同样适合城市电磁干扰强，无法开展电、磁方法或无法开展人工震源地震勘探地段。

微动探测技术的物理前提是基于不同时代地层、岩性或不同介质的波速差异，利用微动信号所引起的面波、体波等地球物理场来分析解译不同介质的目标体。其勘探深度取决于台阵半径、观测时长、拾震器频率及仪器灵敏度等，勘测深度从几米至近万米。使用观测台阵进行单点探测，探测深度可从几米到上百米，对于建筑场地类别划分、断裂构造划分，判别软硬土及地层分层均有很好的效果。微动探测技术具有速度结构分层分辨率高不受电磁环境干扰的优点，适用于城区人口密度大、有震动干扰的环境，广泛应用于矿业工程、地铁工程、道路工程、土木工程等工程领域。最适合覆盖层地质结构的精细分层，在地热构造、地层界面、断层、孤石、陷落柱、采空区、松散泥土、溶洞、土体洞、岩石波速、分析土类型等地质构造或地质体探测中效果较好，已成为查明城市地下空间结构的重要物探手段。微动面波在沿海城市进行 100m 勘探具有一定的可行性。

该方法常用进口仪器主要有美国 Geometrics 公司的 A-tom 微动地震仪、日本地学数据分析研究所的 MTKV-1C 型微动勘察仪系统、意大利的 TROMINO 微动仪等。

国产的有深圳面元智能科技有限公司的 SmartSolo 系统、湖南奥成科技有限公司的 WLU-3C 无线节点勘探系统、北京市水电物探研究所的 WD 智能微动勘探仪、合肥国为电子有限公司的国为 GN309 远程实时智能微动系统、重庆地质仪器厂的 EPS 便携式数字地震仪等、重庆盈创地维物探仪器有限公司的 Mole-D 型节点式微动仪等。

6. 频率谐振技术

频率谐振探测技术是我国近年发展起来的具有自主知识产权的新的地震勘探方法技术。

其基本原理基于任何物体都存在自身的固有频率,大到地球、小到微电子,由于物质成分几何形状以及结构大小不同,其固有频率不同(固有频率是自然界赋予物体的自然属性)。当振动作用于物体时,物体作出相应的响应,当振动的频率与物体的固有频率一致时,物体将放大振动的幅度。

如果输入固定振动信号,通过地震波的传递函数"过滤",频率和振幅将发生改变。不考虑几何因数影响,有些频率的振幅发生衰减,但有些振幅则被放大。被放大的部分说明该频率的波场与下伏地层发生过谐振效应。在同等条件下,被谐振的地震波场比没有被谐振的地震波场具有更高的能量。利用地震波与地质体的谐振关系,对地质体的传播函数进行提取并进行成像,即对地下介质进行成像,成像参数为视波阻抗或视波阻抗比率。

无论是波阻抗还是比率,都是密度和速度的函数。密度变化,对地质体性质的判定是直接的,相比其他地震勘探手段(面波、反射波、折射波)而言,频率谐振勘探技术对异常体分辨的能力更高。与地震波常规剖面相比较,除了地下地质几何结构的变化之外,反映波阻抗幅度变化的比率剖面可以较好地反映出岩性的变化。依据观测装置分为主动源和被动源(无源)观测系统。

频率谐振勘探技术对地质体波阻抗(特别是密度)的变化非常敏感,精度高,勘探深度可深可浅,抗干扰能力强,是地球物理勘探技术领域的后起之秀,应用范围极为广泛。除在矿产资源、化石能源、地热资源等深部资源勘查评价外,尤其适用于城市强干扰环境,适用于城市地下空间工程、轨道交通、市政工程的地质基础勘查、检测、监测,以及城市活断层、地裂缝的勘察与评价等。

目前,该技术在理论和实践方面,已经渐趋成熟,具备了在强噪声干扰(电磁干扰、震动干扰)条件下对地质体进行高精度探测能力。该技术的设备操纵灵活便捷,主要由北京派特森科技有限公司研发生产,针对不同勘探深度、目的生产有FRT-image-Ⅰ/Ⅱ/Ⅲ系列勘探型仪器及FRT-monitor-Ⅰ型地下介质监测仪。

7. 地温场测量

浅层测温是通过探测近地表的温度,了解地下较深处的热储、构造分布状况,实现地热勘察目的一种探测方法。分为米测温(地表下1m深度的温度)和井中测温(将传感器放入井下按一定点距逐点测量),可进行剖面、面积性测量,并通过反演了解地下温度场的分布特征。其勘探深度与采集温度的深度、地层导热性有关。

该方法仪器设备较为简单,多通过热敏电阻作为传感器进行温度测量,其测量参数为温度 $T(℃)$。

8. 放射性测量

1)氡气测量

地壳中断裂破碎带是地壳逸出气的通道之一,在隐伏断层上部的土壤中气体组分及其含量常常显示异常。地壳逸出气测量的气体组分有 Rn、Hg、He、CO_2、H_2、As、Sb、Bi、B 等,Rn 是其中最常用的一种气体组分。地层深处产生的氡(Rn)射气通过断裂破碎带及地下水流等向上运移,在断裂上部的土壤中形成 Rn 的富集带,通过对其观测测量从而达到找矿、找水的目的,尤其适于较薄覆盖层下的断层勘查。同时还可用于地震预报、放化测镭、环境保护等领域。

该类仪器结构、原理较为简单,以国产为主,有成都微子科技公司的 IED-3000R 型高精度测氡仪,上海申核电子仪器公司的 FD-3017 系列测氡仪、上海何亦仪器仪表公司的 HCM-01 测氡仪,成都核盛科技公司的 HS-07 土壤测氡仪、HS04α 杯测氡仪等。

2)伽马能谱测量

放射性勘探方法的主要依据是不同的地质体内由于放射性元素(主要为铀、钍、钾)含量的不同而呈现不同的伽马射线辐射强度。通过放射性测量则可依据伽马辐射总量的差异圈定出不同地质体岩性分布,即伽马地质填图,其是资源地球物理勘探的一个重要方法手段。伽马能谱测量则是依据典型放射性矿体(如铀、钍、钾)的伽马射线的正能量的差异来确定其放射性矿体的主要矿化组分。最常用的有航空放射性测量、车载放射性测量、地面放射性测量和井中放射性测量。除了资源勘探的主要用途外,放射性勘探手段也适用于环境评价和核辐射监测。

该方法进口的地面仪器有美国产 RS-230 手持便携式能谱仪,捷克产 GAMMA SURVEYOR Ⅱ 伽马能谱仪等。

国产的有重庆地质仪器厂的 FD-NP4 微机多道能谱仪,上海何亦仪器仪表公司的 FD-3022-Ⅰ 便携式地面多道伽马能谱仪及 CIT-3000F 便携式地面多道伽马能谱仪等。

9. 地层层析成像技术

地层层析成像是一项新开发的现场勘察技术,可提供连续、详细的现场勘察报告。在有密集地下建(构)筑物的市区,障碍物探测新技术及施工中或施工后的监测技术都很必要。最近,光纤、无线监测系统如微电机系统已开发并投入应用。电测量技术,如电化反应系统或电通量示踪系统,不失为探测可能引起事故的渗漏水区域的一种有效方式。

地层层析成像技术是通过雷达波、表面波、电磁波、地震波和声波进行勘察,适用于深部和复杂地层的地质勘察。孔间地层层析成像技术类似于医学中 CT 扫描,是一种连续的横断面勘察方法。两个钻孔分别用来设置发射源和多频道接收器。通过探测阻抗和速率的分布,可以得到两孔之间的地层情况的二维的可视化分布。声波层析成像技术通过用频率超过 1kHz 的高频声波,探测 P 波速率的分布和振幅的衰减率,以反映地层性质。根据观测数据,可计算速率和衰减,进而显示地层信息。

6.1.3 钻探技术

统筹第四纪地质钻探、水文地质钻探、工程地质钻探技术,融合为全要素钻探,进行高保真取芯、原位静力触探、抽水试验、随钻测试、定向钻探。

1. 高保真取芯技术

高保真取芯技术是确保在松散层、破碎层、软弱层、砾石层、风化层、砂层中取样。

2. 全息照相技术

所有获取的岩芯进行立体全息照相,并能把岩芯全息柱子放在立体空间中,并在全息影像中进行分层。

3. 数字编录技术

数字编录技术将所有的编录进行无纸化数字描述,且整理成标准模板,相当于数字字典进行标准化编录,通过对一个城市各类岩性的标准化,以照相实现基本岩性的自动识别。

4. 温度测试技术

运用自动温度测试仪确定温度测试的间隔深度、间隔时间、温度与含水率之间的关系,干湿温度变化,建立城市地下一定深度的温度场。详细划分变温层、恒温层和增温层及温度变化梯度,服务地下空间综合性能源布局。

5. 抽水试验

对地下水发育的区域进行地下抽水试验,对区域性潜水,不同深度的承压含水层等需选择适当的钻孔进行全参数的抽水试验。重点对水文地质有关的钻孔进行详细研究。要针对地下各种不同类型的含水层研发相应的抽水试验方法和必须要获取的水文参数。从水量、水质、腐蚀性、饮用性、特征性、变化性、流场、微生物特征,及松散层的含水性、饱和度、湿度,地下水水位的月、季、年和一定周期变化等来表达区域特征,获取孔隙率、渗透率、吸水率、吸附性,透水性等与地下水相关的各类信息。

6. 工程参数原位测试技术

该技术是通过密度、密实度、标准贯入实验等一系列原位测试的相关技术。

7. 控向钻探技术

控向钻探技术可以控制钻进方向,能有效地用在一些工作空间受限的探测点,若有必要,钻进方向可以被调整至水平位置。500m 以内的定向钻探技术,关键是能获取岩芯的各项参数的相关技术。

8. 随钻测试技术

旋转触探法和旋转冲击钻探法是典型的"边钻边探"(MWD)技术。钻进中,监测并记录钻机的各项数据(如转矩、推力、速度、转数等),可通过这些数据评价地层性质。同样地,盾构隧道掘进数据能通过反分析来评估地层性质。

9. 钻孔、物探联合探测技术

利用比较深的钻孔进行孔间地球物理探测,精确推断钻孔间地质界线,提高地质体三维空间的精准圈定。

10. 城市地质钻探施工的预判预报技术

在城市地区施工钻探工程,从安全方面,必须事先确认钻孔施工位置,下面是否有人防工程,是否有已建设的地下设施,是否有溶洞,是否有古代文化层等。如果不事先进行预判,一旦钻进过程中,钻穿其中任意一项,都会发生难以设想的后果。

6.1.4 高光谱技术

高光谱技术可用于钻探岩(土)芯、岩(土)体样品及新鲜断面等扫描信息,开展图像和光谱一体化的全数字化采集,可用于岩(土)体特征、沉积特征及接触关系的研究,也可用于岩(土)体矿物学信息、颗粒粒度、胶结物成分与类型分析研究。

高光谱岩芯采集扫描方式包括圆周和平推。高光谱岩芯采集包括对岩芯外表面、纵切面、横截面进行扫描与光谱数据采集。高光谱采集应具备适宜的工作环境温度、空间大小及安全稳固场景。高光谱扫描的成果应包括原始记录、图像、波谱数据、波谱测试记录表、波谱测试报告,所有图件、数据、报告及数据库的电子版。

6.1.5 测试分析技术

1. 岩石力学试验测试

以认识土体微观结构为主的扫描电镜、衍射、弯曲元、试验等;以认识土体单元体特性为主的压缩试验、渗透试验、三轴试验等;以认识土体沉降、稳定、渗流、结构与土相互作用为主的土工单体模型试验;以现场监测、三维地质建模、场地评价为主的大场地系统试验。

土层剖面测试法中包含地基静载荷试验静力触探、动力触探、电阻率法等,土层剖面测试法具有连续性强、效率高等特点。

专门测试法以载荷测试以及旁压测试为主要手段。操作过程中,检测者通过使用专门测试法,快速收集土层中包含重要信息的土质工程性质指标。在高端技术的支持下,此项技术的测量精确度到达了一个很高的水平,其测试成果的准确性是得到专家公认的。

1)地基静载荷试验

对于土的静载荷试验,顾名思义就是对地面承载力的试验,这种试验方法可分为板载试验和螺旋板载荷试验。

2)静力触探

静态渗透测试是目前应用最广泛的静态渗透测试岩土测试技术。主要特点:一是连续、高速、高效率、多功能,兼具勘探和检测的作用;二是采用电测量技术,轻松通过电脑测试过程自动处理测试结果,从而降低了工作人员的工作强度。

锥形穿透试验是根据恒定的穿透率同时使用准静态力,记录锥形探针由于穿透而产生的阻力,并根据阻力的大小判断土壤的物理特性的方法,适用于黏土和砂。静态锥体穿透技术通常用于分类土壤层,评估土壤物理和机械指标,并评估土壤保持能力。

3)原位试验

原位试验采用了扁平膨胀计、穿透静力试验器和交叉剪切板试验3种类型的测试仪器。本试验方法更适用于软土、黏土、松散砂等。与平板透镜膨胀测试相比,静电渗透技术目前应用非常广泛,静态锥形渗透技术具有测试速度快、连续性好等优点,应用范围广泛,可应用于软土、黏土、污泥等土层。与前两种技术相比,横切剪切试验适合在软土地区使用,该技术试验深度较浅,试验位置较高。

土体原位测试是工程勘察和检测的有效手段,通过统计其数据可以得出有效的经验公式,在工程中有一定的实用性。

2. 水文地质参数测定方法

水文地质参数测定方法包括室内试验方法确定参数、利用动态资料确定参数、利用稳定流抽水试验确定参数、利用非稳定流抽水试验确定参数的常规方法、利用非稳定流抽水试验确定参数的各种改进方法、反演求参数方法等。目前对水文地质参数性质的研究主要集中在参数的空间变异性、参数的相关性、参数的不确定性、参数的敏感性、参数的等效性等方面。

1)含水层水位

在对土层下方含水层进行识别时,要确定土层的具体坐标,通过简单坐标的方法识别含水层,通过识别含水层的位置进行相关信息确认。采用的测量手段一般主要为低水位判定法、高水位判定法两种。通过含水层的普遍特点,对施工现场地下位置的实际情况进行科学判断,对于地表上层的水源以及地底深处的水源进行有效分析。

2)透水性、崩解性及软化性

测试岩层结构可优先进行重力测试,对岩层的透水性进行详细的了解,提高岩层结构透水性测试的准确性,在岩层的长期作用下,含水层会充分发挥自身穿透性的特点,对岩层结构造成潜移默化的影响,渗透到岩层结构内部,最终导致崩解岩层结构。利用这一点可以优化渗透系数测定,完善水文地质勘测评估体系。崩解性通过含水层植入水文测定装置,并通过岩层结构与结构之间的特征及强度关联加以观察,最后给予详尽的指标数据。

3)给水性及膨胀性

给水性的检测内容主要体现在土层内部结构含水度信息计算中。膨胀性特征则体现在水文工程建设指标与地质勘探形成鲜明对比的情境下,通过热胀冷缩原理,结合空气热度及湿度,待测量系数进行分析,并将所得数据,依照指标内容对建筑架构进行指标调整。

6.2 城市地下空间地理要素测绘技术

地下空间及其设施地理信息数据,是城市地下空间探测、规划、建设、运行、管理与服务,以及灾害预防、应急、环境治理等的重要支撑信息,需要构建规范、精确、完整和先进城市及地下空间测绘技术体系。

资源调查、变化监测和基础测绘协同,测绘基准一致、数据源相同、技术手段相似、成果形式相近,可以在生产流程和技术标准上进行有效的融合对接,提高工作效率,集约数据资源和人力资源,减少重复建设,实现一测多用。

6.2.1　城市地下空间测绘特点

城市地下空间测绘主要包括控制测量、现状调查测绘、施工测量、变形监测、成果及数据管理等工作,其中控制测量包括地面控制测量、地下控制测量及地面地下联系测量。此外,还应包括为进行地下空间不动产登记而开展的权籍调查测绘等工作。

《城市地下空间测绘规范》(GB/T 35636—2017)将地下空间测绘任务概括为控制测量、现状调查、现状测绘、三维建模和数据管理5个方面。通过平面、高程、地面、地下控制测量和联系测量,建立统一的时空基准和框架。与地面上的地物地貌相比,三维表达更能全面直观地描述地下空间及其设施的位置特征和连接关系,三维表达应该是地下空间测绘的基本要求。

1. 统一三维坐标系统

测绘框架包括平面坐标框架与高程框架,地下空间与地上空间在三维位置上处于一个统一的三维坐标系统中。将地上空间的坐标与高程高精度地传递到地下空间,使地面与地下建立统一的坐标系统和高程基准。

2. 地下空间控制测量

地下空间控制测量包括地下平面控制测量和地下高程控制测量。地下平面控制测量和高程控制测量的起算点,应采用从地面通过联系测量传递到地下的近井点或地面近井点。地下空间平面控制测量宜采用导线测量,导线测量的技术标准可参照地面导线测量的技术标准。地下空间高程测量宜采用水准测量或电磁波测距三角高程法施测。

6.2.2　城市地下空间测绘技术

以往城市及地下空间测绘实施中使用的主要手段包括常规地面地下测量及联系测量、卫星导航定位测量、摄影测量与遥感等技术。近年来,物联网、大数据、云计算、人工智能、移动通信、虚拟现实、增强现实等新一代信息技术提供了新的技术途径。

智能自主,自动操控无人机、自动驾驶、测量机器人、人机协同,实现人与机器全链条互补,测绘将面临全空间交互、人机协同问题,垂直开发,将人、机、物、群相互连接,形成一个开放环境和垂直的空间,实现群体智能。

1. 对地观测精度

城市及地下空间规划、建设、管理和服务中,需要的地理空间数据的分辨率和几何精度高:空间分辨率一般要求米级、分米级,甚至达到厘米级;几何精度基本上要求达到分米、厘米级。

空间精准度高的地理空间数据需要较高的更新频次即时间分辨率。建筑密集区域数字正射影像图(digital orthophoto map,DOM)的地面分辨率要求可达 0.2m、0.1m,甚至 0.25m,其对应的平面位置中误差要求达到 1.m、0.5m,甚至 0.25m,航摄影像获取周期一般为 1~2 年,甚至更短。

2. 技术特点

通用信息技术和空间信息开始代替传统测绘技术。城市新型基础测绘广泛采用信息测绘技术向无比例尺地理数据测绘发展,改善成果表达形式,建立地理空间动态更新机制,形成地上地下全空间立体数据库,扩大地理数据应用范围。

(1)融合多种新型测绘技术,提高地下空间数据测绘效率,解决地下空间因封闭及隐藏而带来的无法准确测绘的问题。

(2)通过集成地下空间、地下管线等多源异构地理空间数据建立地下空间数据库,将地下空间与城市立面空间无缝衔接。

(3)将地下空间升维,建立地上模型、地下模型和地表模型三位一体的空间信息数据库,提高地理信息表达效率,解决地下空间结构复杂、表达复杂问题。

(4)通过 GIS 可视化技术实现城市地下空间采集、管理、应用信息化、精细化、一体化管理,从数据流和业务流两方面着手解决传统测绘中图形文件信息分散、难以统筹管理的问题。

6.2.3 内外业配合的地下空间采集测绘

地下空间测绘通过外业采集点位、内业绘制相互配合生成最终成果,北斗卫星增强服务系统、激光三维扫描技术可以提高外业采集效率,为进一步提高测绘数据处理效率,可以基于 CAD(利用计算机快速的数值计算和强大的图文处理功能,辅助工程技术人员进行产品设计、工程绘图和数据管理的一门计算机应用技术)研发地下空间采集系统,在 CAD 平台上实现地下建(构)筑物、地下管线探测数据的快速图形化,同时将楼层、材质等相关属性信息与几何实体挂接。搜索查询模块、图层与编码处理模块、数据检查模块,为快速查询数据质量、定位、处理及修改提供便利,最终的成果数据可以直接提供后续入库管理。

6.3 已有地下空间及地下空间设施要素探测技术

物探技术在解决地下空间探测中有重要的应用,在建(构)筑物基础资料或其他地下设施信息缺失时能对地下管线、地下障碍物(包括防空洞、老桩基)等进行探测。

6.3.1 地下管线探测技术

地下管线探测技术主要采用直接法、夹钳法、电磁感应法、电磁波法及埋深测定法等。上述方法可用于探测城市地下管线的定位、走向、埋深,同时,还能探查管线的特点,掌握管线的起点、终点、转点、分支、变径、边坡点等。

1. 主要方法

1)直接法

直接法适用于城市地下的金属管线探测,主要是铸铁与钢材质的管线,这种管线比较容易进行探测。这种定位方法定位准确,可靠性强,但是当地下金属管线的漏点接地条件相差较大时,其他管线会对被测量管线产生干扰,仪器设备识别过程中会出现管线覆盖的状况,不利于对地下管线进行详细探测。目前这种探测技术只适合单一的金属管线探测。

2)夹钳法

夹钳法主要是利用管线探测器中的耦合夹夹住相应的被探测管线,然后通过耦合夹把相应的电磁信号和其他信号传到管线中,从而利用管线上的信号来追踪整个管线的位置。这种方法适用于大多数地下管线,而且探测定位深度极深。

3)电磁感应法

电磁感应法是利用地下管线与周围介质的导电性和导磁性差异原理进行探查。发射机设备发射谐变电磁场,通过磁场与地下管线产生相应的感应电流,在整个管线内形成电磁场,在地面上接收电流产生的交变磁场,通过研究该磁场空间与时间分布规律对地下管线进行追踪、定位和定深。与传统城市地下管线探测技术相比较,电磁感应法探测技术有效地避免了开挖式探测弊端,实现了无损探查目的,探测精度高、成本低。

4)电磁波法

电磁波法能够直接地确定地下管线的位置和埋藏深度。电磁波法主要应用于重要的管线探测,能够有效解决重大疑难问题。

5)埋深测定法

埋深测定法是通过向整个管线发射一种信号,信号接收机在管道正上方接收信号,从而计算管线中心至地面的距离,然后再通过相应的计算公式来确定城市地下管线中的定位技术。

2. 不同材质管线探测技术

1)金属管线的探测

常用直接法和电磁感应法探测,如果金属管线有暴露点,直接法的效果最为明显,将发射机信号输出端连接到被测管线上,然后进行探测。该方法的信号输出能力强,抗干扰能力强,适用于管径较大、暴露点少的金属管道探测。电磁感应法以管线与周围介质的导电性及导磁性差异为基础,利用电磁感应原理进行探测,要确保探测仪器先进,严格按要求操作,提高探测精度。

2）非金属管线的探测

常用方法是地质雷达法，利用脉冲雷达系统向地下发射视频脉冲，接收从管壁反射回来的脉冲信号，然后获得扫描图像，并研判雷达图像，掌握地下管线的位置和状态。

3）电力电信管线的探测

使用探测仪可以跟踪、定位电力电信管线，并测量管线的埋深。如果信号较弱，不能满足测量工作需要，可以使用夹钳法改进，尤其适用于管径较细的管线。

非金属管线探测效果不佳，在管线较多的情况下，受到的干扰较大，所测得的管线埋深可能会存在较大误差。可以采用地质雷达和管线探测仪相结合的方法进行完善。例如，管径大于200mm、埋深小于2m的非金属管线用示踪线法和电磁感应法探测，确定管线走向、平面位置和埋深，并使用地质雷达回波图像法验证。如果管径大于200mm、埋深大于2m，则采用示踪线法、电磁感应法探测，进而了解管线平面位置，掌握管线走向和埋深，并利用开挖和钎探方法进行验证。

6.3.2 地下单体空间探测技术

考虑到探测对象大小、埋藏深度及其与其周围介质物性差异，主要应用微重力、高密度电阻率法、地质雷达和浅层地震等技术进行单一方法或多方法综合探测。

微重力探测：在常规的重力探测中，人为造成的地下空间体需要作为干扰项进行剔除，如果将其作为目标体进行研究，则可以作为地下空间探测的有效方法。

高密度电阻率法：通过观测与研究人工建立的地下电流场的分布规律，确定地下电性异常体的分布范围、埋深及其电导率值。高密度电阻率法具有成本低、效率高、信息丰富、解释方便等特点。

地质雷达：利用一个天线发射高频电磁波，另一个天线接收来自地下物质界面的反射波，根据电磁波从发射到接收的传播时间、幅度、波形等资料可推断地下空间的分布和形态。

浅层地震：利用地下介质弹性和密度的差异，通过观测人工产生的振动波在地下运动的传播规律，分析地下构造的性质和形态。应用浅层地震技术可以提供地基基地的几何形状、地层结构（厚度和分界面位置）、断层位置与产状等有关信息。

6.3.3 地下建筑基础探测技术

已有地面建筑基础埋深空间分布及其影响深度的获取难度较大，因为这类资料一般不能通过直接调查获取，需要通过收集建（构）筑物基础的原始资料获取。但要完全准确获取每个建（构）筑物的基础埋深及基础影响深度几乎不可能。因此，利用遥感影像判断地面建筑高度，从而利用建（构）筑物竖向影响深度推算已开发利用的地下空间深度。

地基基础类型可划分为四大类：天然地基、复合地基（CFG桩桩土复合地基最普遍）、换填垫层地基和桩基础。在计算模型时按照建（构）筑物的高度2层、6层、10层、20层、32层和100层的情况，据此可以利用建（构）筑物的高度间接估算地下空间开发利用的深度。由于建

(构)筑物的高度可通过遥感解译技术批量获得,因此该方法可以快速估算地面建筑对应的已开发利用地下空间深度。

6.3.4 地下空洞探测技术

地下空洞大多数都是防空洞和储藏粮食的地窖。高密度电阻率法对地下空洞进行探测,具有良好的地质效果,能够全面反映出该探测方法的各项优势,例如具有较大的储存量,能够快速准确地进行测量,性能比较稳定,数字化程度较高,属于高精尖电法仪器。能够在同类型工程当中推广使用。

6.3.5 地下工程病害探测技术

公路、铁路、建筑、管道、水利等工程检测,地质雷达、电法或浅层地震等方法可以勘测到热能、电能和光能等很多物理因素的变化。

一是地面普查装备——多通道地质雷达快速检测车,可实现对城市道路快速扫描。二是地面详查装备——双频详查检测车,可针对普查探测到的病害进行详细复查,准确圈定病害的空间范围。三是城市道路塌陷预防探测系统,主要由三部分组成:①探测装备,形成地面和地下同步的三维探测技术,解决深埋管线病害地面无法探测难题;②资料处理,采用人工智能技术,形成探测病害的智能识别和提取;③应用软件,开发病害智能定位、跟踪和可视化。四是基于人工智能的城市道路地下病害识别系统。

6.4 城市区域地质结构要素探测技术

每个地质单元要有取得全要素相对应的钻探工程、地球物理、高光谱、测试分析技术。

6.4.1 探测技术选择原则

1. 已知到未知原则

地球物理探测的首要原则就是从已知到未知:利用已知的要素检验探测方法的有效性和局限性,特别是在新工作区开展物探工作时,必须开展方法有效性和局限性试验。

2. 理论联系实践原则

针对物探数据,应进行相应的模拟实验,以确保物探结果的可靠性。

3. 局部与整体相结合原则

受城市地下空间资源范围广阔、地质复杂多样等影响,在开展物探工作过程中,应充分将地下空间整体现象与局部相结合,进而实现点—线—面一体化。

4. 传统手段与现代技术相结合原则

在充分应用新装置与新技术的同时,应对传统勘探技术中的优秀手段进行保留,以提高物探工作质量与效率。

5. 多方法联合探测原则

为减少或避免地质复杂地区单一方法所获数据的局限性,避免地球物理模型的不确定性,从地质条件、探测精度、成本及效率等多方面综合考虑,以某一种物探手段为主,多种物探手段辅助的联合探测、综合解释工作模式,可以实现优势互补,相互验证及多属性约束反演,提高物探资料解释的可靠度和精细度,消除探测结果多解性,保证探测质量、提高探测效果。

6.4.2 地质全要素的获取方式

1. 直接获取要素

微观层级的要素主要通过直接方式获取;中观层级的要素通过直接和间接方式相结合获取,以直接方式为主,以地球物理推断解释等间接方式为辅。区域性的地下磁场、重力场、地震速度场、电磁场、放射场等直接通过地球物理勘查获取。

2. 间接获取要素

宏观层面的要素通过地球物理场解释,结合直接观测要素、区域地质调查信息获取;各类沉积岩相、侵入岩相、火山岩相、变质岩相的信息依据直接获取要素综合分析后形成的间接要素获取;渗透率、湿陷性、膨胀性、热导率、压缩性、抗压强度、抗拉强度、抗弯强度、抗剪强度、无侧限抗压强度和灵敏度等要素均可通过测试和计算获取。

3. 通过实验模拟计算获取参数

通过实验、模拟、计算获取软化系数,侧压力系数,泊松比,孔隙水压力系数,渗透系数等。

6.4.3 宏观地质要素探测技术

宏观地质结构,包括沉积岩与变质岩、侵入岩与被侵入的变质岩、沉积岩和早期侵入岩面,沉积岩内部的不整合、整合界面,松散土层与基岩的界面,风化层与基岩的界面,人工填土与尾矿库底界面、层状体、非层状体、规则体与非规则体、含水体与非含水体、区域性断裂构造、沉积盆地的底部构造、不同沉积岩相的分界面等主要通过适宜的地球物理技术建立架构,再通过穿透性的钻探技术,确定界面的三维空间具体位置,是三维地质体建模不可或缺的必然要素。

1. 不同深度宏观要素探测技术

从探测深度上分为超浅层、浅层、中深层、深层4种类型,其分别应用的探测方法如下:
(1)超浅层(0~10m),主要有地质雷达与瞬态面波探测两种探测方法。
(2)浅层(0~50m),主要有高密度电阻率法和浅层地震两种方法。
(3)中深层(0~200m),主要利用瞬变电磁、高频电磁测深和微动等方法。
(4)深层(200m以下),主要为(可控源)音频大地电磁测深、浅层地震等方法。

2. 层状地质结构体探测技术

1)单一地质结构型
(1)松散层地区探测重点地层分层、活动断裂、地裂缝、地面沉降,获取岩土物理力学参数、地下水流场、温度场、地球化学场等属性参数。根据不同尺度、精度要求,可采用高精度重力法、高密度电阻率法、环形电阻率测深法、地质雷达法、浅层地震法、微动(地下水水位监测、地面沉降等)、地面米测温、井中测温等。
(2)黄土地区探测重点主要是黄土覆盖层厚度、黄土结构、基底地质构造、活动断裂、地裂缝、地面沉降等,可采用高精度重力法、高密度电阻率法、地质雷达法、浅层地震法、微动等。
(3)碳酸盐岩地区探测重点主要是隐伏岩溶(溶洞、土洞)的规模、分布及埋深,岩溶地下水分布特征(暗河走向,地下水补、径、排、流量),可采用高微动、瞬态面波、地质雷达法、多种电法、高精度重力法等。
(4)砂泥岩地区探测重点主要是硬质层和软弱层分布范围、厚度、埋深及结构构造,探测不同岩层分界线。可根据硬质层具有高密度、高电阻率、高波速,软弱层具有低密度、低电阻率、低波速的物性特点,采用浅层地震法、电测深法、电磁法、高精度重力法等。

2)复合地质结构型
复合地质结构型是单一地质结构的组合,可分解为多个单一结构类型,然后再根据目的需求,参照单一结构类型的物探方法有针对性地选择物探方法或方法组合。
(1)二元结构型地区探测重点主要是浅部松散层物理力学性质、松散层地层压缩性、下伏基岩结构、隐伏断裂、风化层特征等。多元结构型区探测重点主要是多样化地层岩性、构造、断裂带、风化壳等。其松散层的勘探可选择高密度电阻率法、地质雷达法、浅层地震法、微动;下伏基岩结构、隐伏断裂、风化层特征等可选择重力法、高密度电阻率法、地质雷达法、电磁法、浅层地震法、微动、氡气测量等。
(2)复合地质结构型地区重点在解决各类地质体接触关系、下伏基岩结构、覆盖层下隐伏断裂三维空间展布、应力在松散层传递规律、松散层下基岩风化层厚度及空间展布、区域构造、断裂、地下水活动规律等。地质体接触关系可采用重力法、磁法、电剖面法、电测深法、高密度电阻率法、电磁法、浅层地震等方法;基岩结构、断裂分布可选择重力法、磁法、电磁法、浅层地震法、微动等方法。

3. 无底界面及非层状结构体探测技术

花岗岩及结晶岩地区探测重点主要是岩体完整性及裂隙空间分布,岩体与周边地层接触面,岩体风化壳范围、厚度及埋深,地应力、岩体物理力学性质、地下空间热力场等属性参数。依据花岗岩体的物性特点和重点探测要素,需针对性地采用重力、磁法、电(磁)法、浅层地震、放射性、地温等物探方法。

针对单一、复合两大结构类型其探测参数和物探方法各不相同,具体详见表6-1。需要指出的是这些方法的选择均基于探测目标满足一定尺度、深度和物性前提下的基本选择,鉴于目前物探技术在城市环境下使用还存在很大的局限性,实际工作中还应充分考虑方法适宜的使用环境(空间、时间、人为干扰)、精度要求,更要有针对性地选择物探方法或方法组合。

6.4.4 中观地质要素探测技术

中观尺度以地球物理、钻探联合剖面探测为主获取要素。

6.4.5 微观地质要素探测技术

微观尺度要素通过地质点、天然剖面直接获取或通过钻孔岩芯获取。查清水文地质条件,需要开展相应的水文地质钻探工作,进行取样分析,并开展野外水文地质试验(包括抽水试验、压水试验等)及水文地球物理测井等。

6.5 特殊地质体与特殊要素探测技术

地下特殊地质体与特殊要素包括地下自然洞穴、软(硬)土层、孤石、障碍物、古河道、活动断裂、地裂缝、文化层、流沙层、膨胀土、高压缩性软土、淤土、风化破碎岩石、高浓度瓦斯地层、大涌水、硫化氢、岩溶、高应力等。

6.5.1 活动断裂

查明活动断裂的分布及定位,主要是采用钻探、槽探与物探相结合的方法。常采用微重力法、电测深法、高密度电阻率法、浅层地震法及微动测探法等探测活动断裂的空间展布及其在第四系松散层中上断点的精确定位。

6.5.2 孤石

中国沿海地区广泛分布燕山期花岗岩,长期风化后其他矿物成分风化成残积土,只有石英矿物不易风化而形成石英角砾残留核,即孤石。孤石与其周围介质相比具有高密度、高电阻率及高波速等特征。近几年地质雷达、瞬变电磁、微动及跨孔层析成像等探测技术广泛应用于孤石探测。

第6章 城市地下全要素探测技术

表6-1 技术方法选择表

地质结构		探测目标（重点）	物探方法选择	探测参数
单一地质结构	松散层	地层分层	微动探测、浅层地震法、地质雷达法、高密度电阻率法、频率谐振法	地层弹性波速、层厚、埋深及弹性模量、剪切模量、泊松比等；砾石层、软土层、孤石、膨胀土分布范围厚度等
		活动断裂	微动探测、浅层地震法、地质雷达法、高密度电阻率法、弹性波法、放射性法、频率谐振法	断层顶点位置、断距、产状等
		地裂缝	地质雷达法、高密度电阻率法、弹性波法、放射性法、电磁法、重力法	裂缝位置、产状、规模等
		地面沉降	地质雷达法、高密度电阻率法	地层形态变化、倾角变化、垂向位移量等
		地下水流场	环形电测深法、充电法、同位素示踪法	流速、流向、水位升降等
		温度场	米测温、井中测温	温度、地温梯度、大地热流值、确定变温层、恒温层及增温层深度、厚度等
		覆盖层厚度	微动探测、浅层地震法、地质雷达法、高密度电阻率法、电磁法、频率谐振法	地层厚度、波速、电阻率、弹性模量、剪切模量、泊松比等
	黄土区	黄土结构	微动探测、浅层地震法、地质雷达法、电磁法、频率谐振法	波速、电阻率、土层结构（疏松、富水、空洞、塌陷）
		基底地质构造	微动探测、浅层地震法、电磁法、重力法、磁法	基底起伏、埋深、断裂构造位置、走向、产状等
		活动断裂	微动探测、浅层地震法、地质雷达法、高密度电阻率法	断层顶点位置、断距、产状等
		地裂缝	地质雷达法、高密度电阻率法、频率谐振法	裂缝位置、产状、规模等
		地面沉降	地质雷达法、高密度电阻率法、重力法	地层形态、倾角变化、垂向位移量等

续表 6-1

地质结构		探测目标（重点）	物探方法选择	探测参数
单一地质结构	碳酸盐岩区	岩溶	微动探测、地质雷达法、高密度电阻率法、电磁法（瞬变电磁法）、高频面波法、重力法、频率谐振法	溶洞位置、埋深、规模、充填溶洞、未充填溶洞、塌陷
		暗河	电阻率剖面法、电阻率测深法、高密度电阻率法、瞬变电磁法、充电法、重力法	暗河埋深、走向、流量、流速
		地下水补、径、排及流量	环形电测深法、充电法、同位素示踪	流速、流向、流量
	砂泥岩区	硬质层、软弱层	高精度重力法、浅层地震法、电阻率测深法、瞬变电磁法、瞬态面波法、频率谐振法	平面分布、垂向分层、埋深、厚度、层内结构构造
		岩体分布	重力法、磁法、电磁法、电剖面法、电测深法	岩体空间分布形态、范围
	花岗岩区（侵入岩、火山岩、变质岩）	岩体完整性	重力法、磁法、电磁法、浅层地震法、高密度电阻率法、频率谐振法	岩体内部断裂置规模、裂隙发育程度
		岩体与围岩接触面	重力法、磁法、电磁法、电剖面法、电测深法、电磁法、频率谐振法	接触面位置、走向、产状
		风化层特征	地质雷达法、高密度电阻率法、电测深法、高频电磁法、微动探测、浅层地震法、频率谐振法	风化壳埋深、厚度、范围、发育程度
		岩体物理力学性质	微动探测、浅层地震法、地质雷达法、电磁法、高密度电阻率法	地层厚度、波速、电阻率、弹性模量、剪切模量、泊松比等
		地温场	米测温、井中测温	温度、地温梯度、大地热流值、确定变温层、恒温层及增温层深度、厚度等
		放射性	γ能谱测量、氡气测量	γ总量、铀(U)、钍(Th)、钾(K)含量、氡(Rn)含量

第6章 城市地下全要素探测技术

续表6-1

地质结构		探测目标（重点）	物探方法选择	探测参数
复合地质结构	二元结构区	松散层	微动探测、浅层地震法、地质雷达法、高密度电阻率法、频率谱振法	地层弹性波速、电阻率、层厚、埋深及弹性模量、剪切模量、泊松比等
		隐伏基岩特征、断裂	微动探测、浅层地震法、频率谱振法、电磁法、重力法、磁法	基底起伏、埋深、断裂构造位置、走向、产状、断距等
		风化层特征	地质雷达法、磁法、电磁法、电测深法、电剖面法、电测深地震法、频率谱振法	风化壳埋深、厚度、范围、发育程度
		各类地质体接触关系	重力法、磁法、电磁法、浅层地震法、电测深法、微动探测、瞬态面波法、频率谱振法	接触面位置、走向、产状
	多元结构区	隐伏基岩特征、断裂	微动探测、浅层地震法、电磁法、重力法、磁法、频率谱振法	基底起伏、埋深、断裂构造位置、走向、产状、断距等
		风化层特征	地质雷达法、高密度电阻率法、电测深法、电磁法、微动探测、瞬态面波法、浅层地震法、频率谱振法	风化壳埋深、厚度、范围、发育程度
		区域构造、断裂	重力法、磁法、电磁法、浅层地震法、同位素示踪	褶皱构造位置规模、埋深、展布、断裂构造位置、走向、产状、断距等
		地下水补径排及流量	环形电测深法、充电法、同位素示踪	流速、流向、流量

6.5.3 岩溶及洞穴

探测岩溶及自然洞穴,微动探测法、瑞雷波法、高分辨率地震法、高密度电阻率法、瞬变电磁场法和地质雷达方法等物探技术较为适用。

6.5.4 隐伏古河道

隐伏古河道内沉积的砂卵石往往颗粒较大,与围岩常呈高阻(当河床河岸为基岩时,整个古河道也会呈低阻特征)反应,因其大孔隙及强连通性常成为地下水富集带,从而具有高阻(低阻)高极化特点,因此,电法往往是古河道探测的首选,常用的电法有自然电位法、电阻剖面法、激电测深法、高密度电阻法、瞬变电磁法等;因其还有高密度特征,城市环境下也可选择高精度重力(微重力)法、地震映像法、微动探测法、频率谐振勘探法等;另外,由于古河道汇集的地下水中携带了大量的放射性氡气,因此也可以配合选用放射性测氡法。

6.5.5 地裂缝

地裂缝是指岩体或土体中直达地表的线状开裂,是一种普遍存在且具有很大危害性的地质灾害。根据地裂缝的形成动力,一般将其分为构造地裂缝和非构造地裂缝两类。当以裂缝的产状规模为主要目的时,其主要手段都是以综合物探方法结合产生地裂缝的地质条件和工程原因加以分析解释。

由于裂缝脱空常与周围介质存在电阻率、波阻抗、介电常数、密度等物性差异,所以地裂缝探测常常选用高密度电阻率法、地质雷达、弹性波法(浅层地震反射波法、瑞雷波法、地震映像法、频率谐振勘探法、声波法等)。考虑到隐伏地裂缝中常有放射性氡气(或汞气)的迁移、富集,也会选用测氡(汞)法,当裂缝为开放式时(即出露地表),土壤氡(汞)也会呈低值异常出现。当裂缝规模较大、切割较深时,还可进一步配合采用电阻率测深法、电磁测深法(可控源CSAMT、瞬变电磁TEM、甚低频VLF)等。

6.5.6 特殊土层

特殊土是分布在一定地理区域有工程意义上的特殊成分、状态和结构特征的土。特殊土在特定物理环境或人为条件下形成,具有独特的工程特性。中国特殊土的类别有软土、红黏土、人工填土、膨胀土、(湿陷性)黄土、盐渍土、泥炭土、冻土等。

对于特殊土层,工程上主要采用钻探取样、实验室分析的方法进行勘探,必要时(如评价地层均匀性和土的力学性质),还可补充采用静力触探、标准贯入试验和旁压试验等原位测试方法。

上述特殊土层,因易于吸水常呈低阻(冻土为高阻)、低密度、低波速的物理特性,对于范围较大区域性的岩土性质评价、圈定,也可采用高精度重力法、电阻率法、弹性波法(浅层地震反射波法、瑞雷面波法、地震映像法、频率谐振勘探法等)。

6.5.7 地下含水层、隔水层

针对不同类型的地下水由于其赋存部位(围岩)的不同,勘探方法也不同。但由于其赋存空间的特殊性,一般与周围介质存在明显的电性差异(电阻率、极化率),因而首选电法勘探。

对于赋存于第四系、新近系松散层内的孔隙水,由于其赋存介质多为颗粒较粗的砾石层(如古河道)、中粗砂层,常呈相对高阻、高密度、高波速特征,可选用电阻率测深法(含高密度电阻法)、瞬变电磁法、核磁共振法、浅层地震反射波法、微动探测法、频率谐振法等,必要时还可选用激电测深法。

隔水层多为位于松散层内的黏土地层,富水而不透水,具有低阻、低密度、低波速的物性特征,其勘探方法与含水层的勘探方法相同,只是异常表现为低阻、低波速,划分时注意识别即可。下伏于松散层底部的隔水层则为基岩地层,具有高阻、高密度、高波速的物性特征,其异常表现为高阻、高波速异常且处于测深剖面底部,易于识别。

而对于裂隙(构造裂隙、风化裂隙)水和岩溶水,因破碎含水与围岩相比其电阻率、密度、波速都会明显降低,视其含水部位(层)埋深不同方法也略有不同。埋深较浅时可选用高密度电阻率法和地质雷达等查明风化壳的厚度、埋深,再利用激电测深法或核磁共振法判断其富水性;埋深较深时一般主要采用电测深法、可控源音频电磁测深法、瞬变电磁法、放射性方法,必要时还可采用浅层地震反射波、微动探测法、频率谐振法等。

6.5.8 地下污染物

1. 电阻率法

污染废弃物通过物理、化学和生物作用,会产生大量的渗滤液,从而使地下水和土壤污染区域的电学性质发生变化,使污染场地与周边未受污染的环境介质存在导电性、电化学活动性等电学特性差异,通过电法检测从而确定土壤污染位置和污染范围。如污染物中的无机物进入土壤和地下水中,与周围介质发生氧化还原反应,则会加速生物作用,提高地下水中固体总量,产生大量土壤中的盐类物质,使污染场地与周边环境存在导电性、电化学活动性差异。含油或烃类污水侵入不饱和土中,则会改变土壤的饱和度,改变被污染土壤的电阻率值,与周边土壤形成明显的电阻率差异。

2. 磁法

磁法对地下污染物探测效果较好,污染物的介入可以改变介质土层的磁化率和磁化强度,从而产生磁异常。通过磁力仪测定这些磁性异常和分析岩层中磁性层的分布,可以推测地质构造的分布,间接查出受污染的地质体的分布,从而达到确定污染位置和污染范围或环境构造的目的。如冶金工业排放的灰尘和飞灰以及燃烧所产生的尾渣,其磁化率是黄土、黏土、湖底沉积物的几十倍;废弃的炮弹及城市生活、工业垃圾等地下固体填埋物往往具有较强的磁性,与周边环境介质的磁化率存在较大的差距。这些都可利用磁法进行探测。

3. 地质雷达

污染源可将土壤中的矿物侵蚀出来,不断为地下水带入大量的固体物和可溶性颗粒,固体溶解物主要在潜水面附近形成一个透镜状或层状异常体,使得污染区域电磁反射的能力强,从而可通过地质雷达探测圈定土壤污染位置和污染范围,如城市垃圾堆所污染的土壤与基岩形成明显的介电常数差异。

6.5.9 次生地质灾害

常见的次生地质灾害有岩溶塌陷、地裂缝以及地面沉降等。常采取高密度电阻率法对次生地质灾害进行勘察,与常规的电阻率法相比较,高密度电阻率方法在野外信息采集过程中可组合使用多种装置形式,在电性不均匀的探测中取得了良好的地质效果。

地面沉降探测方法主要有地表水准测量、可压缩层分层测量,获取整体沉降数据和不同深度沉降数据。对地面沉降监测,现有方法主要依靠地表 GPS、InSAR,这些方法可以测量地面沉降值,通过在地下埋设分层标、基岩标,确定可压缩层层位及其压缩特性,为地下空间资源规划利用提供精确信息。

测量土壤氡含量,可以通过土壤氡气测量仪器进行检测。

6.6 岩(土)体物理力学、水文地质参数获取技术

6.6.1 岩(土)体物理力学参数

电阻率、纵横波速度、密度、干重度、泊松比、动弹性模量、动剪切模量、动抗力系数、孔隙度和各项异性系数,可以应用电法、声波、地震、放射性等探测方法予以测定。

(1)电阻率参数测定:主要采用电测深法和电阻率测井。钻孔中测定电阻率参数有多向测井和横向测井。

(2)纵横波速参数测定:地面地震勘探、地震跨孔原位测试、平洞声波及地震法、声波测井和地震测井。通过纵横波速度参数测定,可进一步提供泊松比、动弹性模量、动剪切模量、岩体完整系数、各项异性系数及单位抗力系数参数。

(3)密度、干重度参数测定:主要在无套管的基岩钻孔或有套管的砂和砂砾石钻孔中采用密度测井法进行。基岩孔主要测定地层密度,松散地层孔主要测定地层干重度。

(4)孔隙度参数测定:以声波测井和密度测井为主,其次为电阻率测井。

6.6.2 水文地质参数

1. 静水位的精准测定

静水位是在天然条件下的地下水稳定水位。针对潜水为上承压水或者是多层含水层以下的区域，要采用分层的方法对水位进行测定。测定静水位时要求时间稳定，若钻进期间出现初见水位，并不一定就是静水位；只有3次测量水位数值相同或是孔内水位差异控制在2～3cm之间，才能将其当作静水位。静水位具有相对性，会在地下水补给或是排泄条件变化的情况下而随之改变。

2. 含水层位置的精准测定

含水层的位置确定，就是对地下水水位的实际位置加以判断，结合现实掌握的水层数据，针对地下水水位的实际状况实施勘察和对比，最终将含水层的准确位置加以判断。

3. 地下水实际渗水效率测定

压水效果勘察是对地下水实际渗水效率加以判断，以地质勘查结论为参考，结合实际情况对地下水水位情况加以判断。需要在砂层中进行现场测定和实验分析，这些要素为资源评价、富水性评价、地下水流场评价、持力评价、工程勘察施工工法选择、止水措施选择、环境监测等需要的关键指标。

6.7 建成区与待建区地下空间要素探测技术

按照地下空间资源开发利用现状，城市地下空间资源可分为两大类型：一是待建区，二是建成区。

待建区尚未进行地下空间资源开发利用，影响地下空间资源开发利用的主要因素是地质因素，需针对与地下空间开发相关的要素，采用适宜地质调查技术，依据不同精度的需求进行探测。

建成区已进行了一定规模的地下空间资源开发利用，再进行地下空间资源的开发利用时受已开发利用地下空间的影响，除常规地质因素外，还须查清已有地下空间的分布及其影响范围等（利用的埋深、边界范围及其影响范围）。

6.7.1 待建区地下空间探测方法

待建区尚未进行地下空间资源开发利用，主要影响因素为地质因素，包括岩（土）体基础条件和约束条件。

1. 基础条件

待建区宏观尺度要素一般可通过区域地质调查、区域地球物理测量综合分析获取，必要时可适当补充钻探、地球物理探测工作。

中观尺度要素一般在区域地质调查、地球物理测量的基础上，通过剖面控制性钻探、地球物理剖面获取。

微观尺度要素一般结合钻探、地球物理探测等原位测试、原位实验、室内测试分析等获取。

杭州市的调查方法适用性研究表明，浅层的岩土强度调查最好采用多节点高频面波的噪声方法。在山地有基岩出露地区，若进行大范围和大深度的地质调查可采用噪声高频面波、音频大地电磁测深等方法观测，小范围和高分辨率的地质调查可采用地质雷达和声波探测方法。在第四系软土覆盖区域可开展地震体波和面波成像、电阻率层析成像以及跨孔层析成像调查。应注意对已有钻井和测井资料的收集，应用于对反演计算加以约束。

2. 约束条件

制约城市地下空间低碳、安全、高效开发利用的条件包括水文地质条件、活动断裂、地面沉降、地温场变化及有害气体等。在进行地下空间资源开发利用前必须查清上述条件，规避在开发利用过程中和开发后产生的各类地质风险。

地下水的赋存状态和地下水水位变化对地下空间开发利用影响较大，可能引起岩（土）体的变形、失稳和破坏。必须查清地下水类型、含水层结构、含水层埋深、流向、水头压力、涌水量、腐蚀性等参数。查清水文地质条件，需要开展相应的水文地质钻探工作、野外水文地质试验（包括抽水试验、压水试验等）。

活动断裂两盘的水平或垂直的移动都会对地下空间造成拉裂、变形甚至破坏，对于跨断裂建设的地下空间，如地下隧道、重要市政管线、地下综合管廊等，会造成极大破坏。必须查明活动断裂走向及其精确定位，尤其是断裂上断点延伸至第四系松散层浅部位置，可以采用浅层地震法、高密度电阻率法、大地电测深法、微重力法等探明。

地面沉降是平原发育的主要地质灾害之一，主要表现在对地铁、重要市政管网等线状设施的影响。凡通过沉降区的地铁线路和地下设施会整体不均匀下沉，情况严重时会影响地铁运行安全，造成管网破损、排水困难等诸多问题。探测方法主要有地表水准测量、可压缩层分层测量，以获取整体沉降数据和不同深度沉降数据。

调查地下土壤岩石层的岩性、强度、含水度和变形带分布要分别应用不同的地球物理方法。岩层的岩性和地震纵波速度关系最密切，岩层的强度和地震横波速度关系最密切；而岩层的含水度与电阻率的关系最密切，土壤岩石含少量的水就会引起电阻率的明显变化。

6.7.2　已建区地下空间探测方法

已建区除常规地质因素外，还需要确定已开发利用的地下空间埋深及空间分布范围。已有地面建筑基础和基础影响深度可通过收集建(构)筑物基础的原始资料获取,或通过综合地球物理探测获取。此外,也可利用遥感影像判断地面建筑高度,用建(构)筑物竖向影响深度推算已开发利用的地下空间影响范围深度。

1. 已有建(构)筑物地基基础影响区域[建(构)筑物竖向影响深度计算模型]

建筑地基基础类型主要有天然地基、复合地基(CFG桩桩土复合地基最普遍)、换填垫层地基和桩基础等类型。在计算模型时按照建(构)筑物的高度2层、6层、10层、20层、32层和100层的情况,其中,桩中心距小于或等于6倍桩径的桩基沉降计算深度为Zn,对于单桩、单排桩、疏桩复合桩基的最终沉降计算深度Zn按应力比法计算;复合地基沉降计算深度应该满足$\sigma_z \leq 0.2\sigma c$ 或 $\Delta s-n \leq 0.025\sum i = \ln\Delta s-i$,$\Delta s-i$为在计算深度范围内,第$i$层土的计算变形值(mm),$\Delta s-n$在由计算深度向上取厚度为$\Delta Z$的土层计算变形值(mm),最后综合得出结论。据此可以利用建(构)筑物的高度间接估算地下空间开发利用的深度。由于建(构)筑物的高度可通过遥感解译技术批量获得,因此该方法可以快速估算地面建筑对应的已开发利用地下空间的深度(表6-2)。

表6-2 地面高度与影响深度关系

建筑类型	建筑层数	建筑高度/m	桩基影响深度/m	其他地基类型影响深度/m
低层	2层	5		<5
多层	2~6层	5~15	5~20	5~20
	6~10层	15~30	20~30	25~35
高层	10~20层	30~60	30~40	35~55
	20~30层	60~90	40~50	55~65
超高层	30层以上	>90	>60	>80

2. 单体地下空间探测

在建(构)筑物基础资料或其他地下设施信息缺失时,可用物探技术对地下管线、地下障碍物(包括防空洞、老桩基)等进行探测。利用不同的物探方法针对不同调查对象可以获取较好的探测效果。平原地区可使用地质雷达、高密度电阻率法、浅层地震和微重力法进行有效探测(表6-3)。

表6-3 地下空间探测的物探方法

物探方法	探测对象	探测深度	平面位置圈定的有效性
地质雷达	地下管线	地下2~5m	能准确圈定平面位置
高密度电阻率	地层的划分具有一定的效果,浅层小型异常体及构造体都有较好显示	地下50m以内	由于体积效应能大体圈定平面位置

续表 6-3

物探方法	探测对象	探测深度	平面位置圈定的有效性
浅层地震	对地质分层有一定效果,对断裂等较大型的构造能较精准的定位,地下空间异常体	地下 50~100m	能准确圈定平面位置
重力探测	地下室(尤其是私自开挖地下室,可以不用入户调查,在周边布置测线)		能准确圈定平面位置和描述形态特征

6.8 地下空间要素探测技术总结

6.8.1 成熟的技术

钻探及地球物理探测中的地震、重力、磁性、电法等成熟技术经过长期使用效果较好,可作为探测技术的主要部分纳入探测技术体系中。

6.8.2 技术局限性

在城市地区有些成熟技术也受局限,包括探测场地受限(难以合理布设探测装置)、人为电磁振动干扰严重、施工方法受限。

1. 城市电磁波干扰

城市电磁波干扰主要包括分布在空中、地面和地下的各类干扰。

空中干扰来源于道路指示牌、人行天桥、高压电线、路灯杆等物体表面的反射波,它通过空气传播,电磁波在空气中的传播能量衰减很小,所以这些干扰波的主要特征是振幅、频率等与发射信号相似,且波速为电磁波在空气中的传播速度,为 $0.26\sim0.28\mathrm{m/ns}$。

地面干扰主要来源于地面金属物与非金属物产生的反射波,这些地表干扰波的总体特征是能量衰减小、反射系数大、波形杂乱,且存在多次反射,但在到达时间上一般早于目标回波。这些干扰波压缩了目标回波的动态范围,降低了系统对弱反射目标的探测能力。

地下干扰主要是电磁波遇到地下管线、地下空间附属物、地下工程加固体等地下强反射界面,在雷达图像上形成与地下空洞、脱空、疏松体、富水体等地下病害体类似的地球物理特征。

2. 城市利用人工震源与通行难

地震反射波法已逐渐应用到城市地下空间异常地质构造的探查。但城市地表表层地震地质条件复杂、环境噪声大、硬质路面检波器耦合较差、传统锤击震源能量弱、衰减快、信噪比低,勘探精度很难达到规范要求。在城市中不能使用爆炸性震源,要求震源应当绿色、环保,而且所产生的地震波也不能损害周围的建(构)筑物;受施工场地影响较大,白天无法开展。

3. 方法局限性

地震技术探测深度大,对层状地质体分辨率高,但抗干扰能力差,难以达到效果;城市电磁波干扰大,电磁法难以体现出高分辨的特色;地质雷达探测深度浅,只能用于浅层探测。钻探技术目前是松散层、破碎带岩芯采取率太低,扰动大,难以满足原位测试、全方位观察要求。现有成熟技术自动化程度低,不能满足现代数字化、智能化、实时更新的要求。针对目前现状,需要引进新技术,研发新技术,改进现有技术。

6.8.3 引进的新技术

引进一些先进技术,诸如三维激光扫描、无人机航拍与多类型高精度遥感数据解译、Lidar、InSAR、数据采集系统以及云计算、VR 等。微动技术是抗干扰能力强、探测深度大、适用范围广的新型物探技术,适合城市闹市区的复杂场地和电磁环境。

6.8.4 需要改进和研发技术

1. 无线地震采集技术

在城市环境中开展浅层地震勘探,布线是比较困难的。采用无线网络替代传统地震仪的传输电缆可提高工作效率及数据的可靠性。如美国地球空间技术公司的 GSX 系统、Wireless seismic 公司的 RT System 2,可支持 15 万道地震数据采集。

2. 伪随机扫描方法

在可控震源线性扫描时,周围建(构)筑物会产生谐振效应(典型扫频为 6~100Hz),因而可能出现建(构)筑物发生毁坏的后果。而伪随机扫描经过优化设计后,可以有效减少这种谐振效应,从而降低建(构)筑物受到破坏的可能性;具有优越的正交性及可增强低频成分等优点。

3. 与航空物探数据联合反演方法

通过航空物探与地面地震勘探开展联合反演,既能充分利用航空物探覆盖范围广、可查明地下三维结构特征的优点,又能够弥补地震勘探的缺点。如 Haiyer 等综合使用航空 TEM 与地面地震勘探方法,查明了丹麦日德兰半岛西部某地第四纪与新近纪沉积地层特征,为该地区进一步勘查地下水提供了重要信息。

4. 利用瑞雷面波约束 P 波层析成像

通过瑞雷面波辅助 P 波折射数据进行层析成像,以改进 P 波近地表速度模型,即对近地表的速度进行了模拟。

6.8.5 城市地下空间地球物理探测技术发展趋势

目前,国外地球物理探测技术向大数据、高精度、现场快速、经济实时-准实时的成像发展。浅层地震勘探折射波层析成像地质缺陷识别技术、横波反射成像技术、散射波成像技术等发展迅速。三维面波技术主要发展方向为任意分布三维三分量面波层析成像。地质雷达和电阻率层析成像法由二维向三维发展。小口径地球物理测井技术主要体现为多源、多波、多谱、多接收器等多元化,资料解释综合化,设备集成系列化的发展趋势。

信息化使得地球物理勘探技术向数字自动化、轻便智能化和多功能化方向发展,成为模块化、积木式和插卡式物探,实现自动测量多参数。三维高密度横波地震、三维高密度电磁法、三维地质雷达等技术是城市地下空间探测技术的发展趋势。

第7章 城市地下空间全要素集成技术

城市地下空间资源全要素信息集成主要包括城市地下空间数据库建设、地下全空间一体化三维模型构建、地下全要素信息管理与服务平台建设。依据与城市地下空间专题相关的国标、行标、地标、企标等标准或技术研究成果,制定城市地下空间数据库建设技术细则,集成与地下空间关联的地理信息、地下建(构)筑物信息、地质信息等数据资源,建设城市地下空间数据库,形成城市地下空间大数据;以城市地下空间大数据作为三维模型构建的数据源,按地理实体、地质实体、地下建(构)筑物实体类别,构建基于多源数据的城市三维模型,将与实体相关联的属性要素集成到实体模型,实现三维模型的有机融合,可用可查;构建城市地下空间信息管理与服务平台,搭建数据库管理、三维模型构建、成果转化应用等综合服务功能模块,实现城市地下空间数据共享、地下空间资源评价及动态监测、地下空间规划与开发利用、运行安全、安全事故应急救援等应用服务(图7-1)。

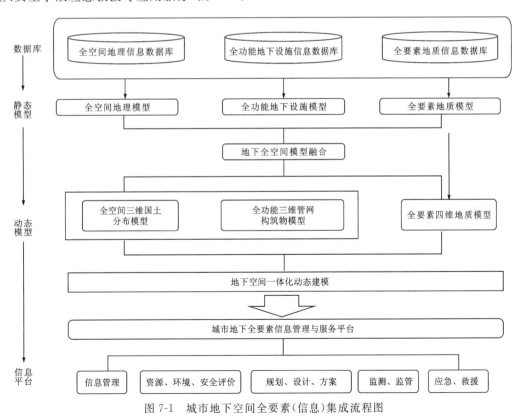

图7-1 城市地下空间全要素(信息)集成流程图

7.1 城市地下空间数据库建设

数据库是按照数据结构来组织、存储和管理数据的仓库。数据库技术是管理信息系统、地质信息系统、决策支持系统等各类信息系统的主要部分,是进行科学研究和决策管理的重要技术手段。

以地下空间地质数据为核心内容,以地下建(构)筑物地理信息数据为基底,将地下空间探测的地理数据、地质数据、地下管网与地下建(构)筑物的测绘数据进行空间叠加,建设包括基础地理数据库、地质数据库和地下人工构筑空间数据库的多源、多专业、多尺度、多维异构城市地下全空间全要素数据库,直观反映地下空间资源的空间分布及属性特征,实现地下空间资源要素数据的综合集成。

7.1.1 数据库类型

目前主流在数据库软件平台有 MySQL、Oracle、SqlServer、SQLite、MongoDB、PolarDB、RDS PostgreSQL 等。

1. MySQL

MySQL 是一个关系型数据库管理系统,由瑞典 MySQL AB 公司开发,MySQL 是一种关系数据库管理系统,关系数据库将数据保存在不同的表中,而不是将所有数据放在一个大仓库内,这样就增加了速度并提高了灵活性。

MySQL 所使用的 SQL 语言是用于访问数据库的最常用标准化语言。MySQL 软件采用了双授权政策,分为社区版和商业版,由于其体积小、速度快、总体拥有成本低,尤其是开放源码这一特点,一般中小型网站的开发都选择 MySQL 作为网站数据库。

2. Oracle

Oracle,是美国甲骨文公司的一款关系数据库管理系统。作为一个通用的数据库系统,它具有完整的数据管理功能;作为一个关系数据库,它是一个完备关系的产品;作为分布式数据库它实现了分布式处理功能。

该系统可移植性好、使用方便、功能强,适用于各类大、中、小、微机环境。它是一种高效率、可靠性好、适应高吞吐量的数据库解决方案。

3. SqlServer

SQL 是英文 structured query language 的缩写,意为结构化查询语言,SQL 语言的主要功能就是同各种数据库建立联系,进行沟通,按照 ANSI(美国国家标准协会)的规定,SQL 被作为关系型数据库管理系统的标准语言。

SqlServer 的特点有图形化用户界面,使系统管理和数据库管理更加直观、简单;丰富的编程接口工具,为用户进行程序设计提供了更大的选择余地;对 Web 技术的支持,使用户能够很容易地将数据库中的数据发布到 Web 页面上。

4. SQLite

SQLite,是一款轻型的数据库,是遵守 ACID 的关联式数据库管理系统,它的设计目标是嵌入式的,而且目前已经在很多嵌入式产品中使用了它,它占用资源非常低,在嵌入式设备中,可能只需要几百千字节的内存就够了。

SQLite 的特点是数据库文件可以在不同字节顺序的机器间自由的共享,比一些数据库在大部分普通数据库操作要快,拥有良好注释的源代码,并且有着 90% 以上的测试覆盖率。

5. MongoDB

MongoDB 是一个基于分布式文件存储的数据库,由 C++ 语言编写。旨在为 Web 应用提供可扩展的高性能数据存储解决方案,MongoDB 是一个介于关系数据库和非关系数据库之间的产品,是非关系数据库当中功能最丰富、最像关系数据库。

Mongo 最大的特点是它支持的查询语言非常强大,其语法有点类似于面向对象的查询语言,几乎可以实现类似关系数据库单表查询的绝大部分功能,而且还支持对数据建立索引。

6. PolarDB

PolarDB 是阿里巴巴自主研发的新一代云原生关系型数据库,在存储计算分离架构下,利用了软硬件结合的优势,为用户提供具备极致弹性、高性能、海量存储、安全可靠的数据库服务。PolarDB 100% 兼容 MySQL 5.6/5.7/8.0,PostgreSQL 11,高度兼容 Oracle。

PolarDB 采用存储和计算分离的架构,所有计算节点共享一份数据,提供分钟级的配置升降级、秒级的故障恢复、全局数据一致性和免费的数据备份容灾服务。产品优势:大容量、低成本、共享存储、弹性存储、高性能。

7. RDS PostgreSQL

该系统主要面向企业复杂查询 SQL 的 OLTP 业务场景,支持 NoSQL 数据类型(hstore/JSON/XML),提供 Ganos 多维多模时空信息引擎(以下简称 Ganos)及开源 PostGIS 地理信息引擎。

RDS for PostgreSQL 支持 PostGIS 插件,PostGIS 提供如下空间信息服务功能:空间对象、空间索引、空间操作函数和空间操作符,非常适合位置应用类产品。主要优势:支持点、线、面、三维、栅格等多种空间数据类型,支持快速的空间分析,结合 OBS 云存储实现无限空间扩展,降低位置应用代码复杂度。

7.1.2 城市地下空间数据种类

城市地下空间数据主要包括基础地理信息数据、城市地下建(构)筑物信息数据和城市地下地质全要素信息三大类。其具体构成详见第5章。各类数据有其不同的内容、结构、获取方式与组织形式,其重点是数据库分类分层次的集成与存储。

1. 基础地理信息数据

基础地理数据是各类要素加载的应用基础,把地理基础数据分为表面特征数据、地理实体数据、全功能地下设施数据、全要素地质信息数据。

1)表面特征数据

表面特征数据包括卫星影像、航空影像、数字正射影像、数字高程模型、数字表面模型、Mesh模型、点云等。这类数据主要通过人眼观察读取数据所表述的信息,包括城市及地下空间对象的空间位置、几何形态、外观纹理等。

2)地理实体数据

升级版的数字线划地图(digital line uraphic,DLU)、实体三维模型和经结构化、语义化处理的高分辨率遥感影像、点云和Mesh模型,经集成至统一空间参照系、统一语义的BIM数据等均属于地理实体数据。

此外,还有地下设施地理数据,包括地下建(构)筑物水平投影坐标、竖向高程、建筑面积、地下管线坐标、连通接口坐标等,建(构)筑物与地下管线、交通设施之间的相对位置,精确定位、精准建设,同时强化指标管控,管控建(构)筑物总体规模、使用功能、水平投影最大面积等指标。

2. 全功能地下设施信息数据

地下空间及设施由建(构)筑物、交通设施、综合管廊等构成,包括地下室、过街通道、地下停车场等市政工程,人防工程、地铁等已有地下空间。这些地下空间设施数据需要政府建立统一的城市地下空间管理机构进行协调,涉及地下空间管理的相关部门配合,才能建立已有地下空间数据库。其数据标准应当参考现有国家或地区城市地下空间设施分类代码、测绘规范等执行。

1)规划档案

工程建设项目在规划部门的存档资料,主要包括建设工程规划许可证及附图、建设用地规划许可证及附图、施工图、竣工规划,核实测绘成果等审批相关资料中涉及地下空间的数据。

2)不动产权籍

工程建设项目在不动产权籍中心的存档资料,包含权籍库里的电子数据(地下宗地范围线、地下车位产权证附图)。

3)其他工程资料

人防工程施工图审查意见书、人防工程建筑设计施工平面图、地下空间施工平面图、桩位平面布置图及其地下空间的专题数据。

3. 全要素地质信息数据

地质数据主要指地下地质结构及成分、水文、工程、环境和资源相关联等全要素数据。具体数据种类包括以下几种。

1) 数据类型

(1) 区域地质调查数据：目前各城市均已开展不同比例尺的区域地质调查，利用这些信息可以建立表层三维结构模型，然后利用少量的地下钻孔及地球物理资料就可以建立城市地下一定深度的三维地质结构模型。

(2) 区域水文调查数据：包括水资源勘察、长期水文观测资料和定期水文监测资料，这些数据主要由自然资源部门、地质勘察队伍、水利部门、水务管理等部门掌握。

(3) 地面沉降监测数据：城市历年的地面沉降监测成果资料，包括水准测量、INSAR 测量和分层标监测资料。

(4) 工程勘察数据：目前各城市程度不一，建设部门要求各地方都有工程地质勘察规范，有工程地质层的划分资料，这些资料的缺点是不完整、不统一，缺少基础地质理论支撑。城市工程勘察钻孔是数量最大、分布最广、深度相对较浅、数据格式多样、划分标准不统一、编录术语差异较大的一类资料，且随着城市建设还在不断增加。需要政府制定相关政策，并由专门服务机构建立工程勘察钻孔数据库。

工程建设项目在城建档案馆的存档资料主要包括工程地质勘察报告、水文地质勘察报告、环境地质勘察报告、地质钻探记录及附图、地基承载力检验报告、桩基检测报告等。

轨道交通建设勘察资料。轨道交通建设项目在建设前期开展的轨道交通沿线地下障碍物详细探查资料、勘察资料，在建成后的竣工规划核实测绘资料等。

(5) 矿山勘察数据：有的城市是开发矿业兴起并发展起来的，我国目前有 250 多个矿山城市。这些城市的钻孔资料、填图资料相对较多，可以充分收集利用。

(6) 地球物理数据：在城市地质开展航空物探、地面物探、工程勘察物探、矿山勘察等形成的物探资料。

2) 数据形式

(1) 原始数据：以实物资料和测试资料为主，包括所有未经过人类加工，由仪器设备记录下的原始信息，这类信息可信度最高，取决于技术水平。

物探：原始采集数据。

钻孔：原孔全岩芯数字化全息照相，高光谱全岩芯扫描。

测井：仪器、装备自动采集的原始数据。

其他：粒度统计数据，抽水试验、监测检测信息，各类化学分析、测试数据。

(2) 加工过渡数据：通过一次人为加工的过渡性信息，这是较为可靠的信息。

其他：物探解释信息、钻孔编录信息、通过计算处理的各类参数信息。

(3) 成果数据：通过各类原始信息、过渡信息，经综合分析进行完整表达的信息，如地质图、水文地质图、工程地质图，工程地质层组划分，地下三维地质结构，地下含水层、隔水层结构，特殊地质体空间分布等。含有大量推断、推测的信息，也是初步评价信息。

成果报告:区域勘察报告及图件、区域地下水资源评价报告及图件、调查-普查-评价勘探报告及图件。

地下空间地质数据库建设应在城市已有基础地质数据库、水文地质数据库、工程地质数据库、环境地质数据库、地球物理数据库、地球化学数据库建设的基础上融合集成形成地质全要素数据库。

7.1.3 地下空间数据库建设

构建城市地下空间全要素数据库首先需要在数据生产和数据库建设经验的基础上,考虑管理矛盾和利用现状,通过实践形成数据库设计标准。依据数据库设计标准搜集整合多源资料构建适用于数字孪生场景的二三维关联型数据库,通过"三维地籍""一码管地"等创新措施,与现行地表建设用地分层设权、确权登记、综合测绘竣工、闲置地下空间资源盘活等需求相对接和相融合。保持整体性和相对独立性的基础上,实现数据的"一查多用",即在一个数据库的基础上,实现规划、设计、建设、管理、应急处置等专题数据的提取、分析、挖掘,提升数据利用水平和利用效率。

1. 标准化编码

数据的分类编码是对数据资料进行有效管理的重要依据,只有将所有的地理信息按一定的规律进行分类和编码,使其有序地存入计算机,才能对它们进行按类别存储,按类别和代码进行检索,以满足各种应用分析需求。对信息分类的基本原则为科学性、系统性、可扩展性、兼容性、综合实用性。参照实际工作需求,采用英文字母层次型分类编码体系。该编码体系尽量与相关系统协调一致,并且具有一定的通用性;为不致发生概念混淆,分类名称尽量采用国家标准。

2. 原始数据数字化

实现所有采集信息数字化。包括:各类地下空间建(构)筑物要素信息、图纸的数字化;野外各种现象的描述、记录数字化、标准化;钻孔编录记录数字化;地球物理数据从采集、处理、解释到联合反演形成地质体模型的全程数字化;测试分析的各类数字化;钻孔随钻测试数据信息数字化;原位测试信息数字化;高光谱扫描信息数字化;岩性自动识别技术,把一个城市和地质体的岩石类型标准化,扫描后对比进行识别,建立对比库。

数字化后的原始数据需要进行要素的拓扑检查,建立一定的拓扑准则,在地下空间要求的检查中准确地实施此准则,观察要素之间是否重叠和相交,同时还需要在各方面考虑不同数据之间的合理性,同时观察要素之间是否符合一定的几何特征。

3. 数据标准化

针对利用地球物理、随钻测试、多参量测井、高光谱扫描等地下全要素探测技术手段所获取到的多源、多时相、海量、异构数据信息,以及既有地下空间种类繁杂的空间、结构、属性信息,建立地下空间多源数据融合管理标准化流程,形成分布式异构多源数据动态集成框架,研究多源异构数据集成中间件,开发(半)自动化专题数据整合软件系统,满足既有与现在、矢量与栅格、结构化与非结构化数据融合需要,真正实现多源数据融合处理与集成管理,实现模型可用可更新,地质资料可查可用,钻孔可视可定位。

4. 数据管理

数据管理包括构建数据模型、数据库等方式科学组织存储和管理数据并通过应用系统或信息平台等方式实现数据的共享与交换。

将城市地上地下空间作为一个完整"空间整体",在统一时空基准下,将地上和地下全空间数据进行统一组织存储与融合、一体化管理、可视化展示和综合分析。

数据组织存储:利用三维立体网格剖分技术,将地上地下全空间剖分为多层级、多尺度的立体网格并进行全球唯一编码。同时,通过地上地下全空间多源、多时相海量异构矢量、影像、模型等数据的一体化组织存储模型,把多元、多尺度、多语义、多模态等特征的地上地下全空间大数据映射到统一空间,并以立体网格单元为基础,针对地球三维立体空间中的各类海、陆、空、地(地下)数据进行索引与分级切片存储,减少空间数据查询检索的时间,同时可避免全球地上地下全空间数据在组织管理上出现的空间高度上的不匹配、重叠和交叉等现象。

地下空间数据库涉及的数据量大,种类多,二维数据可采用 Oracle 等面向对象的关系型数据库统筹管理多源、多时相、海量、异构数据信息。数据库建设时需要对地理空间数据编码设计,采用多时态管理技术管理空间数据,实现以时间轴上的时间段过滤空间数据,做到任意时间点数据快速回放。

三维数据库也可以利用 Oracle 管理,原始模型及纹理数据均以二进制形式存储,使用时可以利用三维建模工具将原始模型转换成 usx 格式并发布供后续应用。二维库、三维库的地理坐标和场景可通过视域映射同步,通过唯一码映射可采用同一属性库,二三维数据库可实时交互联动。

7.2 地下全空间一体化三维模型构建

城市地下空间三维模型按对象功能特征,可分为地质体模型、地下建(构)筑物模型和地下管线模型。主要表达地下空间的语义、空间位置、表面基本几何形态与纹理,可满足地下空间规划建设管理和可视化分析评价等应用需求。

1. 三维地质模型

三维地质模型包括地质结构模型、工程地质层模型、地下水模型,描述地质构造实体、地层、岩体、矿体、地下水等建模对象,体现地层接触关系、断层接触关系,表面纹理采用通用材质贴图,当要求真实感渲染效果时,则使用建模对象的实际纹理。

2. 地下建（构）筑物模型

地下建（构）筑物模型表现为建（构）筑物的外墙、内墙、顶板、底板、基础等主要结构及围合而成的空间。轨道交通区间、隧道等线性工程的模型体现走向及起伏关系。表面纹理采用通用材质贴图，当要求真实感渲染效果时，则应使用建模对象的实际纹理。

3. 地下管线模型

地下管线模型包括地下管线及其附属设施模型、场站设施模型、地下蓄水排水设施模型，描述地下管线的走向及起伏。综合管廊模型表现管廊的外墙、内墙、顶板、底板等主要结构及围合而成的空间，描述管廊的走向及起伏。表面纹理采用通用材质贴图，当要求真实感渲染效果时，则应使用建模对象的实际纹理。

通过集成地质体模型、地下建（构）筑物模型和地下管线模型，实现地下地理、地质结构、空间结构、场和已有地下空间的透明化，构建地下全空间三维模型。

首先建立不同尺度的三维地质模型，在地质模型的框架基础上建立三维工程地质模型、三维水文地质模型，再叠加三维地下管线分布模型、三维地下建（构）筑物分布模型、三维地下桩基分布模型，再统一到三维地形地理模型中，真正实现地下地理、地质结构、空间结构、场和已有地下空间的透明化。

7.2.1 国内外主流建模软件简介

1. 国内主流建模软件概述

1）MapGIS

中地数码科技有限公司研制开发出具有完全自主版权的大型 GIS 软件平台 MapGIS，一举打破了长期以来国外 GIS 软件一统天下的局面，掌握了地理信息系统平台软件自主核心技术，经过多年不懈的努力，推出具有自主知识产权的系列 MapGIS 九州全国产化平台产品，全面适配国产处理器、操作系统、数据库等战略性核心产品。平台涵盖多端应用需求，云端深度融合，具备强大的数据存储、管理、分析和计算能力，为用户提供持续、稳健、高效的服务支持。

2）Creatar XModeling

国内第一个拥有科技部测评真三维 GIS 软件平台，由北京超维创想信息技术有限公司自主研发，依托北京大学技术背景。软件以地质工作过程为引导，结合计算机技术和数学方法，基于地质工作者的经验和认识，利用各种相关地质资料中提取出来的地质要素信息，对地质现象进行三维重建、展现和分析；可展现地层、岩体、构造等地质现象的空间几何特征、内部属性特征以及相互关系等地质信息。

3）深探地学建模软件

北京网格天地软件技术股份有限公司自主开发的建模软件，可采用多源数据建立任意复杂的高精度三维地质模型，并提供丰富的属性插值算法，同时支持基于所建模型的数值模型与动态更新。深探地学建模软件含有以下主要模块:构造解释模块、构造建模模块、网格化模块、属性建模模块、地应力模拟计算模块和三维构造演化模块。

4)SuperMap

基于统一内核的多个软件组成的适合各种应用需求的完整的大型基础平台软件,成功地实现了多项技术突破,数据处理量全球领先。目前,SuperMap 已成功进入日本等地,开创了中国 GIS 软件国际化的先河。

5)TITAN 三维建模(3DM)软件

该软件是基于框架建模的思路研制开发而成的。它利用平行或基本平行的剖面数据建立起三维空间任意复杂形状物体的真三维实体模型,并以此模型为基础,为特定的要求提供特定的服务,产品的应用范围非常广泛,包括石油地质勘探、采矿、公路桥梁等土建工程和环境保护等。

2. 国外主流建模软件概述

1)Surpac

Surpac 是由澳大利亚 SURPAC MINEX GROUP 国际软件有限公司开发的大型数字化矿山软件,其核心模块用 C/C++开发,用户界面用 Java 与 TCL(tool command language,一种解释执行的脚本语言)开发,运行于 Windows NT/2000/XP 平台。具有资源评估、地质勘探与建模、露天和地下采矿设计以及生产进度计划管理等功能。三维模型直观准确,能较好地促进地质、测量、采矿工程师和其他专业人员之间的技术信息交流,提高工作效率。

2)Vulcan

Vulcan 5 是由澳大利亚 Maptek 公司开发的地质三维建模、测量和采矿计划软件。该软件可提供从矿业规划与设计一直到复垦以及环境管理领域的三维空间信息建模、可视化以及分析功能。

3)Datamine

Datamine 是英国矿业计算公司(Mineral Industries Computing Limited)开发的矿山软件系统,可应用于勘探、地质建模、资源评估、采矿设计与规划等领域。在澳大利亚、巴西、加拿大、智利、印度、秘鲁、南非、美国等地设有办事处。

4)MVS

MVS 是美国 CTECH 公司的矿山可视化系统,可应用于地质、构造地质、水文地质、工程地质、环境地质、地球化学、地球物理、矿山地质、海洋地质等领域。EVS for Arcview 系统是 CTECH 公司提供的最简单的三维分析和可视化系统,是 EVS 的一个子系统,可与 ESRI 公司的 ArcView GIS 软件无缝集成。EVS-Standard 系统(环境可视化系统标准版)是 CTECH 公司最基本的可客户化的三维分析和可视化系统。

5)Micromine

Micromine 澳大利亚 Micromine 公司的软件产品,是处理勘探和矿山数据的软件,它可以帮助用户进行勘探数据解释、建立三维模型、计算矿体储量和设计矿山。

6）GOCAD

GOCAD 代表地质对象计算机辅助设计软件,是 Earth Decision 公司开发和销售的主要产品,主要用于石油勘探、地球物理、水利工程等领域中的三维地质模型和速度模型等。GOCAD是一个强大的用于交互式创建三维子面模型的软件,它基于一种新的插值方法（离散光滑插值）,尤其适用于复杂的三维地质面。该软件在数据处理上非常有效,既能够处理精确的数据,也能够处理不精确的数据。

7）Petrel

Petrel 软件是美国阿什卡地球科学咨询服务公司应用于石油及天然气勘探开发领域的,以三维地质建模为突出特点的一体化多学科综合油藏研究软件。该软件综合利用了地质学、地球物理学、岩石物理学和油藏工程学等学科来实现全三维环境下的地震解释、地质解释、建模和油藏工程研究等工作,实现油藏的优化管理。

7.2.2 全空间地理模型构建

建立地下、地上一体化三维立体坐标系。将二维和三维信息统一到球面这个真实的地理环境中,将所有的数据都转换为真实的地理空间坐标。对于城市尺度等大范围工作区,可通过 DEM 数据插值构建地表形态,使用遥感图进行地表贴图;对于小范围工作区,可以构建倾斜摄影模型。全空间地理模型作为全功能地下设施模型与全要素地质模型的基底,功能上主要作为可承载兼容其他模型的平台。

7.2.3 全功能地下设施模型构建

以地表以下的地下综合体、地下室、桩基、地下管线、地下历史人类遗迹等人类建（构）筑物为主,构建包含地下三维空间位置、类别、功能、权属、状态等各类要素的模型。地下建（构）筑物模型主要可根据建筑设施的设计参数进行建模,记录其水平投影图形以及地上高度和地下深度,再通过拉伸建立三维模型。

可采用全自动高精度激光扫描成像三维建模（3DLSM）方法,具体根据室外、室外＋室内、室内的不同情况采取有针对性的组合方法。对于室外的地下建（构）筑物可采用机载 LIDAR＋高光谱对地扫描方法开展三维地下空间建模;对于"室外＋室内"的地下建（构）筑物可采用基于 INS（惯导）的激光扫描成像三维建模;对于室内的地下建（构）筑物可采用 3DSLAM（实时定位与制图）三维移动激光扫描成像三维建模。

7.2.4 全要素三维地质模型构建

城市地下全要素地质模型主要表达城市多尺度下地质单元、地质体及相应地层的分布规律,重点表达影响地下空间开发重要层位的三维空间分布与属性特征;同时将地下多场属性与全要素地质模型进行融合,反映地下空间重要的地下水流场、重力场、地球物理场分布形态与演化特征。

1. 三维地质结构模型构建

三维地质模型的构建采用由大到小、由粗到细、逐步完善的方法构建。在城市地质数据库基础上,建立城市标准地层,以区域构造控制为优先、以地层单位控制为纲领、以分级控制为主线、以综合推演为脉络,建立城市三维地质框架模型。框架模型主要解决城市区域地质构造(区域性的断裂、褶皱等)和地层单元的控制性三维地质模型。在此基础上建立不同尺度的三维地质体和地质单元模型、结构框架、岩性填充、属性参数。

1)第四系结构模型构建

根据第四纪地质钻孔、地形等高线数据、遥感图像、第四纪地质图、基岩埋深等值线图、物探解释剖面图数据联合构建,反映第四纪松散沉积物空间分布变化情况。

建模流程:每一层单独构建地质体,多层地质体构成地质模型(图7-2)。第一层由地表分区图和地形等高线建模。从第一层开始,上一层的底面作为下一层的顶面参与建模,根据顶面、钻孔数据和地层分区图(地质图)自动构建底面,然后将顶面、侧面和底面构成地质体。

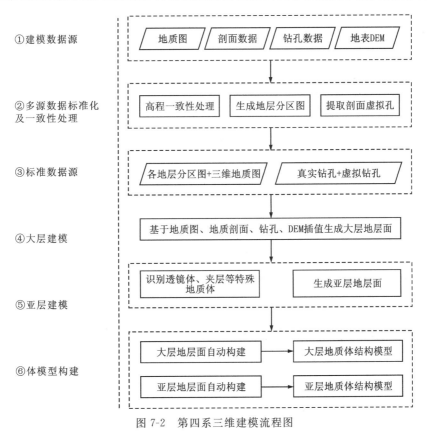

图7-2 第四系三维建模流程图

2)基岩三维地质模型构建

根据基岩地质钻孔揭露基岩深度、基岩露头(残丘)与覆盖区分布图,基岩地质图,小比例尺基岩埋深等值线图,物探解释剖面图数据联合构建,反映基岩面起伏、岩性变化情况及断层等构造信息的三维模型(图7-3)。在建模深度范围内,基岩部分可能存在多种地质条件,对于基岩地层较多构造复杂的区域,适用于"复杂地质体半自动建模"方法,对于基岩只有一个地层且构造简单的区域,适用于"产状下推建模"方法。

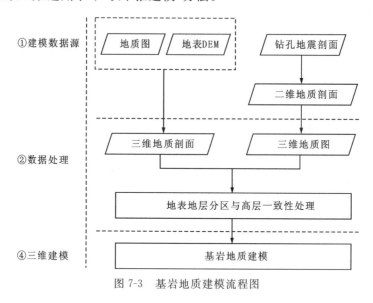

图 7-3 基岩地质建模流程图

3)工程地质、水文地质结构模型构建

城市工程地质结构模型与水文地质模型需要在地质结构模型的基础上合并或拆分部分地层从而对工程性质、含水性质的层位进行突出表达。因此,模型构建需要根据实际需求,在城市地质数据库中以钻孔资料为主体,选取相应的标准地层映射,在地质结构模型的框架约束下进行插值计算,另根据用户的需求,可以分级创建地层模型,对地层的分级管理变得更加直观和真实。

2. 三维地质属性模型构建

三维属性模型是指通过对整个目标区域进行网格剖分,划分出每个网格的属性来达到对区域的描述,针对不同的属性(如含水量、重度、比重、孔隙比、压缩系数、压缩模量等)通过插值技术建立起相应的属性模型(图 7-4)。

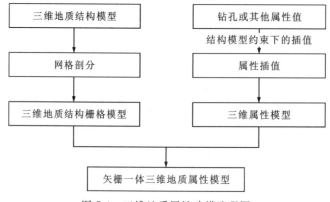

图 7-4 三维地质属性建模流程图

三维地质属性模型是在结构模型的基础上进行网格剖分,划分出每个网格的属性来达到对区域的描述,针对不同的属性(如含水量、重度、比重、孔隙比、压缩系数、压缩模量等)通过插值技术得到。其基本思路是将结构模型分割为多个相同大小的单元多面体,将各类地质属性、水分属性等属性值通过空间插值赋给各个多面体,并根据属性值显示为相应的颜色,从而得到属性模型(图 7-5)。

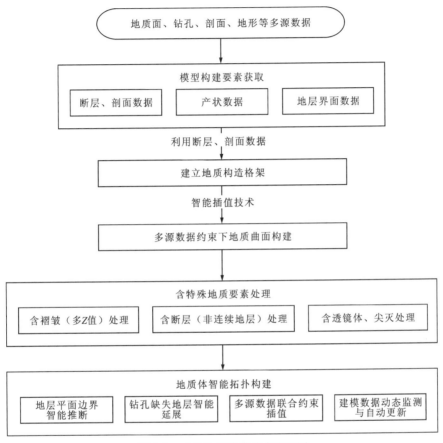

图 7-5 三维地质建模技术流程图

7.2.5 地下全空间模型融合

将三维地质模型、三维工程地质模型、三维水文地质模型等地质要素模型,三维地下管线分布模型、三维地下建(构)筑物分布模型、三维地下桩基分布模型等全功能地下设施模型统一到三维地理模型中,真正实现地下地理、地质结构、空间结构、场和已有地下空间的透明化。

将收集、处理、建模的原始数据与成果数据进行翔实的精度和准确度分析与判断,确定地上地下一体化模型融合的基准面,并以此为基础,将地上建(构)筑物模型、地表影像、地下空间设施模型、地质体模型、地下管线模型等按照统一坐标系、统一比例尺统一到同一高程基准下。当模型与基准面空间位置出现冲突时,根据基准面对模型进行二次校准与匹配,对模型进行空间校正与布尔运算,实现最大精度化的地上地下一体化模型数据融合(图7-6),包括地上模型数据与地表模型数据、地表模型数据与地下模型数据、地下模型数据之间的融合。

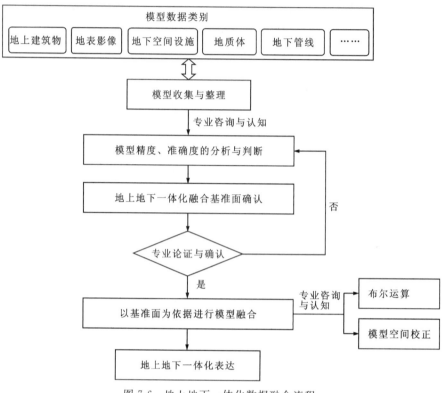

图 7-6 地上地下一体化数据融合流程

在地下空间三维模型建设阶段,对具有多种功能特征对象的地下空间建模,可通过模型数据集成的方式形成三维模型,模型集成应符合下列规定:

(1)对同一范围内不同的三维模型进行集成时,应采用统一的时空基准。

(2)单个模型的几何信息、纹理信息和属性信息应保持一致性与协调性。

(3)不同对象模型集成、地下空间模型与地上模型集成时,应保证几何信息、纹理信息和属性信息的整体性、连续性和协调性。

(4)地下建(构)筑物模型、地下管线模型和地质体模型集成时,应基于地下建(构)筑物模型、地下管线模型所占空间对地质体模型进行裁剪。

(5)地下空间模型集成出现冲突时,应在复核数据源及建模过程的基础上,对模型冲突进行处理。

7.2.6 三维建模技术方法

常见的三维地质建模方法主要有基于钻孔数据的建模方法、基于剖面数据的建模方法、基于多源数据交互建模方法等。

基于这些建模方法,通过局部的、精细的地质描述数据约束进行构建相应的地质界面模型,基于这些地质界面模型可以从区域地质格架中剥离出来各个地质体模型。

钻孔建模:钻孔是最常见的地质勘察技术手段,从钻孔数据出发建立地质模型也是最常见和最基本的三维地质建模方法之一。对经过标准化的 excel 格式的钻孔数据进行入库,建立钻孔模型。通过钻孔坐标及分层数据,快速建立起地层分层的基本参考信息,建立地层面及地质体。钻孔建模方法自动化程度极高,可用于大规模钻孔的快速建模,但这种建模方式交互程度低,一般只适用于简单的工程类模型,无法处理断层或倒转褶皱等复杂地质现象。

交叉折剖面建模:通过引入剖面中空间要素之间的拓扑关系来生成基于边界表达的三维地质模型的方法,在用户少量干预下,可以建立绝大多数复杂地质模型。该方法主要包括剖面数据准备、地质界面建模、建模区边界面建模、地质界面修正及光滑、封闭成体 5 个步骤,不但实现了高精度三维地质模型的自动、快速构建,而且扩大了建模可利用的数据源,由更多的资料参与建模,构建的模型质量得以提高。

多源交互复杂地质体建模:实际专业成果包括钻孔数据、剖面数据、平面地质图、等值线等多样化数据,因此不同地质体应采用不同建模方法,最后进行多模型融合,实现多源交互复杂地质体建模。具体方法是从地质图、剖面图中提取断裂数据,生成的断层面控制着地层界线的伸展位置及范围。将复杂褶皱、透镜体、岩体等轮廓线插值填充生成体模型,嵌入在地质模型中,从而形成合理的复杂地质体模型。建模过程伴随着地质解译过程,数据丰富,模型精度高,交互程度高,能处理各类复杂地质情况,建模结果符合建模者设想。但该种建模方法处理数据较为复杂,建模过程需要较多的人工干预。

建模方法对三维地质建模的影响主要表现为地质模型信息(包括地质结构和属性)偏移与失真,各种方法的影响因素见表 7-1。

表 7-1 不同建模方法的精度影响因素

建模方法	影响形式
基于钻孔	难以解决含断层、倒转褶皱等复杂地质现象等地质体的构建.其钻孔间地层对应、地层尖灭位置及钻孔地质信息失真与偏移
基于剖面	难以反映精确的地质信息,可丢失某些细节进而引起地质信息失真与偏移
基于地球物理勘探数据	所依据的波阻抗、磁性界面等信息反映地下信息的分辨率有限,且其结果具有多解性,可引起某些地质信息的缺失并导致地质信息失真、偏移
基于多层 DEM、离散点、基于现场数据	可造成采样点间地质信息失真、偏移
基于多元数据融合	可受数据一致性等问题的影响,由于过分综合所有数据而造成地质界面或属性的偏移、失真

7.3 地下全要素信息管理与服务平台建设

城市地下空间信息管理系统以服务于城市地下空间科学开发利用、资源管理、安全建设、运营维护、提高应急管理能力等为目标，是地下空间信息的高度集合，为地下空间安装了"大脑"，对资源进行了重新整合，逐步将地下空间普查、地下空间规划、规划许可、权属管理、登记管理、档案管理等纳入统一管理平台，动态维护地下空间开发利用信息，形成面向开发利用的地下空间数字化、标准化、精细化信息管理体系，在技术层面真正使地下空间的使用达到了规范化、系统化。实现地下空间信息共享，方便数据的存储、查询及分析，满足实现对现实及未来趋势分析和展现，多尺度三维场景的快速构建，为合理高效进行地下空间资源评价、空间布局、区划、规划、设计、论证、审批、施工、维修、维护、防灾减灾提供保证。

7.3.1 高度整合、管理城市地下空间全要素信息

城市地下空间信息管理系统是信息的高度集合，高度整合城市过去、现在和未来。全要素信息包括所有地理、地质和建（构）筑物全要素数据信息，各类三维模型信息，各类监测信息，各类资源与环境评价模型信息，各类区划规划模型信息，各类地下工程设计施工建造信息，各类工程运行信息。

1. 基于地质单元的地质要素档案建立

以地质单元为载体，通过建立规则，统一标准，将单元内部的全部要素信息归入其中，形成地质单元全要素档案。利用地球表层平衡系统理论建立全要素系统单元档案。由相对边界比较清晰的平衡系统划分不同尺度的系统单元，地下水流场平衡系统、地下应力场平衡系统、地下温度场平衡系统、地下地球化学场平衡系统、地下重力场平衡系统、地下岩（土）体结构平衡系统，以平衡系统为单元建立不同平衡单元的特征档案，以岩石单元和构造单元为基本格架，以地下水温度、应力、重力等平衡系统进行单元划分。

(1) 立体地质单元划分包括沉积岩、变质岩、侵入岩、火山岩等固结岩体地质单元。松散沉积层、风化壳与残坡积等未固结（土体）单元。

(2) 立体岩土工程单元划分。

(3) 地下水流场、地下水系统与水文单元划分。

(4) 关键与特殊地质单元划分。

(5) 地下温度场、应力场、速度场、重力场、放射性场、化学场、电磁场立体分布。

2. 城市地下空间全要素信息集成

通过整合城市全空间基础地理数据、地下全要素地质数据、地下全功能设施数据、物联网实时监测数据、历史现状和未来全时间维度专题行业数据，基于分布式计算架构、高精度空间网格模型以及专题业务模型，全面再现城市地上地下空间立体结构，通过将三维立体空间剖分为多等级的三维立体网格，形成统一比例的地上地下全空间三维属性模型，再将多元化的属性信息分散赋值到每个单元属性模型中，实现地上地下全空间查询、更新、统计、分析、智能预测和评价服务。

7.3.2 城市地下空间三维可视化

透明城市建设是进行多尺度、多时态、全要素的动态、精细、全息的三维可视化建模。以地下全空间要素信息为基础,在一个平台下实现对地上基础地理信息数据、地上产权数据、三维建(构)筑物模型数据、地质数据、地下管线数据、地下建(构)筑物数据等地上地下全空间多源、多时相、海量异构数据的集成管理与融合,并可在三维场景中进行一体化展示与浏览,立体呈现城市地上地下空间数据特征,构建"透明城市"。"透明城市"凝聚了城市中的全部地质-地理、结构-属性、历史-现时数据,以及所感知和获取的关于地质条件、地质资源、地质环境、地下空间设施方面的全部信息和知识的三维可视化地质信息系统。

实现城市地下空间三维可视化表达需要集成、加载与融合以下几种来源的模型:一是根据实地采集的相片结合建(构)筑物 CAD 设计图,利用 Sketch Up、3D Max 等专业建模软件构建的模型;二是利用数字线划图产品根据地物的高度快速生成三维模型;三是基于数字近景摄影测量技术构建的高精度模型;四是以三维激光扫描获取的密集点云构建超高精度的三维模型;五是各尺度的三维地质结构模型。

7.3.3 信息平台主要应用服务功能

城市地下空间信息平台是城市智慧运行的基础信息平台,是智慧城市的重要组成部分,除汇集城市各历史时期、各专业部门地质工作形成的地质资料,管理海量、多源、多尺度、多专业、多维地质数据外,还需具备分析处理、共享服务、决策模拟等功能,为城市规划、建设和运行管理提供全过程信息服务。

1. 城市地下全资源三维评价

以平面为单元进行的评价,难以精确体现评价结果的边界,建立三维立体化评价系统将成为评价的终极目标。三维立体评价的根基在于三维地质模型,进行三维评价时,其评价单元不再是平面二维的,而是实实在在地存在于空间中的三维实体单元,该实体评价单元除了体现地质体的几何特征外,还赋存有地质属性信息,利用三维建模软件的空间分析功能,将地质几何特征与属性信息结合起来,构建三维矢栅一体化模型,来实现城市地下空间资源与环境的立体化评价。

基于构建的三维地质模型,平台可在线进行地下空间资源评价,包括城市地下空间资源评价、城市地下水资源可利用性评价、城市地热能资源综合利用评价、城市矿产资源潜力可开发性评价、城市矿山开采遗留空间可利用程度与开发潜力评价、城市地下岩土中建筑材料分等定级评价。同时,平台可在线进行地下岩土环境评价、地下水环境评价、地下生态环境评价。

2. 城市地下空间协同规划与开发利用辅助决策

1）地上地下一体化剖切

根据用户自由绘制折线对地上地下数据进行一体化剖切，通过模型数据融合，在三维场景中实现地上建筑、地下地质体、地下管线、地下建（构）筑物的精准无缝融合，准确呈现复杂模型数据内部结构，直观展示地上地下全空间开发利用情况与地下空间地质环境，为地下空间智能管理、地上地下协同规划等提供数据基础与技术支撑。

2）协同规划与国土空间管控

平台可在全资源模型下进行地下空间协同规划，实现城市地下地籍管理，地下资源的确权登记，用途管控。可应用于城市地下空间资源开发规划，城市生产、生活、生态空间划定，地质灾害防治业务管理、国土耕地质量监测和城市重大生命线工程安全监测等领域。

3）地下轨道交通选址分析

地下轨道交通选址分析包括单条轨道交通线路评价与多条轨道交通线路对比，基于地上地下一体化数据进行三维空间分析，通过轨道交通线路与地上建筑、地下空间设施、地质因素等的空间冲突，判断轨道交通线路适宜性，并以二三维地层剖面图形式直观地展示地上地下冲突空间分布，提供地上建（构）筑物冲突、地上建（构）筑物桩基三视图（前视图、俯视图、左视图）、地下空间设施冲突、不良地质因素（软土、砂土液化等）定位查看功能，评价分析结果可为城市地下轨道交通规划、选址、施工提供专业信息服务。

4）城市地下空间开发预测分析

根据拟规划建设区域建（构）筑物基本信息（建筑高度、纹理等）生成建（构）筑物原型，结合已建地上建（构）筑物分析判断其光照条件，并基于地上地下全空间数据构建评价模型，判断拟建设区域的地基承载力、工程建设适宜性，分析其与地下空间设施、地下管廊、古墓、不良地质因素等的冲突情况，实现大型建（构）筑物适宜性的全面化、科学化分析，以及分析结果的全空间三维直观展示，可为城市建设项目选址及施工提供专业辅助决策。

5）城市地下空间安全性评价与监测

基于三维地质模型，平台可以实现地下空间规划安全风险评价、施工安全风险评价、运行安全评价等，实现在规划阶段能避让风险，建设阶段能控制风险，使用阶段能预判风险，监管阶段能预警风险。基于地下空间全要素数据和三维模型，集成影响地下空间运行安全的地面沉降、地面塌陷和重大工程地基稳定性的监测数据，构建地下空间运行安全风险评估、管控、预警和模拟的业务模型。

(1) 城市地下地质条件变化智能感知与管控。基于大数据的城市工程地质条件变化的智能感知、识别和评估，构建城市工程地质条件监测、管控的大数据同化、融合和挖掘模型。包括在自然和人为因素影响下，建筑场区地下岩土层结构与成分的空间特征在自然发展和人类活动条件下的变化及地基、边坡等的改变与破坏。

(2) 地下工程与地质体相互作用的智能监控。城市化进程中重大地下工程对自然系统干扰、破坏的智能感知模型，所诱发的各类地质灾害的预测、评估、预警大数据模型和数据链构建，以及多源、异质、异构监测数据的同化和融合与挖掘方法，以及在数据驱动条件下地下工程设施与地质体相互作用机理、过程、影响因素、演化规律、监测方法和管控。

(3) 基于大数据的地下水智能监测预警。基于地学大数据的地下水资源监管、海水入侵和降雨下渗智能监控、动态模拟与预警的理论、方法和技术；建立与主题相关的水源智能监测、管控、污染源追踪、预警与应急数据链模型及决策支持模型与软件系统。监测城市区域地下水渗流场变化，掌握地下空间开发与地下水系统互馈作用。

7.3.4 城市地下空间信息平台建设关键技术

1. 面向服务的 SOA 与微服务混合架构技术

基于 SOA 实现软件功能的服务封装，满足功能扩展和其他业务系统的调用集成。整个业务功能的设计和实现采用 SOA 架构，充分保证系统功能实现的灵活性和扩展性。SOA（面向服务体系的架构）是一种 IT 体系结构样式，支持将数据应用作为链接服务或可重复的任务进行集成，可在需要时通过网络访问这些服务和任务。这个网络可以完全包含在平台内部局域网，也可以分散于业务内网上的各单位且采用不同的技术，通过对来自不同的服务进行组合与展现，可让最终用户感觉似乎这些服务就安装在本地桌面上一样。

2. 时空大数据共享发布与应用挖掘技术

该技术基于资源汇聚、空间处理、数据引擎和数据分发云服务四大核心能力，可实现对基础时空数据、公共专题数据、物联网实时感知数据、互联网在线抓取数据等各类数据的一体化管理，提供动态监测数据获取、统一数据管理、空间分析、模拟推演、时空大数据挖掘等时空地理信息服务。

3. 地上地下一体化技术

利用地上地下全空间多源、多时相、海量、异构数据的一体化组织存储模型，把多元、多尺度、多语义、多模态等特征的地上地下全空间大数据映射到统一空间，构建统一时空基准下的时空对象关联关系，同时通过布尔运算等技术，实现地上地下数据的无缝融合。

地上地下一体化数据展示可通过三维可视化引擎，在三维场景中实现地上建筑、城市景观、地下管线、地下建(构)筑物、地下地质结构、地质资源、地质环境等城市地上地下全空间一体化数据的直观、立体表达与快速渲染调度。

(1) 引擎采用 GPU 和 CPU 混合渲染架构，并支持 Direct3D 和 OpenGL 双引擎。将 CPU 串行计算和 GPU 的并行计算融合，实现系统整体计算能力的最大化利用，包括 GPU 和 CPU 协同工作、GPU 处理大量的并行计算、CPU 处理操作系统和指令的逻辑控制，同时通过分析 GPU 程序访存特征，使用多级缓存技术，对 CPU-GPU 融合系统的末级缓存进行最优的静态划分方案，提供更加快速的图形渲染和并行运算能力。

(2) 引擎采用基于地理坐标系的四叉树划分的空间索引技术。依据当前场景视点位置决定哪些数据需要从云端下载缓存到本地，哪些数据需要从本地缓存载入内存，哪些数据需要从内存缓存到显存,构成从本地缓存、内存、显存的三级缓存结构和调度策略。整个调度过程使用多线程技术,一个线程进行数据的渲染,一个或一个以上的线程从网络下载数据,并将其缓存到本地磁盘,进而加载到内存中。

(3)引擎在数据调度传输上优化,在对数据进行生成缓存时,进行对象打组及压缩处理。打组是把某瓦片内存数据进行合并处理;压缩主要用于减少对象存储空间,提升网络传输性能,减少内存及显存的空间使用。引擎还通过实例化技术、LOD(多细节层次)技术、场景视锥体剪裁技术等保证高效的调度能力。

4. 智慧城市二三维可视化与交互展示技术

基于地上地下全空间一体化三维引擎,融合大数据存储、计算及可视化等技术,结合智慧城市行业特性,创新可视化交互方式,可以将城市各个领域的数据实现图形可视化、场景化以及实时交互,提供对城市管理、城市交通、公共安全、生态环境、经济发展等方面的全景分析,为城市领导者提供智能决策。

5. 高性能海量时空地理信息数据调度技术

基于支持海量数据的地上地下全空间一体化三维可视化引擎,采用 GPU 和 CPU 混合渲染架构,支持 Direct3D 和 OpenGL 双引擎。通过分析 GPU 程序访存特征,使用多级缓存技术,对 CPU-GPU 融合系统的末级缓存进行最优的静态划分方案,提供更加快速的图形渲染和并行运算能力。用于智慧城市建设中海量二三维时空地理信息数据的加载显示,使普通的应用系统具有 PB 级海量二三维时空地理信息数据加载能力。

6. 立体空间索引技术

该技术针对地球三维立体空间中的海、陆、空、地(地下)数据进行索引,实现全球地上地下全空间统一编码,能够降低全球全空间数据管理的复杂程度,避免全球地上地下全空间数据在组织管理上出现的空间高度上不匹配、重叠和交叉等现象,大幅度提高索引效率。

第 8 章 城市地下空间综合评价技术

城市地下空间评价需要从多层次、多尺度、多维度、多功能、多视角进行全面评价,满足不同层次、不同身份、不同领域、不同专业所有需要地下信息人员的需求,并提供具体的、清晰的、量化的、精确的、标准的可以直接利用的信息。为城市地下空间整体布局、规划、设计、施工、运维、预警、救援提供全生命周期、全天候、全方位服务(图 8-1)。

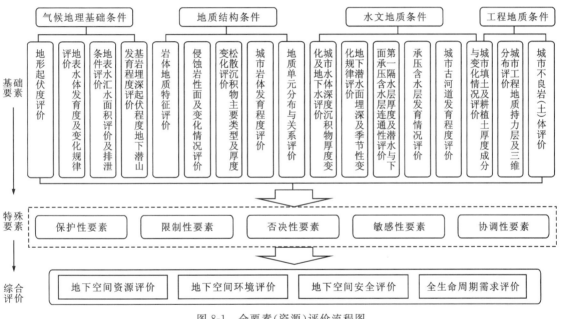

图 8-1 全要素(资源)评价流程图

基础要素就是自然的、本底的、现状的要素信息,只是对其最基础、最原始的要素和特点进行评价,包括常规的和特殊的要素,以不同尺度边界清晰的地质体作为评价单元。

全资源评价是对地下所具有的资源属性、资源价值及可能发挥的效益进行评价,以相对独立有一定边界的实体或虚体单元体作为评价单元。

全环境评价是对地下岩土水气生物及位态、形态、状态,地下应力场、温度场、水流场、地球物理场、地球化学场、放射性场所构成的动态系统平衡状态进行评价,以平衡系统作为评价单元。

安全风险性评价是预测性评价,即针对不同阶段的预测。一是本身的地质缺陷在自然状态、自然营力作用下的发生地质灾害的风险;二是人类活动叠加作用下的加速风险或诱发风险;三是在进行地下空间规划时利用的资源问题、功能占据的地下空间位置、规模大小与自然地质安全风险的叠加关系,作出整体性的风险评估、论证,预警与应对措施。选址阶段和施工阶段地质资料详细、精度高、可靠性强,预测性评价越准确,提出采取的预防措施越精准。

地下空间开发利用建议:一方面是依据基础、资源、环境、风险要素对规划、选址、施工工艺、工程造价、防护措施等进行正确的选择;另一方面,当地下工程无法避开风险区域,必须经过限制开发、敏感区域、保护区域时,需要具备应对的能力,有力的措施才能获得批准建设,具体措施包括提高工艺、造价,研发高新技术,提高防护标准。

城市地下空间是综合性评价,从基础要素、特殊要素、全资源、全环境、模拟预测、风险预判等多维度开展,并针对不同阶段提出的基础、资源、环境、风险要素清单。

8.1 城市地下空间基础性要素评价

城市地下空间开发利用受多种因素的制约和影响,但最基础的是城市所在区域的气候要素、自然地理要素、地形地貌要素、城市历史文化要素、城市地上地下现状建设要素、城市地下地质结构要素。可以概括为基础性条件要素和约束性敏感要素。

自然地理环境要素促进和制约地下空间开发,恶劣的自然气候条件和优良的地质条件促使人们开发利用地下空间改善自然环境;而不利的地质条件促使人们进一步研究更加先进的科学技术,推动地下空间开发技术的进步,达到利用地下空间资源的目标。需要因地制宜,趋利避害,采取绿色生态建筑对策和技术措施,在地下空间建筑形态、结构形式上更能体现出地域特色。

对地下空间资源开发有影响的基础要素包括地理气候、地形地貌、地面水体、城镇道路、基础设施、建筑设施等自然与社会地理要素,地质体的宏观构造要素、成分与结构要素、工程承载要素、地下水流场要素等地质基本要素评价。

8.1.1 气候要素评价

城市地理位置决定了气候特点,气候是一个基础性要素,城市是否有必要开发地下空间,取决于当地的气候条件。

气候要素有很多,主要评价冷、热、干、湿及灾害性天气。

1. 气候分区评价

我国幅员辽阔,东西、南北区域跨度大,东部、西部高程差异大,各城市所在区域气候有很大的不同,可以按照气温、湿度及季节、大气压、日照、降水(降雪)、风(风速、风向、风向频率)等相关要素进行与地下空间开发相关的气候分区。

1)气温评价

城市年平均气温、年最高气温、年最低气温,日平均气温低于−10℃的天数、低于0℃的天数,高于40℃的天数、高于30℃的天数。气温与纬度、海拔高度具有密切的对应相关性。

2)空气湿度评价

空气湿度是指空气中所含水汽的大小,湿度越大表示空气越潮湿,水汽距离饱和程度越近。空气湿度的指标包括城市年平均湿度、年最高湿度、年最低湿度,城市饱和或接近饱和的天数,湿度在90%以上的天数,湿度为80%~90%、70%~80%、40%~70%、30%~40%、20%~30%、10%~20%的天数,湿度小于10%的天数。空气湿度与季风具有对应相关性。

3)年均降水量评价

以多年平均降水量划分为干旱区城市(<200mm)、半干旱区城市(200~400mm)、半湿润区城市(400~800mm)、湿润区城市(800~1000mm)、丰润区城市(1000~1600mm)、富水区城市(>1600mm)。评价的指标为城市年均降水量、年均降雨天数、年均降水量主要集中月份。

4)气候分区

结合气温、湿度、年均降水量及其他要素,中国城市可以划分为严寒区、寒冷区、夏热冬冷区、炎热区、温和区、高寒区、干寒区等城市类型(表8-1)。

表8-1 地下空间与气候分区特征表

气候分区	典型城市	气温特征	湿度特征	降水量/mm
严寒区	漠河、满洲里	冬季严寒	干燥	400~800
寒冷区	哈尔滨、长春	四季分明 冬季寒冷	冬季干燥、夏季湿润	400~800
夏热冬冷区	长江中下游和黄淮海平原城市	四季分明	冬季湿润、夏季潮湿	800~1000
炎热区	重庆、武汉、福州、南昌、长沙	夏季炎热	冬季湿润、夏季潮湿	800~1000
温和区	昆明、贵阳、成都、青岛、大连	四季温和	湿润	800~1000
高寒区	拉萨、西宁	全年低温	干燥	200~400
干寒区	呼和浩特、乌鲁木齐	温差大	干燥	<200

2. 极端气候评价

极端灾害性气候包括暴雨(雪)、雷暴、沙尘暴、台风等。极端天气对地下空间开发和后期运行影响极大,关系到人和财产的安全、城市的安全。

1)暴雨(雪)、雷暴

评价包括城市暴雨(雪)、雷暴天气发生的时间;每年发生的次数,包括平均数、最多数和最少数;根据降水等级(小雨24h降水量小于10mm,中雨24h降水量10~25mm,大雨24h降水量25~50mm,暴雨24h降水量50~100mm,大暴雨24h降水量100~250mm,特大暴雨24h降水量250mm)统计年降水天数,特别是暴雨以上级别的天数。降水量较大的区域,洪水容易渗入地下空间,但降雨过少的区域也不适合地下空间的开发。

2)沙尘暴

长江沿岸及以北地区,特别是西北地区、华北地区城市常受沙尘暴影响,评价城市每年遭遇的沙尘暴天数、时间、强度。

3) 台风

东南及沿海城市每年受台风和热带风暴影响较大,评价城市每年受台风影响的时间、次数、强度。

气候要素涉及城市建筑总体布置、单体建筑空间、形态设计、朝向、出入口布置、建筑结构设计、材料选择、构造设计、建筑环境设计以及建筑施工等方面。注重针对当地气候特征采取与地区气候特征相适应的地下建筑形态。如根据当地年平均气温以及土中季节性温度波动情况或冻土深度合理确定地下建筑埋深;炎热潮湿地区的地下建筑应适当设置开口天井、下沉式庭院或下沉式广场,并根据当地夏季主导风向,合理安排出入口及通风口组织自然通风,并利用机械通风和除温设备防潮除温;严寒地区的地下建筑应设采光窗、玻璃拱廊或覆盖玻璃穹顶的下沉式广场,以满足自然采光、日照和防寒保温的需要;严寒多雪地区的地下建筑出入口通道(尤其是车库出入口坡道)应有完善的融雪防滑设施,年降水量大的地区应注重地下结构防水及口部防倒灌、防洪措施等。

8.1.2 地形地貌、地面建筑、生态要素评价

我国地形地貌类型多样,总体上山地多、平地少。据统计,山区面积约占土地面积的66%,平地占34%,且各地区之间的地形地貌有显著差异。适宜城市建设的主要为平原、高原、盆地和丘陵,且以山谷、山坡、盆地、谷地、河滩、阶地等微地貌为主。

各种地形、地貌条件对城市规划、建筑布局、形态、造型,以及道路走向、线形都有很大影响,对地下空间开发体现正、反两方面,关键是要因地制宜,扬长避短,使地下空间开发在满足城市总体规划建设要求的前提下,尽可能做到经济、合理,并形成一定的地域特色。地下空间开发与地形、地貌因素关系十分密切,且最能反映地下建筑空间形态和构筑方式的因素是地下空间与自然、地形的关系,并影响建筑形式(全地下式和半地下式)、施工方式(暗挖式和明挖式)。平坦地形的土层中构筑浅埋、大跨度的地下建筑空间在技术上有难度,进出地下空间需通过坡道或台阶,通风、排水不易;丘陵、坡地城市依坡就势修建靠山式或覆土式地下建筑,视野开阔,排水容易;利用城市中或城市周围山体修建矿山式地下建筑,则可构筑跨度较大的地下空间,进出方便;山体中采用暗挖法构筑地下空间,不破坏山体自然植被,有利于保护生态环境和优美的自然风景,维护城市自然环境的生态平衡;山地有大量的天然岩洞可以利用(如桂林、贵阳、南京、杭州)。

1. 地形地貌要素评价

城市作为人为地貌作用形成的巨大建筑群体,坐落在自然地貌下垫面上,地形地貌等地理基础条件是影响城市建设和城市地下空间开发的一大要素。在丘陵、山区城市,城市的侧向开发也是城市建设和扩张的方向之一,"垂向地下+侧向山体"是一种地下空间开发的新理念。平原城市的残丘、岗地、河流、填埋场等特殊地貌和微地貌等也需进行针对地下空间开发的制约或增益效用的评价。因此,地下空间地形地貌评价的内容需要包含城市地形起伏度评价、城市微地貌空间形态评价、城市特殊地形地貌评价等。

1) 城市地形起伏度评价

地形起伏度,也称地势起伏度,影响着地表物质的侵蚀、搬运、堆积等过程,在很大程度上决定了滑坡、崩塌、泥石流、水土流失等地质灾害的易发程度。地形起伏度是单位面积内最大相对高程差,是描述一个区域地形特征的宏观性的指标、描述地貌形态的定量指标,在土地利用评价、土壤侵蚀敏感性评价、人居环境适宜性评价、地质环境评价等方面有着广泛的应用,在地下空间利用评价中更是一个重要指标。其公式如下:

$$R = H_{\max} - H_{\min}$$

城市地形起伏度按如下规定划分:一是按区域地表起伏度定义城市的整体起伏度。采用自然间断点分级法,将中国地表起伏度划分为4级:低起伏度0~154m,占国土面积的55%;中起伏度154~412m,占国土面积的26%;较高起伏度412~783m,占国土面积的14%;高起伏度783~2782m,占国土面积的5%。按高起伏、较高起伏、中起伏、低起伏划分。

二是城市行政区范围内再划分二级地貌单元,每个地貌单元内再按高起伏、较高起伏、中起伏、低起伏4级定义起伏度。

三是城市地下空间规划范围内再划分3级地貌单元,每个地貌单元内再按高起伏、较高起伏、中起伏、低起伏4级定义起伏度。以此类推。每个行政区或地貌单元再划分起伏度,利用相对数值,如丘陵地区起伏度500m,再次划分时,可按>200m、200~50m、50~10m、<10m划分为高起伏、较高起伏、中起伏、低起伏4级(表8-2)。

表8-2 城市地形起伏度划分表

行政区	起伏度	地貌单元	起伏度
城市行政区地形起伏度	地貌单元相对高差,整体特点	高起伏地貌单元	相对高差,面积
		较高起伏地貌单元	相对高差,面积
		中起伏地貌单元	相对高差,面积
		低起伏地貌单元	相对高差,面积
城市规划区地形起伏度	地貌单元相对高差,整体特点	高起伏地貌单元	相对高差,面积
		较高起伏地貌单元	相对高差,面积
		中起伏地貌单元	相对高差,面积
		低起伏地貌单元	相对高差,面积

2) 城市微地貌空间形态评价

在城市行政区或城市规划区范围内在大的地貌单元划分基础上进一步划分次一级微地貌的形态特征,包括微地貌名称、形态、面积与占比、起伏度、坡向坡角,微地貌单元之间的边界特征(表8-3)。

3) 城市特殊地形地貌评价

城市特殊地形地貌评价是指城市中标志性地貌,或具有地质、地理、历史、文化意义的地貌,列出名录、评估价值、谨慎开发利用(表8-4)。如相对较大的地貌单元中分布特殊小单元,如平原中的小山,水中的小岛,如南京钟山、武汉磨山、上海佘山等。

表 8-3　城市微地貌特征表

微地貌名称	形态	面积	占比	起伏度	坡向坡角	边界
阶地						
小盆地						
……						

表 8-4　城市特殊地貌特征表

特殊地貌名称	大小面积	与周边相对高差	坡度	岩土、植被	价值	目前利用状况
山 1						
山 2						
台地 1						
……						

城市中的山体依据岩（土）体成分和结构类型可以划分为侵入与变质块状结构山体、砂泥质为主的层状结构山体、碳酸盐岩岩溶结构山体、松散土层中的新生代火山熔岩结构山体和红土黄土等固结土层结构山体 5 类。其中最利于开发的是以花岗岩体为主的块状山体结构。①城内无地面建筑区块的地面开挖型；②生态保护山丘区域的地下开挖型；③城郊未开发山前带的混合开挖型。

2. 城市地面建筑要素评价

城市地下空间是城市地面功能的重要补充，地上地下需要一体化协同开发，如地下室是地面建筑的组成部分，地下交通是地面交通的缓解和补充，地下商业是城市中心区商业区及地面休闲广场、公园等地面功能的地下空间补充和配套，地下管网更是直接为地面商业、工业、办公、居住设施提供直接服务。但同时已有地面建（构）筑物给地下空间开发造成了明显的制约，增加了地下空间开发的工程难度。

地面建筑要素主要包括城市政府、机关、事业单位 CBD（中央商务区）办公建筑设施，工业生产建筑设施，城市商业服务建筑设施，城市居住建筑设施，城市教育、医疗建筑设施；城市道路设施；城市广场、公园、休闲设施，城市基础设施，城市绿化带等；城市河道河网等排水设施。

3. 城市生态要素评价

生态绿地、自然河道、自然水体、自然山体森林、自然保护区、古树名木分布区、野生动物栖息地、重要水源地等都属于城市重要生态区。对自然生态区的范围、面积、主体内容、重要性、珍稀价值、生物价值、管理单位等要素进行评价，是划分地下空间禁止和限制开发区的重要依据。

城市建筑景观、城市道路、城市各项生产、生活活动设施等，使城市的降水、径流、蒸发、渗漏等都产生了再分配,也使城市水量与水质以及径流发生较大变化。

8.1.3 城市地表水文要素评价

地表水是陆地表面上动态水和静态水的总称。按《地表水环境质量标准》地表水体质量划分为 5 类。地表水体形态可划分为点状、线状、面状 3 类。点状水体包括水池、泉眼、人工瀑布、喷泉;线状水体包括水道、溪流、人工渠;面状水体包括湖泊、池塘、水库等。城市地表水体是城市水系统的组成部分,包括水源、供水、用水、排水 4 个子系统,担负着水源、景观、生态、防洪等不同的功能。地表水体在空间体系包含自然水体和人工水体。

地表水体对地下空间的影响主要是洪水淹没、地表径流影响以及地表水变化引起地下水位上涨对地下建筑的浸没及破坏,地表水体的破坏影响地表水体在城市水系统中承担的功能。因此与地下空间建设相关的城市地表水体评价包括地面河流水系及汇水评价,地面湖泊、水塘分布及汇水评价,地面水体与地下水体联系评价,地表水汇水面积评价及排泄条件评价,城市侵蚀基准面评价等。

1. 城市地表水体主要特征及功能评价

城市地表水体主要特征及功能评价包括地表水体的类型划分,分布形态、面积、水体深度,地表水体上游汇水面积与下游影响面积,地表水体的水质类型,地表水体承担的主要功能(表 8-5)。

表 8-5 城市主要地表水体特征评价表

序号	水体类型	分布面积	水体深度	水质类型	主要功能	汇水面积	备注
	点状水体 1						
	点状水体 2						
	……						
	小计						
	线状水体 1						
	线状水体 2						
	……						
	小计						
	面状水体 1						
	面状水体 2						
	……						
	小计						
	总计						

2. 城市地表水体水力联系要素评价

城市地表水体水力联系要素评价包括点状、线状、面状地表水体之间的联系（补给关系），点状、面状水体与城市地形地貌关系，地表水体与底面地质体关系，地表水体与地下水关系评价。需要关注城市水体深度、沉积物厚度变化。

3. 城市侵蚀基准面评价

侵蚀基准面又称侵蚀基面，是区域侵蚀与堆积达到平衡的界面，包括终极侵蚀基准面和地方暂时性侵蚀基准面。海平面是终极侵蚀基准面，水库、湖泊与河流的汇口等地为暂时性的地方侵蚀基准面。基准面以上以侵蚀作用为主，基准面以下以堆积作用为主，当城市相对侵蚀面上升时，停止侵蚀转为堆积，侵蚀面下降时则由堆积转为侵蚀。城市侵蚀基准面频繁上升或下降对岸线的稳定、河道的冲淤、城市的防洪、地下水水位的变化等都将产生重大影响。影响地下空间的功能发挥，地下建筑的防水，地下工程入口高程的设计方案（表8-6）。

表 8-6　城市侵蚀基准面评价

序号	基准面类型	基准面高程	基准面介质	基准面以上面积	备注
	一级				
	二级				
	三级				
	……				

8.1.4　地下空间要素评价

城市已开发利用、废弃、闲置的地下空间对城市地下空间整体规划布局、后期工程选址、施工影响很大，需要对空间要素进行评价。现有的地下空间与后续的地下空间规划之间存在一定的矛盾，后期规划需要避让原有的地下空间，增加了开发的难度。

1. 现状利用地下空间

全要素探测信息主要评价正在运行或已批准立项正在开发的地下空间建筑、设施，评价其规模、空间形态、深度、主体功能和设计寿命。按地下管线、地下交通、地下建筑、地下储存、地下蓄洪等进行分类评价。

2. 矿山、人防等废弃和闲置的地下空间

评价这些已有空间的类型、规模、空间形态、深度、空间稳定性、空间危险性、空间可利用潜力。按矿山、人防、废弃地下空间等分类评价。

3. 天然形成的洞穴空间

评价地质营力形成的天然溶洞、土洞、蚀洞,结合地下岩土要素进行评价。

4. 地下历史文化空间

历史文物保护是地下空间开发中不可回避的一个问题,其中最主要的是古文化遗址、古墓葬、古建筑、石窟寺、石刻、壁画、近代现代重要史迹和代表性建筑等不可移动的文物。地下文化遗存是不可再生的文化资源,应将历史文物以下地下空间列为限制开发区甚至禁止开发区。

8.1.5 地下岩(土)体基本要素评价

城市空间赋存于空气、水和岩土 3 种介质中,地下空间则以岩土为介质。地下岩土介质是城市真正的基础,承载地表地形地貌、承载地面建筑、承载地表水体,同时也是地下水、气的载体,地下矿产资源也是地下岩土中某些矿物、元素相对集中的一部分,地下热能也是储藏在岩土及所含的地下水中,地下地球物理场也是地下岩土介质物态、位态和状态的反映。城市地质基础条件体现在地下岩(土)体中,城市地下空间是地下物理空间、化学空间、水(气)空间和场空间的综合体。

岩土工程地质条件关系到地下空间开发建设的施工难度、成本、建设速度、工程风险以及运行期间的稳定性,是地下空间资源评价的重中之重。

1. 地下岩土层宏观要素评价

城市地下岩土层宏观地质要素评价着重总体定性与宏观分析,通过地下岩土层类型、活动断层及岩土层属性的初步判断,获得对城市地下岩土层安全及可开发性的评价与判断。城市地下岩土主要由三大部分组成,由人工和自然营力共同作用形成,包括填土层、松散土层和固结岩石层。

1)填土层的宏观要素评价

城市及周边的区域主体由厚薄不等的人工搬运(填)土覆盖,可以进一步划分为素填土、建筑(垃圾)填土、耕作土、矿渣与尾矿填土、硬化地面。

素填土:素填土本身是异地天然岩土,被人工搬运到工程建设场地中,抬高建筑场地的地形,或削高填低平整场地。城市中大型建筑、广场、机场、车站、公路、铁路地基等主要由素填土堆填而成。

建筑(垃圾)填土:旧城改造,原有房屋、建筑设施拆迁,城市道路硬化翻修等都形成了大量的以混凝土、砖瓦、木屑为主的建筑垃圾,有回填的,也有异地填埋的。城市生活垃圾原来填埋在城市郊区农村土地中,城市规模扩大后,这些生活垃圾填埋场地已成为城市填土的组成部分。

耕作土:改革开放后城市扩张基本以挤占农村耕地为主,这些耕地土是由反复耕种形成的熟土,被整体作为地基填土填埋在城市道路和建(构)筑物之下。

矿渣与尾矿填土:由矿山发展而形成的城市地形地貌特征已被露天或地下开采矿产而改造,很多填土是矿渣或尾矿,甚至有的已形成人工堆填山丘地貌,或多时期堆积形成了交错层理构造。

硬化地面:城市已改变自然地面形态,80%以上由硬化路面代替,包括混凝土路面、沥青路面、瓷砖路面。这些路面厚薄不等,最主要特点是隔绝了地表与地下水、空气、微生物的交换通道,改变了城市生态、气候的微循环,常形成"城市热岛"。

主要评价城市填土层类型、分布与空间形态、厚度、埋深、底面起伏度、底面岩土类型,评价填土的物质组成、主体成分相对比例、颗粒结构、孔隙率、含水性、比重、硬度等物理参数。

2)松散土层的宏观要素评价

一是评价城市松散土层的总体发育状况。厚覆盖城市整体以松散土层为主,固结岩石在100m以下;固结岩石出露城市,松散土层零星分布在山谷、河道、湖塘低地,面积小、不均匀;固结岩石和松散土层相间分布的城市,丘陵高地以固结岩石为主,平坦低地以松散土层堆积为主,厚度多数不超过50m,少数为50～100m。

二是评价松散土层的类型与结构。城市松散土层是由第四纪以来多个时期、多种沉积环境、多种地质营力作用下形成多种类型沉积物的组合体。这些组合体通过侵蚀、切割、超覆、整合等多种关系进行联系和区分,主体受地质构造和冰期、间冰期交替变化两类地质营力控制。现在城市所处的环境与当时不同类型沉积物沉积时所处的环境差异很大,同一城市从过去到现在可能经历了海洋、湖泊、上中下游河流、山前盆地等不同的环境,经历了寒冷、炎热、干旱、潮湿、洪水、冰川等不同的气候条件,这些经历主要体现在沉积物中,同时可通过对这些沉积物的研究评价来推测城市所在区域沧海桑田的变化过程。因此,我们将城市松散土层从地表向下按沉积类型、接触关系和形成时间进行划分,建立沉积地层单元。区域地质调查中按"群、组、段、层"4种尺度的岩石地层单位进行表达,工程地质勘察中按砾土、砂土、粉土、黏土、特殊类土等类型进行划分和表达。每个城市的松散土层看似复杂,实际可以通过环境、时间、界面的综合评价划分为几种主体类型。如冰川、冰水沉积含砾砂泥类,山前洪积、冲积、坡积扇形体泥石堆积类,风积黄土(红土)沉积类,河湖冲积砂泥类,滨海、河口三角洲泥砂沉积类。

三是评价松散土层与下部固结岩石接触关系,上部与人工填土的接触关系;松散土层区域分布与现代地形地貌的关系;评价城市现在已发生崩塌、滑坡、泥石流、地裂缝、地面沉降、地面塌陷等地质灾害与松散土层的关系。用受控、密切相关、相关、有影响、不相关5级表示相关关系。

3)固结岩石层的宏观要素评价

任何城市都有新近纪及以前不同地质历史时期形成的多种类型的固结岩石发育,有的在地表出露形成各种复杂形态的剥蚀山体丘陵地貌,有的被浅层的松散土层覆盖而形成"潜山""残丘",有的则被深埋在厚覆盖的松散土层之下。

出露地表的固结岩石我国通过多尺度(1∶200 000、1∶250 000、1∶50 000)的区域地质调查已经进行了详细划分,沉积岩、变质岩、侵入岩、火山岩都已形成全国统一的地层岩石划分系统和表达方式。地下空间宏观要素评价也将基于区域地质调查成果、补充相关要素后进行评价。

一是首先划分沉积岩、侵入岩、火山岩、变质岩四大类。在此基础上，沉积岩按岩石地层单位"组、段"划分岩石地层单元，侵入岩按独立岩石的侵入体划分侵入岩石单元，火山岩按"组、段"划分火山岩石单元，沉积变质岩按"变质岩组、岩段"划分沉积变质岩单元，侵入变质岩按"变质侵入体"划分侵入变质岩单元。评价各固结岩石单元形成的地质时代，然后评价所划分单元层的地下立体空间展布形态和关系。

二是首先评价四大岩类之间的接触关系与先后次序；再评价相邻固结岩石单元的接触关系、新老秩序。评价沉积关系中的侵蚀界面、不整合界面、整合界面；评价侵入关系中侵入界面、被侵入界面；评价火山喷发关系中的爆发不整合界面、流动不整合界面、次火山挤入界面；评价非正常沉积、侵入、喷发的断裂接触界面。不同单元分界面的性质是关键评价要素，这些界面是划分地质单元、工程地质单元、水文地质系统、子系统，地下空间分层评价的控制性影响要素。

2. 主要岩土层基本要素评价

城市地下人工填土单元、松散土层地质单元、固结岩石地质单元划分后，重点对地质单元的规模、厚度、内部岩性构成、岩石组合、岩石矿物成分、化学成分、内部构造、矿物及碎屑粒度、胶结程度、物理参数、力学参数，内部结构完整性、破碎程度、软硬程度等进行评价。

1）人工填土层基本要素评价

对于人工填土层主要评价填埋区域、分布面积、厚度、埋深，填土类型、物质组成、主体成分与比例、内部结构、压实性、吸水性、物理参数，填土的来源判断、原土的基本特性判断。

2）松散土层基本要素评价

按松散土层划分的地质单元进行评价。按土体单元组合特征，评价关键持力层组与软弱敏感层组。

松散土层地质要素评价。一是单元层内部岩性组合评价，包含几种土体类型，是以一类为主，或两类交互，或三类韵律性叠加为主（单层、夹层、韵律互层）。二是基本土体类型中按砾石层、砂层、粉砂层、粉土层、泥质（黏土）层的 5 个基本端元进行评价。主要评价这些基本层定名、颜色、厚度与空间变化、顶底面特征、主要沉积构造类型，沉积颗粒成分（单矿物或岩石）、粒径大小、颗粒形态、颗粒在同级中的均匀度。砂层中含砾石端元的比例，砂层中含泥质物质的比例和黏土矿物成分及比例。对砾石基本层主要评价砾石颜色、大小、形状、磨圆度、扁平度，砾径最大值、中值、峰值，砾石原岩类型、大小、占比，砾石的原始排列方式、倾斜角度，砾石含量及与基质的接触关系，基质的颜色、粒度、成分均匀度、粒径混杂度、砂质占比与泥质占比等。

松散土层的物理力学要素评价。一是基本层和单元层比重、硬度、湿度、温度、磁性、导电性、导热性、弹性、孔隙率等物理特性评价；二是基本层和单元层承载力（抗压强度、抗拉强度、抗弯强度、抗剪强度）、稳定性、压缩性、侧压力系数和泊松比、孔隙水压力系数、无侧限抗压强度和灵敏度、软化系数等力学要素评价。

松散土层的时间、环境要素信息评价。所有的松散土层都是在一定时间、特定的气候条件、特定地理环境(沉积场所)和不同的地质营力(水、冰、风、重力)作用下形成的,沉积物中一定保存有反映时间、气候、环境、营力特征的要素。通过对这些特征要素信息的评价,既能再现城市在土体沉积时所处的环境,又能把这些特征要素信息应用于地下空间资源评价、规划、选址、施工等环节中。如冰川冰水堆积物单元,厚度大、变化快,以泥和漂砾两大端元为主,几乎不含砂,无层理、密实、孔隙少,适宜地下空间开发,但漂砾坚硬,也是一种孤石,对盾构工法影响大。各类冲积、洪积扇单元发育在山区与盆地交界的山前盆地中,扇体大小不等,常上下叠置,横向相连而呈现扇体群,厚达几十米至上百米,砾、砂、泥三类端元混合,扇端、扇中、扇尾由粗到细连续变化,力学强度大、孔隙率高、渗透性强、含水率高,往往是城市重要水源地,属于地下空间限制性开发区域。古河道单元往往是大冰期盛行时,侵蚀基准面随海平面快速下降而在平原区强烈侵蚀下切形成从上游到下游加深加宽的河道,宽从几米到几十千米,深也从几米到数百米不等,长江、钱塘江末次大冰期形成的古河道深达几十米,间冰期海平面快速上升海侵,在古河道中充填巨厚的砂砾石层,大小相对均匀,以石英质为主,分选好,几乎不含泥质,孔隙大、渗透好,是城市重要的承压含水层,常形成独立的水文系统或子系统,可以作为地下含水空间,地下空间穿越古河道时,常引起含水系统的连通而引发突水事故。滨海三角洲土体单元以粉砂为主,粒度细而均匀、分选好,以石英、长石成分为主,几乎不含泥质成分,整体厚度大、分布面积广、力学强度中等、孔隙率较高、渗透率较好,是沿海平原城市主要的承压含水层,较适宜于地下空间开发,但极易受振动影响而液化,同时也是地面沉降的主要被压缩层。黄土层单元主要分布在西北、黄土高原及长江中下游地区,分布面积广、厚度大,常被后期河道切割而呈台地、阶地状分布,以风成黏土矿物为主,不含或少含砂和砾石,土层深厚、土质密实、干容重大、凝聚力强、抗压强度高,但遇水膨胀湿陷,是古时利用地下空间的理想层位。

3)固结岩石基本要素评价

固结岩石按岩类、单元层、基本层进行评价。不同沉积时代以及沉积环境下的结构性差异,利用图形可视化等工具在三维环境下进行地质分析。主要包括岩体类型、成分、结构状态及岩石强度、完整程度、软硬程度、地质构造、埋深和厚度及其三维空间的分布等要素。

(1)沉积岩类基本要素评价:一是地层组内基本层岩石类型及组合特征评价。组内地层是单一岩性为主[砾岩、砂岩、灰岩、泥(页)岩],两种岩性互层(砾岩与砂岩、砂岩与泥岩、灰岩与泥岩等),还是多种岩性韵律组合(砾岩、砂岩与泥岩,砂岩、泥岩与灰岩等),评价整体厚度和基本层厚度,三维空间展布,基本层之间的关系,单元层与周边单元层之间的关系。二是基本层沉积层理与层面构造,碎屑成分(矿物与化学成分)与结构、胶结状态、岩石完整性、面理构造、裂隙发育程度、岩石破碎程度评价。三是地层物理力学要素评价:①组和基本层比重、硬度、磁性、导电性、导热性、弹性、裂隙率等物理特性评价;②组和基本层承载力(抗压强度、抗拉强度、抗弯强度、抗剪强度)、稳定性、软化系数等力学要素评价。

(2)侵入岩类基本要素评价:一是侵入体空间分布、接触关系评价;二是基本侵入岩体的岩石类型、颜色、构造、矿物成分、矿物粒径大小排列结构与均匀程度,岩石化学成分、岩石地球化学成分评价;三是侵入体内部面理及裂隙发育程度、破碎程度、完整性等评价;四是岩体风化壳范围、厚度及埋深评价;五是地应力、岩体物理力学性质、地下空间热力场等评价。

(3)火山岩类基本要素评价:一是火山岩的基本喷发单元、单元组合、单层喷发单元、顶底面、旋回与韵律、空间分布评价;二是基本火山喷发单元厚度、岩石类型、颜色、矿物成分、岩石化学成分、地球化学成分评价;三是火山喷发单元气孔、流纹等火山构造,集块、角砾、凝灰结构,原生节理构造评价;四是地应力、岩体物理力学性质、地下空间热力场等评价。

(4)断裂构造要素评价:断裂走向、倾向、倾角空间位态评价;断裂面形态、断裂带宽度及变化、断裂充填物性质、断裂影响的范围,断裂的张、压、剪性质评价。

8.1.6 地下水基本要素评价

地下空间开发的安全性与水文地质条件关系密切,地下空间开发后对地质环境的扰动很大程度也体现在对地下水的扰动影响。

与地下空间开发相关的地下水要素主要为含水层结构与地下水类型,地下潜水面埋深及季节性变化规律,第一隔水层厚度及上部潜水与下部承压含水层连通性,城市承压含水层发育情况、城市古河道发育程度,地下水水位变化规律,含水层埋深、流向、水头压力、涌水量、腐蚀性等参数评价。

1. 地下水结构要素评价

城市的地质结构决定城市含水层结构。

(1)基岩(岩体)埋藏较深,松散沉积物厚在100m以上,甚至大于200m的城市,以平原区为主,地下水类型主要为松散孔隙水,不发育裂隙水、岩溶水及火山熔岩孔洞水。只发育孔隙水、上层滞水、土壤水、毛细水、潜水、多层承压水,需要评价不同类型地下水水位埋深,主要评价隔水层、透水层、含水层的顶底板埋深及厚度。山前、平原中心、滨海等不同区域城市地下水含水层结构差异较大。

(2)基岩裸露、土层(体)少覆盖城市,以沿海丘陵及大河上游城市为主,孔隙水不发育,地下水类型主要为裂隙水和岩溶水。花岗岩地区以风化层及少量覆土层中的土壤水、潜水为主,完整岩体中地下水不发育,裂隙发育的破碎岩体中有局部承压水分布,隔水层不发育。碳酸盐发育的沉积岩中岩溶水发育,岩溶水多为承压水,常形成多层网状地下河。砂泥质碎屑沉积岩中发育孔隙裂隙承压水,泥岩为隔水层。

(3)基岩埋藏浅、土层(体)覆盖中等的城市多为沿大型水系城市,孔隙、裂隙、岩溶水均有,潜水、承压水发育齐全,但隔水层、含水层、透水层分布不稳定,区域变化大,经常呈过渡关系。承压含水层以古河道为主,需要评价松散土层孔隙水和岩体裂隙水之间的界面;需要评价以古河道为主的承压水顶板埋深,含水层厚度,古河道两侧边界、古河道所切割底板是隔水层还是含水层、古河道地下水流向等要素,潜水之下隔水层的埋深、厚度、区域变化、完整性和被切割的通道。对于松散层之下的岩体主要评价裂隙水、岩溶水的发育程度,与其上孔隙水之间的水力联系等。

2. 地下水赋存状态要素评价

1）建立城市地下水系统、子系统（地下水的基本功能单元）

划分孔隙、裂隙、岩溶等地下水类型,结合潜水、承压水等地下水赋存状态,建立地下水系统、子系统,以盆地边界或地表水系流域范围划分地下水系统。以古河道侵蚀界面、含水层中的不连续隔水层或弱透水层等为边界划分松散孔隙水子系统,松散沉积物（坡积、冲积、洪积、湖积）和岩层中都可以构成含水系统;以侵入界面、不整合侵蚀界面、断层面、泥岩层为边界划分裂隙、岩溶水子系统。建立相邻系统、子系统之间的水力联系。具有统一水力联系,统一水量、盐量、热量均衡单元,是地下水资源评价、开发和管理的功能单元。

2）评价地下含水系统、子系统内地下水特征参数

一是评价孔隙度、裂隙率和洞穴率。孔隙度是指一定体积岩石中,孔隙体积所占的百分比,评价各含水层、隔水层、含水系统、子系统中松散地层的孔隙度,反映松散岩石颗粒或颗粒集合体之间的空隙。裂隙率是指裂隙体积与包括裂隙在内的岩石体积之比值,评价各含水层、隔水层、含水系统、子系统中岩石地层的裂隙率,固结的坚硬岩石在各种内、外应力和风化营力作用下形成的破裂面间隙,包括成岩裂隙、构造裂隙和风化裂隙。岩石中存在的直径较大（一般>5mm）的孔洞或管道空间,按其成因可分为碳酸盐岩的溶蚀孔洞和火山熔岩孔洞,洞穴率是岩石中洞穴的量,评价含水系统中"洞穴率"。

二是评价含水层、透水层的透水性。渗透系数是指岩土中允许渗透水流通过的能力,而表征岩石透水性的定量指标（表8-7）。岩石的透水性主要取决于岩石空隙的大小。孔隙直径（或裂隙宽度）小,透水性弱;孔隙直径大,透水性强。单元透水性按渗透系统进行分级,按高渗透性层、中渗透性层、低渗透性层、极低渗透性层和不透水层5级进行评价。

表8-7 土的渗透性分类

透水程度	高渗透性	中渗透性	低渗透性	极低渗透性	实际不透水
渗透系数 $K/(cm \cdot s^{-1})$	$>10^{-1}$	$10^{-1} \sim 10^{-3}$	$10^{-3} \sim 10^{-5}$	$10^{-5} \sim 10^{-7}$	$<10^{-7}$

三是评价地下水功能单元的水理性质,包括容水度、含水量、饱和度、持水度等指标。这些指标是指岩石与水分储存、释放和透过能力有关的物理性质,是确定岩层含水与隔水性能的依据。容水度指完全饱水岩石所含水的体积与岩石总体积之比值;含水量是度量包气带岩石含水量的指标;饱和度是岩石容水度和质量含水量之差,反映岩石孔隙被水充填的程度;持水度是指饱水岩石保持的水体积与岩石体积之比。水理性质主要与岩石颗粒大小有关。

四是评价各种类型含水层厚度、矿化度、硬度、水温以及动态变化参数。

3. 地下水水位变化要素评价

地下水水位受气候及人为因素影响而出现升降变化。常见的自然影响因素有气候季节因素、引力变化、河流水位变化、降水量变化、气压变化等自然因素。地下水水位以人类工程活动影响为主,如修建水库提高基准水位,开挖机坑降水,城市地面硬化影响雨水下渗,修建

地铁等地下线性工程,大规模开发利用地下空间降水,超量开采地下水引起地下水水位下降。地下水水位变化主要是潜水位的变化。

潜水是处于地表之下第一个区域性隔水层之上,具有自由水面的饱水岩土层。潜水没有隔水顶板,潜水面直接承受大气压力,为自由水面,潜水面到地表的距离为潜水埋藏深度。随着水量增加,潜水水位相应抬高,含水层厚度随之增大;当水量减少时,则水位下降,含水层厚度减小。潜水面可以是水平、倾斜、抛物线或各种形状倾斜的曲面,潜水受重力影响由潜水面高处向低处渗流形成"潜水流",向低处的低凹地区以泉、渗流等形式泄出地表或汇入地表水。自然状态下当补给量大于排泄量,则潜水面上升,含水层厚度增大,埋藏深度变浅;当排泄量大于补给量,潜水面下降,含水层厚度变薄,埋藏深度加大。潜水的运动速度与水力坡度成正比,运动规律服从达西定律。

地下水埋深、分布、流向、富水性、水位变化、腐蚀性对地下空间的布局和安全使用有直接影响,超大型、连续性强的地下空间也会破坏地下水的自然循环和流动,并且有可能对地下水造成污染。

承压水承受一定的静水压力,在施工过程中降水、排水和防水都比较复杂,在承压水中开发地下空间适宜性差。潜水处在自由状态,其作用在工程建设上能够进行有效控制,潜水区域基本适宜地下空间工程开发建设。岩体的透水性一般较差,是最理想的地下空间资源,但在岩层比较破碎且地下水丰富的地区,岩体内水流动性强,水环境复杂,必须采取技术措施。

8.2 地下空间开发利用特殊要素评价

城市地质条件决定了地下空间资源利用难易程度,优良的地质条件有利于地下空间开发;而恶劣的地质条件则在很大程度上制约地下空间开发,会大大增加施工技术难度和建造费用,但也促进了地下空间开发技术的进步,带来科技创新。

影响地下空间资源开发利用的要素包括基础条件和约束条件两大类,基础条件包括气候、地理、已有地下空间、地下岩(土)体、地表水和地下水条件等要素,约束条件以特殊性要素为主,包括水文地质条件(含水层结构,地下水类型)、活动断裂、岩溶、特殊类土、砂土液化、地面沉降、有害气体(氡气、汞气)等要素。在基础和约束两大要素中,有些是有利因素,有些是不利因素,有些是限制性和否决性因素,有些是敏感性因素,有些是需要协调的因素。

8.2.1 主要类型特殊要素评价

特殊要素是进行城市地下空间区划,特别是划定限制开发区、禁止开发区和地下保护区域等重要依据。

城市特殊要素主要包括活动断裂、岩溶与地下空洞、地下孤石与地下障碍物、流沙层、膨胀土、高压缩性软土淤土、风化破碎岩石、地下古河道砂砾石层、富含气体地层、地裂缝、地下硬土层、地质文化层、有害气体(氡气、汞气)含有特征元素的成分层、特殊意义的地下水层相关的要素和指标。

1. 断裂构造要素评价

断裂构造主要是评价断裂构造规模、产状、切割层位、活动性。一是评价断裂面的类型，挤压型和剪切型断裂面表面往往有新生片状矿物，具有封闭性，是隔水断面，起到隔水面作用；拉张型断裂面呈锯齿状，是透水断面，地下水可通过张裂面渗透到破碎岩石中。二是评价断裂带的宽度、带内充填物和胶结程度，断裂带的宽度从几厘米到数千米不等；剪切性断裂带往往较窄，多为几十厘米，带内以糜棱岩为主，多被石英质或铁质胶结，已把断裂两侧岩石"焊"在一起，起到了隔水层作用；张性断裂带宽度大，且往往是多条组合，单条断层宽数米至数十米，但断裂组合带可达数千米，带内充填断层角砾岩，以钙质方解石胶结及黏土矿物胶结为主，结构疏松、孔隙发育、渗透性强、抗压差，是含水构造和导水构造；压性和压扭性断裂带宽度介于以上两者之间，以碎裂岩为主，带中透镜体发育，硅质、铁质、钙质胶结类型均有，年代久远的老断裂坚硬、密封，起到隔水层作用，新的或者正在活动的断裂带则孔隙发育、渗透中等，有的也成为导水构造。断层破碎带区域围岩状态极不稳定，在灰岩发育区常形成地下暗河和容水构造，沟通多个含水系统或子系统，同时在地下空间修建过程中出现坍方、围岩大变形、涌水、突泥等地质灾害。

断层破碎带是最为常见的不良地质现象，破碎带区域围岩状态极不稳定，断层破碎带中一般含有地下河流、淤泥带和溶水等，影响到水的渗漏，给地下设施带来隐患。同时在地下空间修建过程中出现的坍方、围岩大变形、涌水、突泥等地质灾害，均与断层破碎带密切相关。

2. 岩溶要素评价

我国西南及长江流域、华北地区城市都有岩溶发育，如昆明、贵阳、武汉、广州、杭州、南宁等城市，也是岩溶水的主要分布区。一是评价岩溶层的母体灰岩层的空间分布，顶底板是隔水的泥岩层还是裂隙发育的透水砂砾岩层；二是评价岩溶层的空间分布，是出露地表还是深埋地下，深埋地下的是覆盖层类型、埋深，覆盖层是隔水层还是含水透水层；三是评价岩溶层的洞穴体积比率、连通性、充填物类型，断裂发育现状；四是评价岩溶上部覆盖土层潜蚀与土洞分布；五是评价岩溶洞穴能否被充分开发利用。

在岩溶发育地区，一是地表覆盖土层下有石芽溶沟，上覆土层常因下部岩溶水的潜蚀作用而坍塌，形成土洞；二是下伏岩体内部有暗河、溶洞及破碎、裂隙和洞穴发育，基坑边坡和隧道围岩易失稳，在施工过程中，如遇到岩溶通道，基坑和隧道可能发生突涌水和渗透变形。岩溶区工程地质问题归纳起来主要为4类：①岩溶地基与围岩的稳定问题；②岩溶渗漏问题；③岩溶涌水问题；④岩溶水压力问题。这些问题一方面增加地下施工的难度和成本，另一方面对地下设施的防护和地下空间的密闭性也是一大挑战。

3. 孤石与障碍物要素评价

山前丘陵地带、东南沿海花岗岩发育地区的山间盆地、滨海平地往往有孤石发育，障碍物主要为埋在地下一定深度的人工混凝土等障碍物，如高层建筑深桩基。一是评价孤石发育区域，孤石被埋土层的空间分布、厚度、顶底板埋深；二是评价孤石的主要类型，是球状风化后残留的花岗岩孤石,是冰碛层中的漂砾还是崩塌堆积的巨大石块;三是评价孤石的成分、大小、硬度、圆(球)度,孤石含量与比例,分布的均匀度;四是评价桩基等地下障碍物的形状、大小、埋深,评价障碍物所埋区域的土体类型。

4. 暗浜要素评价

在江河下游两岸平原区发育侵蚀基准面短暂下降而下切形成的水网水道,被后期淤积或人工填埋而成暗浜,有的深埋地下而成埋藏暗浜,对地下空间开发影响极大。一是评价暗浜的区域分布、空间形态,暗浜的宽度、深度,暗浜的边界、底界土体类型,暗浜的上覆土体类型。二是评价暗浜充填物类型、成分、结构、密实度、渗透性。三是评价暗浜充填物的物理特性和力学特性。四是评价暗浜切割了几套土体类型,是否切穿了隔水层,从而连通了上部潜水与下部承压含水层,或连通了第一和第二承压水层;是否切割了地下承压水层,把承压水分割成多个含水子系统。

5. 特殊土层要素评价

1) 冰碛层要素评价

冰碛层是冰期形成、冰溶化后快速堆积而成的。一是评价冰碛体的空间分布、形态、厚度及变化,冰碛部位,冰碛层顶底板土体、岩体类型;二是评价泥质端元的矿物成分、粒径,孔隙率、透水性、含水率,评价是含水层还是隔水层;三是评价所含冰碛砾石的成分、粒径、含量,是否有类似孤石的漂砾;四是评价冰碛层的物理和力学参数。

2) 网纹红土要素评价

东南沿海、长江流域常发育网纹红土层,时代大体在早更新世至中更新世。一是评价网纹红土的区域分布、形态、厚度,暴露还是埋藏,埋藏的顶底板深度,被后期河流切割残留特点;二是评价网纹红土组成结构,是单一结构还是多层韵律结构;三是评价网纹红土内部土质成分、砾石成分、大小、含量、圆度与定向排列,黏土矿物成分、含量,网纹的形态、宽度、单位面积内网纹比率,网纹内黏土矿物成分及与周边黏土的比较,评价网纹红土中结核的形态、大小、含量、结核成分,评价网纹内外黏土矿物的膨胀性;四是评价网纹红土物理和力学参数,渗透性、含水率,判断是含水层还是隔水层。

3) 黄土要素评价

在西北及黄土高原和长江中下游平原有大量的黄土分布。一是西北及高原地区主要评价黄土生成年代、土层厚度、土质密实度、干容重、凝聚力、抗压强度,土质成分、韵律变化、所夹砾石、砂体的厚度、粒度、渗透性、评价黄土中的竖向节理密集度,评价黄土的膨胀性和湿陷性。二是评价下扬子及东南沿海丘陵岗地区黄土的空间分布形态、顶底板埋深,黄土顶底板的土体类型、接触关系,黄土被古河道、暗浜切割状态,评价黄土的黏土成分、内部结构、含量与比率,密实度、干容重、凝聚力、抗压强度及膨胀性。长江中下游黄土形成于中更新世至晚更新世,是灰黄色硬土层、主要隔水层,也是地面建筑重要的持力层。

4) 泥岩要素评价

我国东部和东南部发育中、新生代盆地,许多城市的固结岩石中都有出露或埋藏在地下一定深度,主要以红色砾岩、砂岩和泥岩为主,砾岩、砂岩固结程度相对较高,而其中分布的红色泥岩成岩条件差,结构疏松,胶结程度差,易膨胀和崩解,对地下空间开发和工程建设都会有很大影响。一是评价泥岩的空间分布,出露还是埋藏、埋藏的深度、厚度,上部覆盖土体的类型、深度及与泥岩的接触关系;二是评价泥岩的内部组成,是单一泥岩层或夹砂层、泥岩与砂岩互层还是夹在砂岩之中,泥岩的成分、粒度、风化程度及黏土矿物成分与含量;三是评价泥岩的物理及力学参数、软化系统、隔水能力。

泥岩是介于岩石和黏土之间的半胶结、半坚硬状态的多相介质,结构松软,强度低,水化能力强。当水进入岩体,由于水的机械作用和水化作用产生应力集中,形成颗粒间结合水楔,导致泥岩膨胀和崩解。

泥岩的工程问题,是指由于泥岩软弱、裂隙发育、吸水膨胀、内聚力弱能特性,其抵抗外界环境扰动的能力极差。对卸荷松动、施工震动、邻近工程施工扰动极为敏感,而且具有暴露风化、吸湿膨胀软化等特点。泥岩风化后,岩石强度降低并发生成分改变,具有较大的孔隙性和强大的吸水性,且下伏泥岩不透水,无排水条件,在接受渗透补给后,其力学指标大幅度变小,成为高压缩性土,易导致下陷。

5)其他特殊土层要素评价

其他土层要素还有软土(泥)、液化砂土、风化土等,主要作为一般土体的夹层出现,重点突出评价空间分布、规模大小、成分、物理力学参数,特殊的特征表现。

6. 富含气体的岩土层评价

部分地区的岩土层中发育有氡气和汞气,入海河口地区的砂层中常含有甲烷气体。氡气属于放射性气体,在地下的扩散很不均匀,常沿断裂、破碎带等地质薄弱部位富集,由地下深部薄弱带向大气扩散。在氡气丰富的地区,地下空间开发后氡气沿各种缝隙进入空间对人体造成伤害。在人类活动频繁、工业发达的地区,土壤中汞气的含量普遍较高,影响浅层地下空间开发利用。主要评价氡气和汞气的富含层位、裂隙与破碎构造、氡气和汞气的浓度。甲烷气体主要富含在长江三角洲的砂层中,影响地下空间的开发安全,主要评价甲烷富含层位、区域、封闭状态,甲烷埋藏深度、储量,开发地下空间时能否资源综合利用。

7. 地面沉降、地裂缝要素评价

地面沉降是平原区主要地质灾害之一,长江三角洲平原、华北平原、黄淮海平原及沿海小平原都不同程度存在地面沉降,近年沉降范围及沉降速率都呈现快速增长的趋势。地面沉降对地铁、重要市政管网等线状设施都有重大影响。凡通过沉降区的地铁线路和地下设施会整体不均匀下沉,情况严重时会影响地铁运行安全,造成管网破损、排水困难等诸多问题。地面沉降主要是松散地层压缩固结变薄而降低高程,海平面的侵蚀基准面相对抬升,并引发一系列影响。主要评价可压缩层位(如黏土层,粉质黏土)的类型、厚度、埋深与空间分布;可压缩层位的粒度、孔隙率、水饱和度,可压缩层位所在地区松散土层厚度、活动断裂活动强度。地裂缝在长三角、北京、西安、山西等城市有发育,此类城市均已有调查评价工作基础。

8.2.2 地下空间要素中的正面与负面清单

正面清单是从保护的角度禁止开发和限制开发,一般以资源类要素为主;负面清单是避免生态、环境恶化,从保障城市安全的角度避开不利区域,而禁止和限制。无法避开时,必须提高开发技术水平,采取安全性防护措施,减少开发风险。

1. 正面清单

(1)自然保护区。包括城市自然保护区、古树名木分布区、野生动物栖息地、湿地保护区、森林公园、风景名胜区、城市禁建区,重要生态绿地、地表水系河道等透水空间区。

(2)重要水源地和涵养区。包括地下重要含水层国家级、省级、市县级备用或应急水源地,城市重要水源地、饮用水源保护区、著名泉水保护区、人工水库区。

(3)地下文物埋藏区、遗址保护区。

(4)正在运行地下空间。包括地下管线、地下交通设施、地下建筑设施。

(5)地下保护层。包括地下第一承压含水层、地下潜水与承压水的隔水层、地下关键持力层、浅层空间重要支撑层、地下重要矿产资源层。

(6)其他保护区。

2. 负面清单

(1)构造活动区。包括活动断裂带、断裂破碎带、地震带、基岩中局部高应力分布区。

(2)岩溶洞穴与地下空间分布区。包括地下溶洞分布、地下天然洞穴分布区、废弃空间分布区、矿山地下空间分布区、地下桩基分布区。

(3)特殊物理场。包括地温场变化区、高磁场区、高放射场区、高水流场区、高应力场区等。

(4)特殊岩土体分布区。包括软土淤泥分布区、流沙及液化砂土分布区、湿陷性黄土分布区、膨胀土分布区、孤石分布区、红层泥岩分布区、厚风化土分布区、厚人工填土分布区、垃圾填埋场地分布区等。

(5)地下水。包括高水头承压水分布区、高地下水水位地区、海水入侵地区、地下水污染区。

(6)地面形变区。包括地裂缝、地面沉降分布区。

(7)重力灾害区。包括崩塌、滑坡和泥石流等灾害分布区。

(8)有害气体。包括地下氡气、汞气、甲烷气分布区。

(9)高风险区。包括自然灾害高风险区、地下油气储存设施周边区、运输管道等危险品周边区域。

8.2.3 特殊要素影响评价

在众多与地下空间开发相关要素中重点关注需要保护的要素、需要避开的要素、需要提高开发技术能力、增力开发成本的要素和需要协调的要素。

1. 需要保护的要素

一是从地下地质结构稳定安全角度,地下空间开发后是否能稳定取决于底部是否有特定的支撑层,上部是否有不会坍塌的稳定覆盖层,这是需要保护的要素。

二是从生态环境和资源安全的角度,地下空间开发要避免对生态环境要素产生影响和破坏,包括野生动物栖息地等生态保护、重要水源地等水资源保护、地下矿产与文化资源保护、地形完整性和自然地貌环境保护、历史名泉保护等。地表水系、地下重要含水层,国家级、省级、市县级备用或应急水源地,在进行国土空间或地下空间规划时,划定为禁止开发区或作为特殊保护区。

三是重要生态绿地、水系河道等生态敏感地区,作为整个城市重要的透水空间,从全市的角度保证了城市大面积的透水率,维护城市整体地下生态安全。

2. 需要避开的要素

地下空间要避开严重的不良地质条件,使地下工程的经济性更优、耐久性更出色,一方面节省建设投资,另一方面保证地下建(构)筑物长期不受影响,避免由于地下工程建设过程中对周围的岩(土)体产生扰动,致使地质环境进一步恶化,诱发地质灾害。

一是构造活动区域,断层破碎带工程性质较差,透水性强,在开发过程中容易引起地面沉降变形和涌水事故,在施工过程中遇到断裂带,会导致严重的塌方、涌水和泥石流等灾害。活断层可能诱发构造地震,在饱和粉土、砂土区,地震导致砂土液化,施工过程中易出现基坑边坡坍塌、隧道围岩变形破坏,运营过程中易导致隧道和相关设施变形破坏。平原区隐伏活动断裂两盘的水平或垂直的移动都会对地下空间造成拉裂、变形甚至破坏,对于跨断裂建设的地下空间,如地下隧道、重要市政管线、地下综合管廊等,会造成极大的破坏。在构造活动强烈的硬质岩中开发地下空间会积蓄高地应力,容易发生岩爆问题。

二是特殊土发育区,软土普遍具有高含水率、高压缩性、强流变性、触变性和流动性,地基承载力低,易于压缩变形,且沉降持续时间较长;在基坑和隧道开挖过程中,降排水和支护较为困难,基坑边坡和隧道围岩易变形破坏,同时还会引起周边建(构)筑物开裂、地面变形破坏。液化土层(砂土)经历短暂的震动过程会完全丧失抗剪强度和承载能力,给地下工程建设造成十分不利的影响。在卵砾石层中开挖基坑和隧道时,容易产生塌落、坍塌、涌水。

三是有害气体发育区,氡气属于放射性气体,常沿断裂、破碎带等地质薄弱部位富集,并沿这些部位由地下深部向大气扩散,可沿各种缝隙进入地下空间,达到一定浓度,会对人体造成伤害。汞气在土壤中普遍存在,如果地下汞的含量超标,对地下空间的开发同样不利。甲烷气体在开发过程中会引发火灾事故。

3. 需要提高开发技术能力、增加开发成本的要素

地下空间有的是线性工程，需要穿越不同的岩土层和不良岩土层，另外地下空间开发还需要考虑多种因素，不可能完全避开保护区和高风险区，会受地质结构制约、活动断裂构造制约、地下岩溶制约、软土孤石等特殊地质体制约、不同深度桩基制约、地下有害气体制约、地下岩土层中放射性制约、地下水渗流场制约，地下已利用空间、工程、废弃工程制约。一是需要攻关关键技术，利用先进技术提高开发能力，确保施工安全；二是需要相应增加投资、提高防护能力，确保运行安全。

4. 需要协调的要素

承载力高、压缩模量小、边坡稳定性好的土层，适合于建筑工程、地下暗挖及隧道工程建设。如黄土、致密石灰岩沉积层、较硬的黏性土、密实的砂土和基岩风化层适宜于开发大型单体地下空间。地下水资源、地温能资源、渣土资源需要与地下空间协同与综合利用。

8.3 地下空间全资源评价

利用资源相对性原理进行全资源评价。资源是相对的，是通过相对指标对比、可使用的功能来确定资源属性和属于何种类型的资源。地貌是资源，平原可以种植、可以进行城市建设；山地可以植树保持生态多样性、可以涵养水源；肥沃的土地可以生产作物，贫瘠的土地可以进行工程建设。地下空间是资源，开发出来的地下"岩土"也是资源，地下水是资源，地下温度异常也是资源。需要对地下空间进行全资源评价，通过比较决定主要开发哪种资源，协同开发利用哪种资源，舍弃哪种资源。

城市高质量发展需要整合资源，将产业领域覆盖到地下空间、地下水、地热、浅层地温能、矿泉水、地质遗迹、天然建筑材料、渣土等地下地质资源与地下空间场所，有效带动地下空间综合开发利用以及地热、浅层地温能、旅游地质、农业地质等清洁绿色产业发展，打造地下全资源全产业链体系。

全资源评价主要包括城市地下空间资源评价、城市地下水资源可利用性评价、城市地热能资源综合利用评价、城市矿产资源潜力可开发性评价、城市矿山开采遗留空间可利用程度与开发潜力评价、城市地下岩土中建筑材料分等定级评价。

城市地下全资源评价需要遵循整体性原则、协同性原则和发挥综合效益原则。必须将地下空间资源作为整个资源系统中的一部分，考虑系统中所有因素对资源的影响；坚持为资源开发规划服务的原则，坚持经济、生态、社会效益相统一，充分考虑资源开发利用所产生的综合效益。

8.3.1 地下空间资源评价

从自然资源管理的角度出发，地下空间资源作为土地资源的垂向延伸，其属性是地下空间资产确权的基本要素,关注点是地下空间资源的质量、边界,是地下空间资源的分层确权。从国土空间规划的角度出发,地下空间是国土空间的重要组成部分,是城市综合承载力的重要保障,关注点是如何强化底线约束,有效服务于生态优先,集约有效开发地下空间,并弹性预留发展空间;从工程实践的角度出发,其关注的要点是地下空间所赋存的地质结构是否满足开发的要求,是否存在影响开发的地质问题,如何经济安全地开发地下空间。

地下空间资源与矿产等实体资源不同,地下空间是在地下岩土介质中挖出岩土实体之后留下的虚体空间资源,与矿产资源之间是"镜像"关系,矿产资源开发利用后留下的空间是地下空间资源。而地下空间资源的数量、质量不是简单的空间体积多少和空间体积的大小就能够真实地表达地下空间资源量,关键是评价能被安全利用的地下空间资源量。

安全利用资源量取决于两方面的因素:一是自然因素,在不采取任何防护措施的前提下,从地下岩土介质中开拓出能保持空间安全稳定的最大资源量,这是地下空间资源的自然阈值,规划利用地下空间资源不能超出这个阈值;二是经济技术因素,在采取防护措施条件下,地下空间安全资源量,包括现状经济技术和预期经济技术;在现状经济技术条件下,最大限度采取人工防护措施后,能保持空间安全稳定的最大资源量,这是地下空间资源的现状阈值;在未来可预期攻克的经济技术条件下,采取防护工程,仍能保持安全稳定的最大资源量,这是地下空间资源的预期阈值。因此,可以理解为地下空间资源量有 4 类,即全空间资源量、预期可开发资源量、现状可开发资源量、自然可开发资源量。

城市地下空间资源的评价是对"全空间、预期、现状、自然"4 类资源量的类型、数量、质量的评价,是制定城市地下空间开发利用规划、建设、论证、审批的依据。

全空间资源量是城市一定深度全部开挖后留下的空间资源量,总资源量等于城市可开发面积乘以可开发深度的量,用 DK_q 表达;自然可开发资源量是在自然形成的岩(土)体中可开发的安全资源量,用 DK_z 表达;现状可开发资源量是利用现状经济技术防护能力拓展后的资源量,用 DK_x 表达;预期可开发资源量是现状可开发资源量基础上预期提高能力后的开发资源量,用 DK_y 表达。

$$DK_q > DK_y > DK_x > DK_z$$

重点评价地下空间自然可开发资源量。地下空间自然可开发资源量,一是取决于地下岩土介质类型、地下岩土介质规模;二是取决于地下岩土介质结构的完整性、成分的稳定性、环境稳定性;三是取决于岩土介质容水能力、透水能力、水饱和、不饱和与干的不同状态下的软化差异;四是取决于岩土介质工程稳定性,抗压、抗剪、抗拉强度;五是取决于岩土介质中断裂、空洞等缺陷发育程度;六是取决于顶底板的稳定性。因此,地下空间自然可开发资源量需要分区域、分层、分岩土类型进行评价。

分层次的评价有利于管理和使用。以地下空间规划为例,在其总体规划阶段,控制性详细规划阶段所关注的内容是大不相同的;不同的规划区域,评价的侧重点也不尽相同。不同层级、不同地区的专项规划结合实际选择不同的编制类型和精度。平原地区第四系覆盖层巨厚,其评价指标的选择应考虑土体变形、渗流、液化、水的突涌、地面沉降等问题;在喀斯特地区,其评价指标应包含断裂构造、岩溶发育特征、地下河等与岩溶密切相关的因素;在山区城市开发利用地下空间,地形地貌、地质灾害、岩(土)体条件则应考虑在评价因素内。评价指标的选择应根据评价对象所处地质环境的特点,有针对性地选取指标体系,宜准不宜散、宜精不宜多。在指标量化取值方面,采用以监测作为边界条件进行约束的数值模拟、物理模拟、仿真计算等手段进行研究,综合确定指标取值,合理划分评价区间。

1. 地下空间资源分区域评价

城市地下空间资源分区评价取决于城市地形地貌,城市生态、生活、生产空间的布局,以及城市建设空间的功能。

1)按城市地形地貌单元分区评价

该评价主要按水体地貌,冲积平原(盆地)地貌,黄土及残坡积丘岗地貌,剥蚀低山、丘陵地貌划分评价单元。这些地貌单元之下地质结构不同,然后结合岩土体类型进行地下空间资源评价。

平原地区城市依据水体和水系地貌单元进行分区评价,一般划分为水体评价单元(河流、湖泊、滨海)、一级河湖阶地评价单元、二级以上阶地评价单元。

山区城市按侵蚀低山、堆积山间小盆地和过渡性丘陵3个地貌单元进行分区评价,重点是小盆地和过渡性丘陵,山地以评价连接小盆地的过山隧道为主。

丘陵岗地城市与平原相间城市按河流冲积盆地单元、残留岗地单元、孤立低山单元进行评价,如武汉、南京等城市。

2)按生态、生产、生活空间单元评价

按生态保持空间、农业生产空间、城市生活与工业建设空间、重大工程建设空间4类单元进行地下空间资源评价。重点是城市生活与工业建设空间进行地下空间资源评价。生态保持空间主要以水体、湿地、森林、绿地为主,主要评价穿越型交通、管线功能空间资源。农业生产空间是城市潜在规划区,可进行地下空间潜在资源评价。

3)按城市主体功能区单元评价

城市主体功能区单元包括居民生活区、政府办公区、商业核心区、工业园区、大学城区、生态绿化广场公园区。这些区域对地下空间的功能需求不同。

2. 按岩土类型评价

城市地下空间资源分层评价,主要是依据地下岩(土)体结构类型与地下水结构类型进行分层评价。

厚覆盖平原城市以松散沉积土层为主,城市区包括上部填土层和下部冲积土层;城市郊区和农业区包括上部耕作土壤层、下部冲积松散土层;水文地质结构为潜水层、隔水层和下部多个承压水层与隔水层。以潜水面为界,潜水面以上为自由空间,受地下水影响相对较小,可开发利用资源量较大,可规划上浅层空间。潜水面与隔水层之间的潜水层、土层松软、水饱和度高,可作为浅层空间资源评价,需要防水抗浮。潜水层之下的隔水层往往为黏性土层,甚至是硬土层,含水率低,是城市中低层建筑的桩基的主要持力层,从结构稳定性、工程强度上可评价为主要地下空间资源层,为中浅地下空间层;隔水层之下的第一承压含水层以砂层、粉砂层为主,水饱和,水头压力大,易受振动液化。

东南沿海花岗岩区城市主要为二层或三层结构，上部冲洪积松散土层，下部花岗岩层，或者是上部残积土层、中部风化层、下部花岗岩层；潜水面以上水不饱和，可作浅层空间资源评价；潜水面以下到基岩分界面为潜水含水层，基岩面以下的花岗岩，是最好的地下空间资源。

松散层浅覆盖区多为三层结构，河湖冲积层区与平原区结构类似，填土层、松散沉积土层、基岩层，有潜水层、隔水层和承压含水层，潜水面以上为上浅层空间，潜水层可评价为中浅层空间，隔水层也是持力层，为下浅层空间；承压水层为中上层空间，基岩面以下取决于基岩岩体类型。岗地区为耕作土层、黄土层、砂砾石层和基岩层，主要为隔水层、承压水层和裂隙、岩溶水层，隔水层适合作为中、上浅层地下空间资源，潜力大；隔水层可开发下浅层空间，基岩层中可开发资源量取决于岩石类型、完整性、裂隙率。

城市能开发几层空间，每一层空间的可开发深度，由城市地下地质环境条件决定，受控于地下主要支撑层的分布，并受地下断裂带、软土层、岩溶带、地下水承压含水层和其他地下地质缺陷影响。对于全为松散沉积层的城市，主要因素是砾石层、硬黏土层等为主要持力层的分布，而全为基岩的城市则取决于不同的岩石类型。对于花岗岩、火山岩的地区，取决于风化层的厚度、断裂带的分布、花岗岩的结构均匀性和裂隙发育程度，以及在花岗岩分布面积大小与周边其他岩石的接触关系。对于固结程度不同的"红层"等地砂泥岩分布区，取决于砂岩层的厚度、区域延伸范围，泥质岩石的分布。

3. 地下空间功能与分层

（1）城市管网、人行通道、地下停车场等上浅层功能空间可在潜水面以上土层、填土层、耕作层中开发。

（2）城市浅层交通、综合管廊、地面结建地下室、地下人防等中浅层功能空间可在地下隔水层、硬土层中开发。

（3）城市地下快速交通、物流功能、商业、娱乐、休闲、文化等下浅层功能空间可在地下第一承压水层、砂砾石土层中开发。

（4）城市地下垃圾处理厂、污水处理厂、变电站等上深层功能空间可在地下深层承压水层、隔水层、花岗岩等岩层中开发。

（5）城市地下高速交通、储水等下深层功能空间可在基岩层、风化层中开发。

4. 地下空间资源评价模型

城市地下空间资源在三维可视化信息平台上进行评价，地下空间资源分层评价的结果转化成地下地质资源模型和地下空间资源模型。将建立的城市地下空间资源模型融入到城市地下管道、城市已有地下空间开发模型之中，服务于城市的空间下协同规划和地下工程设计。

地下空间资源的评价主要基于传统地理数学方法建立评估模型，利用三维 GIS 技术，进行分析评价。层次分析法、灰色系统理论、综合指数法、模糊集理论等方法都在地下空间评价中得以应用。评价过程中，有两种实现三维立体化的方法：一种是确定评价因子后进行空间配准，统一坐标系统，从而形成三维实体；另一种是建立评价指标体系，然后依托相应模型确定评价单元体,对评价区域进行三维剖分。对地下空间进行三维评价主要是基于地下空间的立体特征,除了对地下空间资源及开发情况进行评价外,还可以实现评价结果的三维可视化,形成平面模型、"平面+竖向分层"模型、真三维数据模型。

8.3.2 地下水资源评价

我国现阶段城市规划建设进程中,对地下水资源战略的保护意识薄弱,鲜少考虑地下空间开发对城市浅层地下水资源存储的影响,如地下空间结构对浅层含水层隔断导致连续含水层破碎、地下空间开发对地下水的疏干、地下空间对地下水补给隔断等。因此,城市地下空间开发利用中必须利用、保护地下水资源,立足人类可持续生存战略高度看待地下水资源的保护、利用和管控,采用必要的技术和行政手段守住地下水资源的红线。

据水利部介绍,全国还有 10 个地下水超采比较严重的地区,包括东北的三江平原、松嫩平原、辽河平原、西辽河流域,中部的黄淮地区,西北的鄂尔多斯台地、河西走廊、吐哈盆地、天山南北麓,以及华南北部湾地区。

地下水赋存于地下岩土层的孔隙、裂隙和空洞之中,也是地下岩土的组成部分,地下水的存在形式有多种,包括气态水、固态水、结合水和重力水,地下水资源评价主要是评价日常能自由流动的重力水。地下水有多种功能,包括资源功能、环境功能、生态功能、能源储存和能源传输功能。地下水的利用要兼顾多种功能,需要进行地下水资源评价、地下水环境评价、地下水生态评价、地下水能源评价。

地下水储存量是地质历史时期累积形成的地下水资源量,是城市自然资源资产的重要组成。城市地下水资源评价包括地下水总资源量、分层资源量和可利用资源量。地下水资源评价内容主要包括水量和水质两个方面,其中水量评价即对地下水资源可开采量进行评估,对各种水资源量进行计算,确定允许开采量及用水保证率。而水质评价则主要是对地下水的质量等级进行评价。含水层的矿化度、杂质含量、污染状况等在地下水环境部分进行评价。

1. 地下水资源量评价

按地下水(潜水)资源、地下承压水资源进行评价。

地下潜水资源量(容积储存量)为潜水面之下与地下隔水层之上所有潜水的总资源量,由潜水层厚度乘分布面积再乘给水度计算得出。潜水资源量是动态变化的,随着雨季、旱季的季节而上升或下降。因补给充足,可利用资源量接近当季潜水资源量。

对地下承压水资源量分层进行评价,发育几个承压含水层就评价几层。承压水含水量为上、下两个隔水层之间保存的所有重力水,总资源量为承压含水层体积乘储水率,实际可利用资源量需要通过科学计算。

地下水可开采量的评价方法主要有实际开采量评价法、可开采系数法和多年调节计算法。可开采利用资源量需要保持水量平衡和可持续利用。

1)水量平衡原则

在枯水季或枯水年可对地下储存的水进行一定程度的开采利用,而在丰水季或丰水年再对其进行补充,但最基本的要求是对地下水的开采量不能超过多年平均补给量。

2)可持续利用原则

确保能够长期持续稳定地开采地下水资源,使得水资源开发利用的环境、经济效益科学化、合理化。

2. 水质评价

自然形成的地下水按矿化程度不同可分为淡水、微咸水、咸水、盐水、卤水。按地下水相关评价标准判定地下水质量等级和可利用用途。

3. 地下优质矿泉水及冷泉评价

通过局部区域的水质分析,在花岗岩等基岩裂隙水中有可能含某些特殊元素(偏硅酸、锶等)而成为优质矿泉水。

在地下松散沉积砂砾层中富含高 CO_2 气体而使所在区域的地下水成为冷泉。

8.3.3 地下能源资源评价

在城市深部(一般2000m以下)主要评价地热资源。城市浅层主要评价浅层地温能资源、在开发地下空间时的综合利用。如地下水源热泵适宜性分区评价。

将地下水源热泵适宜性分区的评价因子定为:潜水埋深、含水岩组厚度、含水岩组介质类型、潜水富水性、承压水富水性、潜水渗透性、承压水渗透性、潜水水质、承压水水质、温度、地形地貌、地质灾害类型分布以及水源地保护区范围分布共13个。从属性上又可分为基本水文地质条件、富水条件、渗透条件、水质及水温条件、地质及环境条件五大类,层次结构如图8-2所示。其中A层为目标层,B层为对象层,C层为指标层。

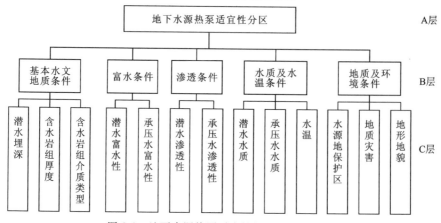

图 8-2 地下水源热泵适宜性评价层次结构图

8.3.4 地下矿产资源评价

地下矿产资源是实体资源，主要包括金属矿产资源、非金属矿产资源及化石能源资源。地下500m以浅的金属矿产资源多已经过普查勘探，提交相应级别的资源量，有的开发后已发展成为矿业城市。矿产资源仍然是城市发展的基础，需要继续进行精准的矿产资源勘查，保障城市发展所需要资源的可持续供给。城市地下煤炭资源已经过勘探、开发，有的已形成煤炭城市，也需要扩大资源量。

地下松散土层发育区在特殊的沉积环境中有可能形成能发挥经济价值的矿产资源，如古河道砾石层中金矿资源、滨海地区的金红石砂矿资源，古海滩地区的优质石英砂资源、岗地区的优质高岭土资源。通过获取的地质全要素中评价矿产资源的空间分布范围、埋藏深度、顶底板类型，依据已知的矿物、元素成分含量，初步评价潜在资源量、品质和估算潜在经济价值，为有开发价值的矿产资源进行详细勘探提供基础，为地下空间资源开发时综合利用提供资源信息。

固结岩石中有可能含有金属矿产资源、非金属矿产资源，通过获取地质全要素初步评价，大致进行资源价值评估，为详细勘探提供信息。

8.3.5 地下"渣土"资源化评价

地下空间开发后形成了数量相当可观的"渣土"，这些资源有的作为城市建设的地基填土，有的作为铁路、公路建设路基填土而得到消解和利用，但还有大量的"渣土"作为弃土堆放，侵占地表土地，同时污染地下水，并成为新的不安全因素。不符合生态文明高质量发展阶段创新、协调、绿色、开放、共享的发展理念，没有达到循环、再生、绿色、高效利用各类资源的要求。因此，需要从获取的地下全要素地质信息中提前对将来开发后形成的"渣土"资源进行评价，建立"渣土"资源档案和"渣土银行"，真正进入综合、循环、绿色开发利用地下空间，促进城市高质量发展的新阶段。

1. 地下岩土成分、结构评价

在城市地下基本单元层评价的基础上，对单元层从建筑材料、填料、工业用材料的相关标准进行成分、结构、岩石完整性等方面再评价，建立每个单元满足相关需求的成分、结构及特殊工艺要求的特征档案。如有的岩石可作饰面板材，有的可作水泥、化工的填料，有的可作润滑的泥浆，有的硬度能满足加工成不同粒度要求的混凝土配料，有的可以加工成防火材料及新型建筑材料等。

2. 地下空间规划开发层"渣土"资源化评价

地下空间规划后，对将要在一定时期地下空间开发后形成的"渣土"进行再评价，建立"渣土银行"，与需求单位进行对接。开发时施工单位与"渣土"利用单位共同研究开发方式，同时能满足开发地下空间工程要求和使"渣土"得到充分利用的要求。

8.4 城市地下空间环境评价

地下空间涵盖物理空间、化学空间(气态)、地下水空间、场空间(应力场、温度场、电磁场、放射场空间等),这些空间就是空间环境。

利用系统再平衡理论(环境可变性理论),进行国土空间全环境评价,不同的地貌区是不同的环境,不同的水体区是不同的环境,地下不同的岩(土)体类型是不同的岩土环境,不同的含水程度是不同的地下水环境,不同应力场、温度场、重力场、磁场、化学场是不同的地球物理和地球化学环境。同时,环境是变化的,有物质、能量、信息的带进和带出。地下空间的开发、重大工程的建设、矿山的开采、水库的蓄水等都会发生环境的变化,与人类生活关系密切的城市地区更是需要进行环境评价。

地下空间环境是地球表层系统的一部分,地球表层环境系统主要由大气圈、水圈、生物圈、土壤圈、岩石圈等组成,本质是把地球表层看作一个不可分割的整体,各个自然要素在其中相互联系、相互依赖、相互制约、相互渗透和相互作用。地下空间环境评价应遵循整体性、相关性、有序性、动态性和开放性原则。

地下空间环境评价主要包括岩土环境、水环境和生态环境评价。

8.4.1 地下岩土环境评价

在城市发展和建设过程中,城市工程地质条件对城市规划布局,地上地下设施的影响越来越大。随着地下工程的深层化、巨型化、大规模化,对地下空间安全和地质环境安全评价尤为重要。

地下岩土环境是由地下岩(土)体及其中发育的地质缺陷及特殊岩(土)体共同组成的物理空间环境。它是水环境、生态环境的载体,是地下空间被开拓的实体,也是地下空间支撑条件环境。

1. 地下空间岩土工程强度评价

1)土层(体)评价

土层是基岩上部地表层松软的地质组成物质,包括卵砾石、砂土、粉质土、黏土等类型。土层体现土体的强度。土层承载力高、压缩模量小、边坡稳定性好时,适合于地下暗挖及隧道工程建设,土层的强度可划分为 5 级,包括高强土层(体)、强土层(体)、中强土层(体)、弱土层(体)、极弱土层(体)(表 8-8)。

2)岩层评价

岩层是岩石圈中尚未风化或未完全风化部分,基岩露出地面或覆盖于土层下,质地较为坚硬、持力性良好,是优良的地下空间资源环境物质和地质载体,但是开发难度较大。一般城市基面较少选择裸露岩层,但是隧道、地铁及大深度地下空间会穿越或进入岩层。岩层地质构造复杂,对地下空间开发的影响也难以简单分类。岩体工程地质特征主要包括岩体结构状态及岩石强度。参照土体划分为高强岩层(体)、强岩层(体)、中强岩层(体)、弱岩层(体)、极弱岩层(体)(表8-9)。

表8-8 土体强度划分表

土层(体)强度	承载力	压缩模量	土体稳定性	软化性	土体类型
高强土层(体)					卵砾石
强土层(体)					黄土、石英砂
中强土层(体)					砂土、粉土、红土、硬土
弱土层(体)					饱和黏土
极弱土层(体)					淤(软)泥

表8-9 岩体强度划分表

岩层(体)强度	承载力	压缩模量	土体稳定性	软化性	土体类型
高强岩层(体)					石英岩、石英砂岩、硅质岩
强岩层(体)					花岗质岩、流纹岩、玄武岩、砾岩、长石砂岩、片麻岩
中强岩层(体)					岩屑砂岩、灰岩
弱岩层(体)					板岩、千枚岩、泥岩
极弱岩层(体)					页岩、红色泥岩、石膏

2. 地下空间岩土中地质缺陷与特殊岩土评价

地下岩(土)体中常常因自然因素或人为因素而存在地质缺陷,或是某种特殊环境条件下形成了特殊结构成分的岩(土)体,都会对正常的岩土环境产生重大影响,如降低岩土结构的强度,降低岩土地基的稳定性,及增强不确定性。断裂带发育、岩土层破碎,降低强度、增强透水性;易液化砂土、软土、季节性冻土、膨胀土等都使岩土层整体强度发生变化;地下岩溶、溶洞、地下孤石、地下桩基等地质缺陷都会改变地下岩(土)体的岩土力学性状。

3. 地下空间岩土环境质量分区

土体或岩体直接控制地下空间开发的难易程度,岩层和土层的岩性及工程性质参数差异较大,在综合研究和评价岩(土)体工程地质强度、岩土中地质缺陷、特殊岩土的基础上,结合地形地貌、水文地质条件、地质构造、岩(土)体的隔热、抗震等物理性能,对城市岩土环境质量进行立体分区,并分区评价(表8-10)。了解城市岩土类型的空间变化,合理利用天然地基,科学规划不同类型的场区,合理选择地下空间利用深度与形式,更好地做好城市地下空间的科学规划,并给地下空间工程设计、工法选择、支护设计等提供岩土环境需要的参数。

表 8-10 岩土环境质量分区表

质量分区	完整性	承载能力	地质缺陷	岩土类型
环境质量优质				石英岩、石英砂岩、硅质岩
环境质量良好				花岗质岩、流纹岩、玄武岩、砾岩、长石砂岩、片麻岩
环境质量一般				岩屑砂岩、灰岩
环境质量较差				板岩、千枚岩、泥岩
环境质量差				页岩、红色泥岩、石膏
环境质量极差				

8.4.2 地下水环境评价

在城市地下水基本要素评价、地下水资源评价的基础上进行地下水环境评价,地下水资源与地下水环境是以地下岩土为基础从不同视角、维度对水的评价,便于更好地认知地下水的本质,在地下空间资源开发、地下水资源利用、城市防洪、生态环境保护中更好地统筹、协同,规划城市水资源、水环境、水生态系统。

1. 城市地下水平衡系统评价

地下水像地表河流、湖泊一样,在一定的条件下汇集于某一排泄区的全部水流,自成一个相对独立的地下水流系统,处于同一水流系统的地下水往往具有相同的补给来源,密切的水力联系,形成相对统一的整体;而属于不同地下水流系统的地下水,则指向不同的排泄区,相互之间没有或只有极微弱的水力联系。

不同岩土结构的城市发育多个地下水系统、子系统,包括垂向分层子系统、系统,横向分区子系统、系统。城市地下空间依据功能有的在一个地下水系统,有的穿越垂向系统、有的跨越横向系统,而线状地下工程则跨越城市多个地下水系统。跨越多个系统、子系统的地下空间工程将打破原地下水流平衡系统,而形成新的地下水流平衡系统。

地下水流系统是空间上的立体系统,垂向上自地表面起至地下某一深度出现不透水基岩为止,深度从几米、几十米、几百米甚至上千米,自上到下呈现多层次的结构,可区分为包气带、饱和水带两大部分。其中包气带又可进一步区分为土壤水带、中间过渡带和毛细水带 3 个亚带;饱和水带则可区分为潜水带和承压水带两个亚带。分属不同的地下水流系统。平原、丘陵、山地城市垂向单元的厚度和深度不同,有的甚至缺失,与基岩埋深和松散层厚度关系密切。横向上受古潜山、侵蚀界面、断裂界面、侵入界面等隔水边界分割形成横向独立的地下水流系统、子系统(地下集水空间)。

地下水流系统由众多的地下水流组合而成的复杂的动态系统,在系统内部不仅难以区别主流和支流,而且具有多变性和不稳定性。这种不稳定性,可以表现为受气候和补给条件的影响呈现周期性变化,或在地下空间开发、大量开采地下水或人工大规模排水的条件下,促使地下水流系统发生剧烈变化,甚至在不同水流系统之间造成地下水劫夺现象,合并或分开地下水流系统,建立新的地下水流系统。

地下水流方向在补给区表现为下降,但在排泄区则往往表现为上升,有的甚至形成喷泉。地下水流系统涉及的区域范围一般比较小,在一块面积不大的地区,由于受局部复合地形的控制,可形成多级地下水流系统和不同等级的水流系统,它们的补给区和排泄区在地面上交替分布。

1) 评价地下水系统的地下水类型、地下水矿化度

一是评价地下水系统的边界、地下水单元的规模、空间形态。二是评价地下水系统内源区、汇水径流区、蓄水区、泄水区的组成。三是评价系统内的地下水赋存类型,孔隙水、裂隙水还是溶隙水。四是评价地下水系统内地下水的埋藏类型,上层滞水、潜水还是承压水。五是评价地下水的矿化类型:①淡水,矿化度小于 $1g/L$;②微咸水,矿化度 $1\sim3g/L$;③半咸水,矿化度 $3\sim5g/L$;④咸水,矿化度 $5\sim10g/L$;⑤卤水,矿化度大于 $10g/L$。

2) 评价地下水系统的补给汇集和蓄水空间

一是评价独立地下水流系统补给源与补给方式,包括河流、湖水、塘水、水库等地表水补给,季节性降水补给,横向相邻地下水系统侧向补给;上下相隔地下水系统的越流补给;森林、湿地等生态水补给;农业灌溉水补给,工程降水补给,人工灌水补给,地下水管线泄漏补给。二是评价地下水系统的补给通道与汇集通道,地面自然入渗,受硬化路面的绿化带入渗,自然地貌的砂土或黏土入渗,暗浜通道入渗、古河道入渗与汇集、断裂带入渗与汇集、岩溶通道汇集。三是评价地下水系统的蓄水空间,评价蓄水岩土层孔隙率、裂隙率、溶隙率、渗透系数和容水度,评价蓄水空间边界隔水能力,隔水层厚度,其他隔水构造的隔水能力;这类蓄水空间包括岩层中单斜蓄水构造、背斜蓄水构造、向斜蓄水构造、断裂型蓄水构造、岩溶型蓄水构造等,松散土层中的山前冲洪积型蓄水构造、河谷冲积型蓄水构造、湖盆沉积型蓄水构造等。地下水的排泄主要有泉、潜水蒸发、向地表水体排泄、越流排泄和人工排泄。

地下水补给划分为以下 5 级。

地下水补给丰富区:单位面积地下水补给量大于 50 万 $m^3/(km^2 \cdot a)$。

地下水补给较丰富区:单位面积地下水补给资源量 20 万~50 万 $m^3/(km^2 \cdot a)$。

地下水补给中等区:单位面积地下水补给资源量 10 万~20 万 $m^3/(km^2 \cdot a)$。

地下水补给较贫乏区:单位面积地下水补给资源量 5 万~10 万 $m^3/(km^2 \cdot a)$。

地下水补给贫乏区:单位面积地下水补给资源量小于 5 万 $m^3/(km^2 \cdot a)$。

3) 评价地下水流系统的稳定性和水头压力

自然界的岩石、土壤均是多孔介质,存在着形状不一、大小不等的孔隙、裂隙或溶隙,有含水、不含水、透水、不透水,含水的为含水层、含水带、含水体或含水岩组。含水而不透水或透水能力很弱的为隔水层、隔水带、隔水体,如质地致密的火成岩、变质岩,以及孔隙细小的页岩和黏土层均可成为良好的隔水层。实际上,含水层与隔水层之间并无一条截然的界线,它们的划分是相对的,并在一定的条件下可以互相转化,主要取决于水头压力。不同含水系统之间是不同水位高度、不同水头压力、不同蓄水量的独立含水系统,靠两者之间的隔水层、隔水断层、隔水带维持平衡。当含水系统之间水头压力差达到一定程度时,隔水断裂、隔水带可能

被穿透,隔水层转化为透水层,高水头系统的地下水通过薄弱带进入低水头系统,造成突水事故,引发地质灾害。

2. 城市地下水的开采现状评价

按地下水系统评价城市地下水的开采利用现状,划分为6级。

超采区系统:地下水开采潜力小于0。

采-补平衡系统:地下水开采潜力 $0\sim1$ 万 $m^3/(km^2 \cdot a)$。

潜力较小系统:地下水开采潜力 1 万~5 万 $m^3/(km^2 \cdot a)$。

潜力中等系统:地下水开采潜力 5 万~10 万 $m^3/(km^2 \cdot a)$。

潜力较大系统:地下水开采潜力 10 万~20 万 $m^3/(km^2 \cdot a)$。

潜力大系统。地下水开采潜力大于 20 万 $m^3/(km^2 \cdot a)$。

3. 城市地下水的环境污染评价

城市地下水污染主要威胁饮水安全、食品安全和居住安全等。地下水环境污染在我国大中城市有不同程度的存在,其中,近一半的城区地下水污染呈加重趋势,并从点状污染向带状和面状污染发展。我国地下水质量南方优于北方,东部平原区优于西部内陆盆地,山区优于平原,山前及山间平原优于滨海地区,古河道带优于河间地带,深层地下水质量常常优于浅层地下水。

城市地下水污染包括污染程度评价和污染组分评价。

1)污染程度评价

地下水环境污染程度划分为严重污染、中等污染和较轻污染 3 级。

2)污染组分评价

地下水环境污染组分包括硝酸盐氮、亚硝酸盐氮、氨氮、铅、砷、汞、铬、氰化物、挥发性酚、石油类、高锰酸盐指数等指标。松嫩平原主要污染物为亚硝酸盐氮、氨氮、石油类等;下辽河平原硝酸盐氮、氨氮、挥发性酚、石油类等污染普遍。华北地区主要污染物为硝酸盐氮、氰化物、铁、锰、石油类等。西北内陆盆地地区主要污染组分为硝酸盐氮。黄河中游、黄土高原地区主要污染物为硝酸盐氮、亚硝酸盐氮、铬、铅等。西南地区的主要污染物为亚硝酸盐氮、氨氮、铁、锰、挥发性酚等。中南地区主要污染物为亚硝酸盐氮、氨氮、汞、砷等。东南地区主要污染物为硝酸盐氮、氨氮、汞、铬、锰等。

4. 城市地下水环境问题评价

城市主要环境地质问题有区域地下水降落漏斗、地面沉降、地面塌陷、地裂缝、海水入侵和土壤盐渍化等。

在环渤海地区、长江三角洲的部分沿海城市和南方沿海地区,由于过量开采地下水引起不同程度的海水入侵,呈现从点状入侵向面状入侵的发展趋势。海水入侵使地下水产生不同程度的咸化,土地发生盐渍化。

上层滞水对地下空间的开发、施工和维护影响较小。承压水中开发地下空间适宜性差。

潜水区域基本适宜地下空间工程开发建设。

8.4.3 地下生态环境评价

地下空间的生态环境评价主要是对地下空间的生存环境评价。另一方面则是对水生态环境评价。

地下空间中影响空气品质的主要因素有潮气、氡气、汞气、易挥发性有机化粒子（包括纤维）、微生物等。

地表空气虽然受当地环境的影响会发生局部变化，但总体上通过对流和净化，相对还是均匀和比较干净的。但地下岩土层中开发出的地下空间，即使引入了地面的空气，但地史时期形成的不同岩（土）体中本身发育有不同气体，主要有天然气、生物气、瓦斯、二氧化碳、含放射性的氡气等。还有汞金属挥发的气体，有的集中突发，有时缓慢散发，随时间而减弱，这也需要调查和监测。

地表与地下是一个平衡的地下水循环系统，地下空间开发将改变地上地下水循环系统，必将对城市生态系统产生重大影响。地下空间开发中降水引发的古泉干涸等，部分区域地下水水位持续上升并可能导致部分区域沼泽化、地表土地盐碱化的生态环境问题；部分区域地下水的长期持续下降导致植物枯死而引发荒漠化等生态环境问题，而且这一过程持续时间和显现时间可能很长。

8.4.4 地质稳定性评价

地下空间开发后是否稳定取决于底部是否有特定的支撑层，上部是否有不会坍塌的稳定覆盖层，周边是否有应力挤压层和地下水承压层。

在地下工程选址规划阶段，做好区域稳定性的分析与评价至关重要，只有肯定规划区内区域稳定性问题不大，才能保证规划方案的经济合理性与技术可能性，因此，在规划及选址阶段，要对所在区域的地壳稳定性作出评价，即在所使用期限内有无地壳剧烈升降、倾斜、拗折、断裂复活、地震等新构造运动给工程造成的危害，有无大的滑坡与地面沉降的可能等。

8.4.5 地下空间适宜性评价

地下空间适宜性评价应是目标导向并建立基本准则，一是找准定位，二是明确产品的受众群体，三是评价结果应符合所服务对象不同阶段的需求，分层级，从粗到细，逐级评价，达到无缝衔接的效果。未来的适宜性评价应建立三维立体评价系统，从底层加入数值模拟、物理仿真模拟技术，并结合大数据、机器学习、人工智能等技术将评价方法进行嵌入，从而提高评价结果的精度和可靠性。

通过城市地下空间的基础条件、全资源、全环境评价，对城市地下空间开发适应性的总体地质条件宏观层面定性分析评价。这种宏观地质条件评价一般覆盖城市总体规划范围，对城市地下空间起到整体指导作用,同时对于城市总体规划布局、详细规划和高强度开发地段的选址及开发建设条件确定起到重要的支撑性作用。

一般将城市一定深度以上立体空间划分4个区域:①良好并适宜于建设区域;②适宜于建设但须进行局部处理区域;③可进行地下空间开发但须进行复杂处理区域;④工程建设条件较差区域。

8.5 地下空间安全性评价

地下空间集资源、环境、生态于一体,城市地下空间开发存在系列风险,需要对不同阶段可能遇到的风险进行预测评价,以便在规划阶段能避让风险,建设阶段能控制风险,使用阶段能预判风险,监管阶段能预警风险。因此在地下空间规划、设计、施工方案的安全性、经济性、合理性都与地质安全相关,必须全面进行安全预测评价。

8.5.1 规划安全风险评价

从规划角度强化风险评估,合理确定城市选址及用地空间布局,把好安全底线是基本前提。随着城市扩张,一些不适合城市发展的如地震、地质灾害、洪水等影响的高风险地区,也被规划进来。这些高风险区域很容易引发城市安全问题。所以,在城市规划之初,应把风险评估作为前置条件,科学评价风险影响,及早避让高风险地区。

在城市规划阶段,除了注意灾害影响,降低灾害风险,还应在充分考虑土地、水资源、能源、生态环境承载力等支撑条件的基础上,再确定城市的规模、发展方向、空间布局和产业布局。这才能最大限度降低因基础设施支撑能力、资源环境承载力不足带来的城市安全问题。城市选址和规划布局首先要避开危险地段,远离危险源。如果危险源确实不能避让,应严格限制危险源周边用地布局和规模,合理确定避让范围,控制危险源量级,做好应急安排。

城市地下空间规划中所需要考虑的地质因素一般包括基本地质信息(地形、地貌、主要地质构造、地层结构、地下水等)、地质灾害(断裂、液化、沉降、滑坡等)、不利地质因素(高承压水、软弱地层、不稳定地层,或对某种特定建设不利的地质条件等)、不利环境地质因素(土壤、地表水、地下水污染区、生态脆弱区)。

城市洪涝灾害是城市规划阶段必须要面对并采取应对措施的问题,可蓄水地下复合空间作为解决城市内涝问题的重要措施,应在分析该城市的地形、气候、降雨规律等自然条件下,以及城市发展现状和城市基础设施建设等现实条件的基础上,根据内涝发生地的地理位置、成因、发生频率和大小等,对空间进行专业和科学的预测、模拟、计算后制定科学合理的选址与蓄水容量,确保城市充分利用地下空间进行调蓄。

8.5.2 施工安全风险评价

施工建设阶段是风险控制。大规模地下空间开发有可能造成工程地质环境的危害,如:

破坏地下水系;地面塌陷和地裂缝;基坑的开挖引起地基土层的扰动,造成城市地面沉陷,危及周围建成环境;隧道的开挖可能改变岩体自然结构,导致山体滑坡等。因此,地下空间开发还必须事先评估施工过程中可能面临的安全风险,并采取相应防范措施,最大限度地减少对环境的负面影响。

1. 地下已有工程密集区施工风险

工程施工范围内地下管线复杂、密集,环境风险主要包括高压燃气管线带来的风险,高压电力管线带来的风险,给排水管道带来的施工风险,地下通信电缆带来的风险,邻近建(构)筑物带来的风险,既有地铁线路给施工带来的风险。一是工程施工对周边建(构)筑物、道路、地下管线造成不同程度下沉、开裂风险;二是下穿既有地铁线路工程结构沉降、变形甚至开裂,影响地铁运营安全风险。

2. 地下工程施工地质风险

对于地下工程施工地质风险,隧道断面遇到粗砂或砂砾,开挖时容易发生涌水坍塌风险;暗挖穿越上软下硬复合地层(土、石交界面)的风险;在含水地层中,地层加固未达到止水效果和强度要求,造成矿山法施工风险;暗挖隧道穿越断层的风险。隧道穿越微风化地层时,岩质坚硬,采用钻爆法施工,影响周边环境风险。在含有不均匀分布的大粒径漂石、卵石土层中如采用盾构法施工,则可能遇到掌子面失稳、地表隆起或沉降、大粒径漂石造成异常停机、刀具磨损快、掘进慢、刀具抱死等风险,将不利于地下工程的掘进和开挖。厚层砂土、卵砾石层基本无黏聚力,且粒径变化大,机坑施工及在外力、振动、降雨冲刷、管道渗漏等作用影响下边坡易发生坍塌。当采用明挖施工方法时,随着开挖深度的增大,施工引起周围地层变形的控制难度逐渐加大;当采用暗挖法施工时,随着开挖深度的增大,施工引起上覆地层及其周边建(构)筑物的变形影响趋于减小。而人工填土、较厚层的新近沉积土和无水砂卵砾石均使地面沉降控制难度加大,极端情况下甚至可能会引起地面塌陷等不良后果。

3. 暗挖施工过程中的风险

暗挖施工过程中的风险包括掌子面开挖的风险;暗挖段施工时引起各开挖断面的偏压、变断面暗挖风险;暗挖转换工序过多造成的地面沉降风险;拱脚和拱顶失稳的施工风险;钢格栅接头失稳、连接质量不好造成失稳,拱顶、仰拱施工质量通病带来的风险;暗挖断面联络通道施工风险;暗挖竖井中马头门的施工风险。

8.5.3　运行安全风险评价

运行阶段是风险监测预判,包括地下放射场、化学场、气体场对地下空间设施运行带来的风险。地下岩土层中开发出的地下空间,即使引入了地面的空气,但历史时期形成的不同岩(土)体中本身发育有不同气体,特别是二氧化碳、含放射性的氡气及汞气等,有的集中突发,有时缓慢散发。地下空间中影响空气品质的主要因素有潮气、氡、易挥发性有机化粒子(纤维)、微生物等。地下空间环境质量通常表现在空气质量不达标,地铁空间二氧化碳、一氧化碳、甲醛含量及PM10浓度较高,地下商场二氧化碳含量较高,地下旅馆菌落数较高等。

对城市地下空间安全进行全方位识别、合理估测评价,建立有效的风险预警管理机制预防风险事故发生,制定切实可行的应急预案降低风险事故的危害,从而达到安全利用地下空间的目的。

8.6 不同阶段地下地质要素评价

城市从地下空间的整体部署到规划、选址、设计、施工、运营的全生命周期都需要地下各类要素与信息支撑,但每个阶段和环节对要素的重点和要求不同。

8.6.1 城市决策布局阶段

城市地下空间开发与利用同提高人民的生活水平和幸福感息息相关,许多城市开始大量拆除对城市影响较大的天桥、高架桥等,取而代之的是地下通道、地下轨道交通。在城市地下空间开发时要保持良好的生态环境,在决策布局阶段必须考虑"三不要"和"三优先"的原则。即:不要大规模兴建地下永久性住宅,不要将地下会场和大型娱乐场所建在地下,不要在地表河流和湖泊等大型水系、水体下方进行大规模地下空间开发;优先利用无地面负荷的地下空间,优先利用地震、滑坡等地质作用相对弱的地区的地下空间,优先利用废弃矿场等环境差的区域地下空间。开发利用地下空间资源要保持优秀的自然景观不被破坏,保持原来的地下水流状态不被改变,保持原来的生物链不发生变化。需要地下全部要素支撑。

城市在决策部署阶段以宏观要素信息为主,气候要素、地形地貌要素、城市地质基础要素、地质资源禀赋要素、地下空间开发强度要素、地下岩土环境要素、地下水文要素等都对地下空间布局起到制约和影响作用。一是评估城市发展方向,是继续平面拓展,还是向立体空间发展;二是评估城市整体条件能否支撑开发地下空间,能开发多大的强度;三是评估城市哪些功能更适宜进入地下空间,或优先进入地下空间;四从国家、经济区层面评估某一城市地下空间开发对区域的影响。

城市发展的前提条件是资源、环境和安全,涉及城市发展中的极限能力。一是资源的现状与潜力,包括矿产、水、土地、能源与地下空间等;二是空间场地的安全性,即地质灾害风险与水土环境安全。城市资源先天享赋的定数与环境容量后天发展的变数直接影响到城市功能定位。

1. 国家层面、大区域对城市的限定

国家从区域层面来规范城市和某一区域地下空间的允许开发层数与开发深度。哪些功能设施只能限定在某一层内限制开发;哪些城市的地下空间需要进行深度限制,只允许开发一定深度内的地下空间资源。从区域角度提出禁止开发区、限制开发区和允许开发区。包括大江、大河、大湖岸带、海岸带一定区域内禁止或限制开发;国家交通大动脉沿线一定范围内禁止或限制开发;国家级重特大工程一定区域内禁止或限制开发;国家级生态保护区、国家水资源涵养区、国家级地下水储备水源地一定空间范围内禁止或限制开发;军事设施周边一定范围禁止或限制开发;区域地震带、活动断裂带影响范围内限制开发,有的限制区域,有的限制范围,有的限制深度。

2. 城市由平面发展转向立体发展

土地资源的立体观是土地资源平面观的发展和深化。从纵向角度延伸,将土地资源划分为地上层(地上空间)、地表层(地面空间)和地下层(地下空间),考虑资源的分层次和立体化开发利用。特别是在地表空间开发利用几近饱和的状态下,地下层的开发可以作为其替代补充,选择因地制宜开发模式,可以使得土地资源得到最为充分有效的利用。一是地面尚无建(构)筑物而进行3个层面的立体化开发时,应该考虑整体开发或者在开发过程中相互预留出一定的空间,尤其是上下建(构)筑物投影出现相互重叠时,要确保功能上的互不干扰;二是当地面存在建(构)筑物,开发扩展地上和地下空间范围时,不得超越一定界限,从而危及到原有建(构)筑物。

3. 城市地下空间整体布局

城市地下空间的整体布局就是初步确定地下空间的重点开发区、禁建区和储备区。
1)重点开发区
重点开发区包括各组团中心地区、轨道交通枢纽地区以及其他公共活动中心地区。这些区域具有公共活动聚集、功能综合、开发强度高和连通需求强等特点,需强调地上地下相结合,各项专业相统筹,以实现优质高效的利用。以轨道站点为中心,建设集交通、商业、防灾等功能于一体的综合化、系统化地下空间。
2)禁建区
禁建区主要包括新区的一些地下文物埋藏区、地震断裂带及影响区域、生态湿地保护区、防汛堤、防涉及区域以及其他地质条件不允许开发的地区。
3)储备区
储备区为涉及社会公共利益和城市生态环境的区域,目前的技术水平还难以安全开发利用的区域,城市的非城市建设用地的区域。主要包括:一是城市非建设用地区域,规划区内建设用地范围以外的非禁建地区;二是城市绿地和广场区域,应采取保护性开发原则,公共区域的地下空间应当保证公共性;三是城市道路地下区域,城市道路下地下空间主要安排城市公用设施,如市政设施、综合管廊、地铁等,也可安排连通道、地下过街道等交通联络空间;四是城市水域,水域下原则上不得安排开发类的地下空间,但综合管廊、地铁及道路等线状设施可穿越;五是城市山体和丘陵高地,这是城市优质地下空间资源,也是最好的地下空间储备区域。

8.6.2 城市规划阶段

平面布局、竖向分层、开发时序是城市地下空间规划3个联动的维度。对不同层次地下空间利用的综合规划中全面考虑经济、区位和地质因素。浅层地下空间以城市区位和发展的经济因素为主,适当考虑地质因素。多层协同开发和中深层次地下空间开发应以地质因素为主,适当考虑经济与区位因素,可以避免后期工作中出现工期拖延、投资增加,同时也能够间接减少工程实施中的技术复杂程度和风险,降低运营维护费用等。

1. 预估城市地下空间需求量

城市地下空间资源量是依据城市发展规模、社会经济发展水平、城市的空间布局、人们的活动方式、信息等科学技术水平、自然地理条件、法律法规和政策等多重因素预测城市地下空间开发利用的需求大小。在地上空间能完全满足城市功能的情况下,则无须开发地下空间资源,或城市开发项目的容量直接超越了城市目前需要提供的功能等,也无须再开发地下空间。因此,城市地下空间的需求是整个城市空间需求不可分割的组成部分,不可能脱离整个城市各个要素的制约,而单独地预测地下空间的需求量。

1)城市地下空间需求量预测方法

一是根据城市规划总人口数量以及人均地下空间需求面积,估算城市地下空间总需求量;二是根据不同类型地下空间功能分别确定和预测地下空间需求量,然后汇总得出地下空间需求规模;三是根据不同需求级别的分区面积和地下需求强度级别,计算每个需求分区的地下空间需求量;四是利用城市的人口密度和人均GDP等指标,构建城市地下空间需求强度方程,从而推算出城市地下空间需求总量。

2)使用部门需求综合

住建、交通、市政、水利、人防、环保、电力等地下空间有关的使用和管理部门向自然资源与规划部门提出开发地下空间需求,规划部门按不同部门提出的需求进行平面和分层的评价,确定地下空间开发资源总量。

2. 规划地下空间开发层数和开发深度

依据城市地下空间总需求量,结合地下空间全资源、全空间整体分层评估结果进行城市地上地下空间分层次、全功能协同规划,把城市将来能放入并适合放入地下的功能放在适应功能和环境的不同层次地下空间当中,规划地下空间开发层数,每层开发深度,目前阶段规划开发的总深度,确定最符合实际的分层深度。

将需求和经济发展阶段进行有序协同开发,为集约化、地上地下一体化、不同功能地下空间之间协同开发奠定基础,并建立地下空间全资源和全功能规划模型。为地下工程设计、权属登记、边界确定与空间定位、地下空间的监督与管理提供依据。

3. 主体功能规划部位

城市主体功能主要为地下管线、管廊,地下交通、地下隧道,地下商业等建筑设施,地下蓄水防洪设施,地下市政处理基础设施等。地下潜水面以上的包气带中缺少重力水,主体是干的,只有潜水面上升时才有影响,适宜建设地下管线、地下停车、地下室和地下商业等地下建筑。地下潜水层以透水砂层、粉砂层为主,易于开发,但需要防水设计,适合地铁、管廊工程;

地下隔水层以黏土、硬质土为主,如果厚度较大,10m以上,是很好的持力层和地下空间利用层,基本适合各类功能,如果隔水层较薄,则需要保护;隔水层之下的承压水层,也是以透水砂砾石层为主,土层适宜开发,但在高水头、水饱和的情况下规划施工运行会面临水的压力;地下完整岩石最适合大跨度地下空间、隧道等工程,但开发成本高,工程技术要求高。

不论是线状工程还是体状建筑工程,最好规划在相对稳定的一个单元体或地下水系统中,或性质相近、水量水压类似的单元或地下水系统中,跨越单元或地下水系统的地下工程危险大,成本高。

4. 划定地下空间规划红线、限制开发边界

1)风险避让

规划层面要注意风险避让:一要避开深大断裂和新构造运动活动区;二要避开岩溶发育区;三要尽量避开松散沉积物较厚的软基础区;四要确定最高水位标高,固定建(构)筑物都必须建在该标高线以上;五要避开矿山采空区和压矿。

2)规划红线

在特殊要素评价中的重点关注区域设定禁止开发的规划红线,设定限制开发的界限,容许开发的安全资源量。在活动断裂带、地下重要文物、地下正在运行的重大工程、地下水源地及高危险区域的地下,地下关键持力层、支撑层等区域设定规划红线禁止规划建设任何地下空间工程设施。如通用建(构)筑物地上红线+地下埋深30m+持力层10m截面空间范围。在岩溶、软土、高应力、高承压等区域慎重开发,设置为限制开发区域,只有城市生命线工程、军事工程设施确实需要规划建设时,必须采取最新技术、最强防护措施。

3)城市透水空间

一是将城市禁建区、重要生态绿地、水系河道等生态敏感地区作为整个城市重要的透水空间划定为地下空间禁止建设区,从整体的角度保证城市大面积的透水率,维护城市整体地下生态安全;二是对地下建筑密度制定强制性控制指标,避免各地块内地下空间满铺情况的发生,保证城市建设用地内部必要的透水空间。

5. 规划需要要素信息

1)基本地质要素信息

城市地下空间规划中所需要考虑的地质因素一般包括以下几项:一是基本地质信息,如地形、地貌、主要地质构造、地层结构、地下水等;二是液化、沉降、滑坡等地质灾害要素信息;三是高承压水、软弱地层、不稳定地层,或对某种特定建设不利的地质条件等不利地质因素;四是土壤、地表水、地下水污染区、生态脆弱区等不利环境地质因素,相关地下设施的现状和布局等。

2)地下空间资源评价信息

地下空间资源评价信息包括地下空间可利用资源总量、地下空间可利用强度(含空间开发范围和使用期限)、地下空间可利用类型。

3) 地下空间利用中环境保护的特殊要求和保障措施

地下空间利用中环境保护的特殊要求和保障措施涉及地下空间开发利用过程中的各个方面,体现了地下空间的发展空间和其立体开发利用必须服从的总体要求。

4) 地下水水位变化信息

大型城市一般选择在平原、盆地地形,多数靠近河流、水体等,所以地下水水位普遍较高,即地下建(构)筑物一般处于水位线以下,大型地下建(构)筑物和隧道等对地下水流、水交换不可避免地产生很大影响。地下空间开发利用规划必须分析地下水分布、水流方向、地下水体与地面水体交换等情况,合理处理地下空间资源利用布局与水环境之间的关系,减少对原有水环境的扰动;对于沿海城市还需避免地下空间开发引发海水入侵事故的发生。

8.6.3 工程选址与论证阶段

工程选址是在城市地下工程规划区内,选择地质条件优越、岩土工程适宜、环境稳定的区域,同时避开断裂、岩溶等不利因素,并对拟选择的区域的不良地质现象进行重点勘察,选出最优工程方案。

1. 地下工程类型与特点

地下管线、管廊与地下交通等线状工程将穿越不同的地形地貌,不同的岩(土)体单元,不同的地下水系统,不同的构造复杂地段;点状工程,需要相对封闭的稳定环境,地下工厂、地下街等需要大跨度的稳定环境,上部覆盖层要有强大的支撑能力。

2. 工程需要满足的基本条件

工程选址需要有优越的地形地貌条件,在起伏大的山地与低凹的水地、湿地之间丘陵岗地、阶地等过渡区域;断裂之间相对稳定的区域环境;土层以砂土、粉土、黏土为主厚度大、区域延伸稳定;岩体以块状的花岗岩体、变质结晶岩体,层状火山岩体、海相砂岩体且完整性好的区域,单一地下水系统分布广,水流场稳定。单一的地质单元和单一的地下水系统中选址最为合适。

3. 工程需要避开的因素

工程选址要避开活动断裂带、岩溶发育带、地下水源地、高压应力区,避开地表大型水体,避开大的漂砾、孤石发育区,避开地下重大工程,避开区域地面强烈沉降区,避开大规模地面塌陷区,避开矿山地下坑道。

4. 工程选址区需要重点防范要素

当工程选址不可避免地需要通过断裂、岩溶、软土、流沙、洞穴、富水砂砾石层时,需要加强工程地质勘察,准确定位,掌握特征参数,设计时提出可行的工程措施。一是通过信息服务系统事先预判地下有无已有建(构)筑物和洞穴;二是着重勘察岩溶、崩塌和地面沉陷等一系列的不良地质现象;三是对于强震区要明确地震断层的分布特征,确定地震效应动力参数;四是部署适宜的勘察技术方法,进行精确定位探测。

8.6.4 工程设施施工阶段

在已规划选址的区域进行地下工程设计、施工阶段需要掌握更加精准的地质参数,避免施工过程中出现安全事故。

1. 开发模式选择

地下空间开发模式选择:一是以地下空间工程的地质条件和水文条件为重要依据对开挖模式进行选择,因为地质条件和水文条件的具体状况在很大程度上决定了开挖模式的可行性;二是岩土的开挖过程会对地面的建筑和周围的环境造成很大的影响,所以要按照地下空间工程的地面建筑和周边的环境进行开挖模式的选择;三是结合地下空间工程本身的具体状况进行科学的技术分析与经济分析,然后以此为依据选择最佳的开挖模式。无论是采取明挖法还是暗挖法,都取决于各类岩土层厚度、物理力学性质参数、地下水存在形式、地下水水位等,施工范围内地质灾害发生的可能性、灾害种类和可能破坏程度。

2. 施工工法选择

地下地质环境复杂甚至非常恶劣,开挖过程中时常会遇到诸如流沙层、膨胀土、高压缩性软土淤土、风化破碎岩石、高浓度瓦斯地层、大涌水、硫化氢、岩溶、高应力、地下管线、地面车流量大、建(构)筑物密集等场景,这些都是地下工程施工的难题,需要有针对性地测试工程地质和水文地质参数,合理选择施工工法和安全防护措施。

在施工工程措施上,明挖施工的开挖深度增大会导致地层变形风险加大;暗挖法施工相对明挖法,对上覆地层及周边建(构)筑物影响相对较小。人工填土、较厚层的新近沉积土可能会使地下沉降控制难度加大。

3. 防水措施选择

依据地质条件选择地下水降升,地下水帷幕等地下水处理的方法。埋深在20m内的地下空间开发一般不会影响地下水自然流动,在次浅层与次深层开发会涉及潜水层控水问题,因此施工尽量不采取大面积降水方法,宜采用隔水帷幕等施工方案。

4. 安全防护选择

1)结构建设

一是地下空间工程的建设用人工结构支撑代替了原来的由岩土层承受的荷载,因此工程附近的未被开挖的地层必然会发生一定的变形,虽然这种变形不可阻挡,但需要将变形控制在一定的范围之内,才能保证地下空间工程的结构稳定;二是一定要意识到地层荷载会随着施工进程的改变而发生变化,在结构设计时要考虑到最坏的状况的发生;三是地下水对结构的设计和施工有很大的影响,因此在结构设计时要明确地下水的静水和动水可能对工程结构产生的压力,并注意地下水的流向和水质可能对工程结构带来的腐蚀。

2)施工过程安全防护

防范地下空间工程施工过程中容易出现的问题,如地下水的涌水和流沙、基坑开挖后岩(土)体的稳定与支护、深开挖土的卸荷回弹以及地面沉陷等。关注软土夹层的分布情况和地下空间支护施工中涉及的有关参数,在选取确定地下空间岩土工程的支护方案时,必须要对综合土工试验的最终结果进行考虑,通过对岩土层物理力学特征加以分析,以此作为依据制定支护方案和地下空间支护施工工艺流程。

含水率、密度以及土颗粒比重是计算孔隙比、饱和度以及干容重等相关指标的主要依据,在进行支护方案的设计中有效应用这些指标,需要确保指标选取的合理性和科学性。当地下空间支护方案确定好之后,在进行支护计算环节需要应用相关物理力学指标,创建对应的计算模型。

8.6.5 工程运行阶段

在地下空间设施运营期间,对其结构性能进行监测、检测,及时发现结构的损伤,并评估其安全性,预测结构的性能变化并作出维护决定,是保障既有地下空间设施安全运营的重要措施。

从透明城市当中获取大尺度的工程、水文信息,进行有针对性的测试实验,形成精细化属性数据,服务于工程建设和安全运营。

主要参考文献

蔡忠坤,2017.人防工程建设与城市地下空间开发利用的思考[J].工程技术研究,2(1):201+203.

蔡祖华,刘宏岳,郑金秋,等,2021.微动技术在城市地下病害体探测中的应用研究[J].工程地球物理学报,18(6):893-902.

曹二涛,张弛,张华,2020.城市地质环境安全性评价指标体系研究[J].铁道勘察(4):59-64.

陈国旭,田宜平,张夏林,等,2019.基于勘探剖面的三维地质模型快速构建及不确定性分析[J].地质科技情报,38(2):275-280.

陈麒玉,刘刚,何珍文,等,2020.面向地质大数据的结构:属性一体化三维地质建模技术现状与展望[J].地质科技通报,39(4):51-58.

陈麒玉,刘刚,吴冲龙,等,2016.城市地质调查中知识驱动的多尺度三维地质体模型构建方法[J].地理与地理信息科学,32(4):11-16.

陈绪钰,王东辉,倪化勇,等,2020.长江经济带上游地区丘陵城市工程建设适宜性评价:以泸州市规划中心城区为例[J].吉林大学学报(地球科学版),50(1):194-207.

程光华,苏晶文,李采,等,2019.城市地下空间探测与安全利用战略构想[J].华东地质,40(3):226-233.

程光华,王睿,赵牧华,等,2019.国内城市地下空间开发利用现状与发展趋势[J].地学前缘,26(3):39-47.

程光华,翟刚毅,庄育勋,等,2013.中国城市地质调查技术方法[M].北京:科学出版社.

程秀娟,孙萍萍,王晓勇,等,2021.延安城市地下空间探测技术方法及应用研究[J].华东地质,42(2):167-175.

储立新,陶钧,2018.三维激光扫描技术在城市地下空间测量中的应用[J].测绘通报(5):159-162.

崔小庆,渠卫平,2019.从地下空洞探测到城市道路塌陷综合治理[J].市政设施管理(3):41-44.

丁美青,胡泽安,李建宁,等,2017.城市地下断裂构造可控震源地震勘探试验研究[J].物探化探计算技术,39(4):565-572.

董延涛,2018.关于新时代城市地质工作的几点思考[J].中国国土资源经济,31(8):16-20.

杜新强,李砚阁,冶雪艳,2008.地下水库的概念、分类和分级问题研究[J].地下空间与工程学报,4(2):209-214.

范晓秋,史婷婷,2018.城市地下空间资源协同开发规划问题与对策研究[J].科技创新导报,15(34):45-46.

方成,江南,2018.全空间信息系统的空间认知模型研究[J].测绘与空间地理信息,41(12):61-65.

方寅琛,龚日祥,李三凤,等,2017.基于三维地质模型的地下空间开发适宜性评价:以嘉兴城市地质调查工作为例[J].上海国土资源,38(2):43-45.

冯萍,2020.城市地下空间开发与城市防灾减灾[J].建筑技术,51(2):175-177.

付博,王文文,张诗檬,等,2020.基于多源异构的城市地质数据集成关键技术研究[J].城市地质,15(1):103-109.

高桂军,李青青,李震,等,2020.城市地下壅水作用的调查和分析[J].城市勘测(3):178-180.

葛大永,李伟,2020.中小城市地下空间开发利用规划研究[J].规划研究(1):21-27.

葛伟亚,2021.杭州多要素城市地质调查2021年度进展报告[R].中国地质调查局南京地质调查中心.

葛伟亚,王睿,张庆,等,2021.城市地下空间资源综合利用评价工作构想[J].地质通报,40(10):1601-1608.

耿丹,王丹,李丹彤,2020.城市及地下空间测绘技术体系构建的几个问题[J].北京测绘,3(12):1672-1676.

龚亚西,刘皆谊,季翔,2020.基于分层开发体系的城市地下空间权属制度研究[J].城市建设(4):90-96.

古锐开,陈伟,欧阳春飞,2019.精细化三维地质建模在城市地下空间开发中的应用[J].中国勘察设计(4):76-79.

郭超,闫治国,2020.基于多源数据深度学习的地下空间智慧防灾系统框架研究[J].现代隧道技术,57(S1):13-23.

郭朝斌,王志辉,刘凯,等,2019.特殊地下空间应用与研究现状[J].中国地质,46(3):482-492.

郭建民,祝文君,2005.基于层次分析法的地下空间资源潜在价值评估[J].地下空间与工程学报,1(5):655-659.

郭林飞,柴仕琦,董静怡,等,2020.我国城市路面塌陷事故统计分析[J].工程管理学报,34(2):49-54.

郭鹏,王超,夏吉祥,等,2013.多层次地下建(构)筑物三维数据模型与应用[J].地下空间与工程学报,9(2):309-313.

国务院办公厅.关于建立国土空间规划体系并监督实施的若干意见[A/OL].(2019-5-23).http://www.gov.cn/zhengce/2019-05/23/content_5394187.htm.

郝爱兵,吴爱民,马震,等,2018.雄安新区地上地下工程建设适宜性一体化评价[J].地球学报,39(5):513-522.

郝英红,李晓晖,陈忠良,等,2021.城市地下空间开发地质环境质量三维评价方法研究:以合肥市滨湖新区为例[J].地理与地理信息科学,37(1):11-16.

何静,郑桂森,周圆心,等,2019.城市地下空间资源探测方法研究及应用[J].地质通报,38(9):1571-1580.

何静,周圆心,郑桂森,等,2020.北京市地下空间资源利用地质适宜性评价研究[J].地下空间与工程学报,16(4):955-966.

何丽华,李建松,於新国,等,2020.城市空间发展战略研究的分析内容与方法[J].地理空间信息,18(10):25-27.

何满潮,郭平业,2013.深部岩体热力学效应及温控对策[J].岩石力学与工程学报,32(12):2377-2393.

胡斌,向鑫,吕兀,等,2011.城市核心区地下空间规划研究的实践认知:北京通州新城核心区地下空间规划研究回顾[J].地下空间与工程学报,7(4):642-648.

胡学祥,刘干斌,陶海冰,2016.基于ArcGIS宁波市地下空间开发适宜性评价研究[J].地下空间与工程学报,12(6):1439-1444.

虎磊,2020.我国城市地下空间工程建设标准体系研究[J].中国建筑装饰装修(Z1):232.

华一新,2016.全空间信息系统的核心问题和关键技术[J].测绘科学技术学报,33(4):331-335.

黄弘,李瑞奇,于富才,等,2020.安全韧性城市构建的若干问题探讨[J].武汉理工大学学报(信息与管理工程版),42(2):93-97.

黄莉,王直民,2019.中国城市地下空间研究发展分析[J].上海国土资源,40(3):45-51.

黄莉,王直民,鲍海君,等,2018.城市地下空间的资源属性与开发特性分析[J].上海国土资源,39(2):37-40.

黄强兵,彭建兵,王飞永,等,2019.特殊地质城市地下空间开发利用面临的问题与挑战[J].地学前缘,26(3):85-94.

姬广军,张永波,朱吉祥,等,2020.三维地质建模精度影响因素及质量控制[J].桂林理工大学学报,40(1):85-94.

江南,方成,陈敏颉,2017.全空间信息系统认知与表达初探[J].地球信息科学学报,19(9):1150-1157.

江思义,王启耀,李春玲,等,2019.基于专家-层次分析法的地下空间适宜性评价[J].地下空间与工程学报,15(5):1290-1299.

江勇,赵华勤,赵佩佩,2020.浙江省一体化地下空间规划管理模式研究[J].浙江建筑,37(3):6-8+12.

姜杉钰,王峰,2021.加快完善我国城市地质工作体系的若干思考[J].中国国土资源经济(1):61-64.

姜云,吴立新,车德福,2009.地下空间资源质量熵权与可变模糊集组合评估[J].中国矿业大学学报,38(6):872-877+896.

姜云,吴立新,杜立群,2005.城市地下空间开发利用容量评估指标体系的研究[J].城市发展研究,12(5):47-51.

蒋旭,王婷婷,穆静,2018.地下空间开发利用适宜性与资源量的应用研究[J].地下空间与工程学报,14(5):1145-1153.

解智强,翟振岗,刘克会,2018.城市地下空间规划开发综合评价体系研究[J].城市勘测(S1):5-9.

琚娟,朱合华,李晓军,2007.基于特征约束的地下空间一体化数据模型研究[J].地下空间与工程学报(2):199-203.

雷升祥,申艳军,肖清华,等,2019.城市地下空间开发利用现状及未来发展理念[J].地下空间与工程学报,15(4):965-979.

李超,2019.物探技术在城市地下空间开发中的应用[J].中国金属通报(10):270+272.

李惠,石卫,刘延锋,等,2020.咸阳市地下空间开发利用影响因素及评价[J].地下水,42(3):9-13.

李鹏岳,韩浩东,王东辉,等,2021.城市地下空间资源开发利用适宜性评价现状及发展趋势[J].沉积与特提斯地质,41(1):121-128.

李强,陈渠波,2020.城市地质大数据组织及应用研究[J].四川地质学报,40(2)327-331.

李青元,张洛宜,曹代勇,等,2016.三维地质建模的用途、现状、问题、趋势与建议[J].地质与勘探,52(4):759-767.

李荣,陶留锋,吴濛,2020.城市地下空间信息化现状及发展趋势[J].测绘与空间地理信息,43(7):45-47+51.

李万伦,田黔宁,刘素芳,等,2018.城市浅层地震勘探技术进展[J].物探与化探,42(4):653-661.

李文翰,刘斌,李术才,等,2020.基于高性能瞬变电磁辐射源的城市地下空间多分辨成像方法研究[J].地球物理学报,63(12):4553-4564.

李晓江,2003.关于"城市空间发展战略研究"的思考[J].城市规划(2):28-34.

李晓军,刘雨芫,2016.城市地下空间信息化模式探讨[J].地下空间与工程学报,12(6):1431-1438.

李晓昭,王睿,顾倩,等,2019.城市地下空间开发的战略需求[J].地学前缘,26(3):32-38.

李鑫,2021.城市地下空间开发利用的若干思考[J].中国建筑金属结构(1):82-83.

李泽铖,田哲,罗显俊,等,2020.高强度地下空间开发条件下海绵城市建设要点探讨[J].市政技术,38(1):160-162+166.

李照永,何江龙,侯至群,等,2020.地下空间三维单体模型的分类分项构建研究[J].地矿测绘,36(3):13-15+22.

林枫,杨林德,2005.新世纪初的城市人防工程建设(一):历史、现状与展望[J].地下空间与工程学报,1(2):161-166.

刘刚,吴冲龙,何珍文,等,2020.面向地质时空大数据表达与存储管理的数据模型研究[J].地质科技通报,39(1):164-174.

主要参考文献

刘健,魏永耀,高立,等,2014.苏州城市规划区地下空间开发适宜性评价[J].地质学刊,38(1):94-97.

刘堃,娄书荣,葛江涛,2020.城市重点地区地下空间信息精细化三维集成技术研究[J].城市勘测(5):85-89.

刘顺昌,李黎,徐德馨,2020.基于地质环境的地下空间开发利用研究[J].城市勘测(1):193-197.

刘涛,陈青松,2017.地下综合管线探测技术分析应用与研究[J].湖南水利水电(5):101-104.

刘天科,周璞,2019.加强和规范地下空间规划与开发利用的建议[J].国土资源情报(8):3-7.

刘铁华,刘铁,程光华,等,2020.复杂城市环境下地球物理勘探技术研究进展[J].工程地球物理学报,17(6):711-720.

刘兴鑫,彭海游,董平,等,2019.山地城市地下空间资源评价方法研究[J].科技创新与应用(33):97-100.

刘旭华,2020.自然资源部门对城市地下空间用地的监管[J].中国土地(6):26-28.

刘艺,朱良成,2020.上海市城市地下空间发展现状与展望[J].隧道建设(中英文),40(7):941-951.

刘运来,吴江鹏,彭培宇,等,2017.基于地质环境要素的地下空间利用适宜性评价[J].长江科学院院报,34(5):58-62+67.

刘宗辉,刘毛毛,周东,等,2019.基于地质雷达属性分析的典型岩溶不良地质识别方法[J].岩土力学,40(8):3282-3290.

柳昆,彭建,彭芳乐,2011.地下空间资源开发利用适宜性评价模型[J].地下空间与工程学报,7(2):219-231.

娄书荣,李伟,秦文静,2018.面向城市地下空间规划的三维GIS集成技术研究[J].地下空间与工程学报,14(1):6-11.

卢立富,2014.城市建设必须向地下空间发展[J].中国人民防空(1):3436.

路金霞,张亮,刘奔,2020.大型地下空间智慧运营管理研究[J].工程技术,47(4):113-115.

马岩,李洪强,张杰,等,2020.雄安新区城市地下空间探测技术研究[J].地球学报,41(4):535-542.

马志飞,2018.城市地面塌陷之困[J].生命与灾害(11):3-7.

毛艳华,2012.基于SOP模型的智慧城市治理模式及评价体系研究[J].未来与发展,35(11):11-16+74.

毛媛媛,李文超,朱梦梦,等,2020.国内地下空间环境对行为心理影响研究进展[J].西部人居环境学刊,35(4):58-66.

梅爱华,范伟,2005.地下空间辐射问题浅析[J].广东建材(12):106-107.

孟庆年,张洪德,王智,等,2019.基于三维激光扫描仪的城市地下空间普查[J].测绘通报

(S2):122-125.

米明昊,2018.城市地下空间开发利用的若干思考[J].建材与装饰(33):108-109.

牛韶斐,沈中伟,胡昂,2020.地形因素影响下的城市地下空间开发模式与规划对策探析[J].华中建筑,38(3):66-71.

潘婷婷,陈建平,吴永亮,等,2018.多源异构地质数据集成方法应用研究[J].地质学刊,42(1):122-126.

庞贵良,张发勇,张羽翀,等,2019.地质雷达管道探测资料定性与定量解释方法研究及应用[J].工程勘察,47(6):72-78.

彭建,柳昆,郑付涛,等,2010.基于AHP的地下空间开发利用适宜性评价[J].地下空间与工程学报,6(4):688-694.

彭建兵,黄伟亮,王飞永,等,2019.中国城市地下空间地质结构分类与地质调查方法[J].地学前缘,26(3):9-21.

彭俊婷,洪涛,解智强,等,2015.基于模糊综合评价的城市地下空间开发适宜性评估[J].测绘通报(12):66-69+113.

钱七虎,2007.地下空间科学开发与利用[M].南京:江苏科学技术出版社.

荣冬梅,2020.新加坡城市地下空间开发管理简析及启示[J].中国国土资源经济(2):26-29.

荣耀,吴江鹏,阳栋,等,2018.城市地下空间开发利用关键地质影响因素分析[J].桂林理工大学学报,38(2):250-255.

阮明,钱婷,2020.城市地下空间三维可视化平台研究[J].地理空间信息,18(4):34-37.

商谦,2019.四个东亚发达城市高密度地区地下空间形态研究[J].时代建筑(5):24-28.

邵继中,王海丰,2013.中国地下空间规划现状与趋势[J].现代城市研究,28(1):87-93.

石科,杨富强,李叶飞,等,2020.利用微动探测研究城市地下空间结构[J].矿产与地质,34(2):355-365.

石晓冬,赵怡婷,吴克捷,2020.生态文明时代超大城市地下空间科学规划方法探索:以北京城市地下空间规划建设为例[J].隧道建设(中英文),40(5):611-620.

束昱,2002.地下空间资源的开发与利用[M].上海:同济大学出版社.

孙芳,许令顺,杨英,等,2020.城市地下空间安全监管系统研究[J].物联网技术,10(1):7-9+12.

孙钧,2019.国内外城市地下空间资源开发利用的发展和问题[J].隧道建设(中英文),39(5):699-709.

孙利萍,李晓昭,周丹坤,等,2018.地下空间开发与社会经济指标的相关性研究[J].地下空间与工程学报,14(4):859-868+880.

孙施文,2007.现代城市规划理论[M].北京:中国建筑工业出版社.

谭飞,汪君,焦玉勇,等,2021.城市地下空间适宜性评价研究国内外现状及趋势[J].地球科学,46(5):1896-1908.

汤连生,张鹏程,王思敬,2002.水-岩化学作用的岩石宏观力学效应的试验研究[J].岩石力学与工程学报,21(4):526-531.

陶鹏飞,尹奇峰,赵红飞,等,2019.井中地震波 CT 浅层城市地下空间成像[J].地下空间与工程学报,15(S2):687-693.

田聪,苏晶文,倪化勇,等,2021.城市地下空间资源评价进展与展望[J].华东地质,42(2):147-156.

田勇,刘守强,崔芳鹏,等,2020.地质信息系统进展及特征研究[J].能源与环保,42(2):34-39+43.

童林旭,2005.地下空间与城市现代化发展[M].北京:中国建筑工业出版社.

涂宗林,2019.三维地质建模在地质勘查领域的应用分析[J].世界有色金属(11):279-280.

汪侠,黄贤金,甄峰,等,2009.城市地下空间资源开发潜力的多层次灰色评价[J].同济大学学报(自然科学版),37(8):1122-1127.

王斌战,李成香,邱波,等,2021.等值反磁通瞬变电磁法在城市岩溶精细探测中的应用研究[J].资源环境与工程,35(5):727-732.

王东辉,倪化勇,李鹏岳,等,2019.城市地下空间资源综合利用实践:以成都市地质环境图集(2017)数据集为例[J].中国地质,46(S2):21-43.

王飞,廖保林,2021.中国城市建设及地下空间发展分析[J].四川建筑,41(1):51-54.

王寒梅,唐杭,史玉金,2020.上海城市地下空间规划建设管理的思考与建议[J].上海国土资源,41(3):3-5.

王化齐,董英,张茂省,2019.西安市地下空间开发利用现状与对策建议[J].西北地质,52(2):46-52.

王慧军,张晓波,李海龙,等,2019.中国城市地质发展历程与特点:兼谈惠州城市地质发展前景[J].地质论评,65(5):1229-1239.

王凯,黄云艺,陈卫忠,等,2019.城市地下分层空间功能定位和形态演变探讨[J].地下空间与工程学报,15(3):652-659.

王鹏,宋越,2020.城市地质建模技术突破之地学动态建模[J].地质论评,66(S1):169-170.

王乾蕴,2009.我国地铁站域地下商业空间设计研究[D].成都:西南交通大学.

王伟武,王智伟,2020.历史风貌区的地下空间开发利用策略研究[J].理论研究(4):44-45.

王振宇,朱太宜,王星华,2019.长沙城市地下空间开发利用的适宜性评价体系研究[J].铁道科学与工程学报,16(5):1274-1281.

吴炳华,张水军,徐鹏雷,等,2017.宁波市地下空间开发地质环境适宜性评价[J].地下空间与工程学报,13(S1):16-21.

吴成勇,2014.城市地下空间信息开发利用的研究[J].中国档案(6):53-55.

吴冲龙,何珍文,翁正平,等,2011.地质数据三维可视化的属性、分类和关键技术[J].地质通报,30(5):642-649.

吴冲龙,刘刚,2019.大数据与地质学的未来发展[J].地质通报,38(7):1081-1088.

吴冲龙,刘刚,何珍文,等,2016.城市地质环境信息系统[M].北京:科学出版社.

吴克捷,赵怡婷,石晓冬,2020.国土空间规划体系下地下空间规划编制研究[J].隧道建设(中英文),40(12):1683-1690.

吴立新,姜云,车德福,等,2007.城市地下空间资源质量模糊综合评估与 3D 可视化[J].中国矿业大学学报,36(1):97-102.

吴立新,刘帝旭,杨洋,等,2022.论城市地下空间资源评价:现状与未来[J].地下空间与工程学报,18(1):35-49.

吴茂林,胡富彭,胡雄武,2018.城市地下空间地质异常体井间综合 CT 探查[J].工程地球物理学报,15(6):812-816.

吴濛,陶留锋,李荣,2020.基于 MapGIS 的城市地下空间信息系统设计与实现[J].测绘与空间地理信息,43(11):19-21+28.

吴文博,曹亮,刘健,等,2013.苏州地下空间开发地质环境因素的分析评价[J].防灾减灾工程学报,33(2):131-139.

吴文忠,张晓东,赵银鑫,等,2020.银川市地下空间利用现状、问题与对策建议[J].西北地质,53(1):205-214.

夏吉祥,杨志刚,王海英,2013.城市地下空间工程信息数据库结构的研究与建立[J].地下空间与工程学报,9(3):469-476.

夏友,马传明,2014.郑州市地下空间资源开发利用地质适宜性评价[J].地下空间与工程学报,10(3):493-497.

熊自明,卢浩,王明洋,等,2018.我国大型岩土工程施工安全风险管理研究进展[J].岩土力学,39(10):3703-3716.

徐光黎,徐光大,范士凯,等,2015.地下水位变化对地下工程的危害分析[J].工程勘察(1):41-58.

徐生钰,朱宪辰,2009.城市地下空间资源产权变迁分析[J].南京理工大学学报(社会科学版),22(6):25-31.

薛涛,史玉金,朱小弟,等,2021.城市地下空间资源评价三维建模方法研究与实践:以上海市为例[J].地学前缘,28(4):373-382.

佚名,2016.大型地下式污水处理厂的中国身影[EB/OL].http://www.h2o-china.com/news/243520.html,2016-07-23.

阎浩,张雪亭,刘方芳,等,2020.在城市规划框架下的城市地质工作思路探讨[J].地质与勘探,56(4):852-861.

杨文采,田钢,夏江海,等,2019.华南丘陵地区城市地下空间开发利用前景[J].中国地质,46(3):447-454.

杨洋,程光华,苏晶文,2019.地下空间开发对城市地质调查的新要求[J].地下空间与工程学报,15(2):319-325.

杨勇,杨文明,马立荣,等,2021.城市浅层地下空间探测技术对比与分析[J].宁夏工程技术,20(1):81-84.

杨正清,王梁文敬,2019.地下空间三维不动产权籍调查探索与实践:以地铁站为例[J].国土与自然资源研究(5):49-52.

叶菁,侯卫生,邓东成,等,2016.基于可变模糊集的城市地下空间资源三维质量评价[J].资源科学,38(11):2147-2156.

叶英,王晓亮,祁朦,2019.瞬变电磁雷达探测不同材质地下管线[J].测绘通报(S1):211-216.

易荣,贾开国,2020.我国城市地下空间安全问题探讨[J].地质与勘探,56(5):1072-1079.

殷挺凯,2019.全空间地理信息系统展望[J].自然科学研究,194(1):291-292.

油新华,何光尧,王强勋,等,2019.我国城市地下空间利用现状及发展趋势[J].隧道建设(中英文),39(2):173-188.

油新华,王强勋,刘医硕,2019.我国城市地下空间标准制定现状及对策[J].建筑技术,50(12):1423-1427.

于海若,宫辉力,陈蓓蓓,等,2020.新水情下利用 InSAR-GRACE 卫星的新兴风险预警与城市地下空间安全展望[J].国土资源遥感,32(4):16-22.

袁红,崔叙,唐由海,2017.地下空间功能演变及历史研究脉络对当代城市发展的启示[J].西部人居环境学刊,32(1):69-74.

袁红,沈中伟,2016.地下空间功能演变及设计理论发展过程研究[J].建筑学报(12):77-82.

袁亚平,刘向东,2020.工程地质三维模型构建方法及应用[J].世界有色金属(4):273-275.

张彬,徐能雄,戴春森,2019.国际城市地下空间开发利用现状、趋势与启示[J].地学前缘,26(3):48-56.

张建军,李婷睿,郭渊,等,2018.浅析城市地下空间的土地利用[J].建筑设计管理,35(10):72-77.

张晶晶,马传明,匡恒,等,2016.郑州市地下空间开发地质环境适宜性变权评价[J].水文地质工程地质,43(2):118-125.

张璐,章广成,吴江鹏,2014.某城市地下空间开发利用适宜性评价[J].桂林理工大学学报,34(3):488-494.

张茂省,王益民,张戈,等,2019.干扰环境下城市地下空间组合探测与全要素数据集[J].中国地质,46(S2):30-74.

张牧遥,2020.论地下空间使用权法律模式的建构[J].法学论坛,35(5):106-113.

张晴,田正,2018.城市化进程下的地下空间开发模式研究[J].中外建筑(8):152-154.

张文彪,段太忠,刘彦锋,等,2019.定量地质建模技术应用现状与发展趋势[J].地质科技情报,38(3):1-9.

张晓峰,吕良海,白永强,等,2012.城市地下空间模糊综合评价方法研究[J].地下空间与工程学报,8(1):8-13.

张源,2020.城市三维地质建模方法研究[J].矿山测量,49(1):65-68.

章梦霞,郑新奇,王开建,2018.国内外城市地下空间研究知识图谱分析[J].测绘科学,43(7):180-186.

赵鹏大,2019.地质大数据特点及其合理开发利用[J].地学前缘,26(4):1-5.

赵镨,姜杰,王秀荣,2017.城市地下空间探测关键技术及发展趋势[J].中国煤炭地质,29(9):61-66+73.

赵旭东,张平,陈志龙,2014.历史文化街区地下空间资源质量模糊综合评估[J].地下空间与工程学报,10(4):739-744.

赵子寅,2021.城市地下空间岩土工程安全监测技术研究[J].工程技术研究(1):247-248.

甄艳,鲁小丫,李胜,等,2018.城市地下空间开发利用适宜性评价[J].测绘科学,43(5):62-67+86.

郑金城,2019.城市地下空间工程的岩土工程问题研究[J].四川建筑,45(3):64-65.

郑小燕,张志林,2018.浅谈城市地下空间开发中的地下水控制问题[J].城市地质,13(1):31-36.

周成虎,2015.全空间地理信息系统展望[J].地理科学进展,34(2):129-131.

周翠英,邓毅梅,谭祥韶,等,2005.饱水软岩力学性质软化的试验研究与应用[J].岩石力学与工程学报(1):33-38.

周丹坤,李晓昭,马岩,等,2020.城市地下多种地质资源开发的相互影响模式研究[J].高校地质学报,26(2):231-240.

周黎明,付代光,张杨,等,2018.典型不良地质体地质雷达探测正演试验研究[J].现代隧道技术,55(4):47-52+58.

周小丹,陈忠媛,李炜玮,2020.江苏省地下空间产权实践探索与思考[J].上海国土资源,41(1):34-40.

周晓根,李庆,2020.新时代下城市地下空间可利用资源评估体系研究[J].城乡建设(4):241-242.

周晓卫,刘鹏程,田旦,等,2020.三维激光扫描仪在地下空间测绘中的应用[J].城市勘测(6):127-130.

周圆心,郑桂森,何静,等,2019.北京平原区地下空间建设地质安全监测问题探讨[J].中国地质,46(3):455-467.

朱合华,骆晓,彭芳乐,等,2017.我国城市地下空间规划发展战略研究[J].中国工程科学,19(6):12-17.

朱良峰,吴信才,潘信,2009.三维地质结构模型精度评估理论与误差修正方法研究[J].地学前缘,16(4):363-371.

朱太宜,王星华,2017.桩基础对城市地下空间利用的影响及对策探析[J].地下空间与工程学报,13(3):585-590.

卓启亮,于强,2020.微动探测方法在城市工程地质勘察中的应用[J].工程地球物理学报,17(5):658-664.

主要参考文献

AALIZAD S A, RASHIDINEJAD F, 2012. Prediction of penetration rate of rotary-percussive drilling using artificial neural networks-a case study [J]. Archives of Mining Science, 57(3): 715-728.

CHEN J, YUE Z Q, 2015. Ground characterization using breaking-action-based zoning analysis of rotary-percussive instrumented drilling [J]. International Journal of Rock Mechanics and Mining Sciences, 75: 33-43.

CHEN Z L, JIA Y, LIU H, et al, 2018. Present status and development trends of underground space in Chinese cities: Evaluation and analysis [J]. Tunnelling and Underground Space Technology, 71: 253-270.

DOYLE M R, 2020. Mapping urban underground potential in Dakar, Senegal: From the analytic hierarchy process to self-organizing maps [J]. Underground Space, 5(3): 267-280.

HOU W S, YANG L, DENG D C, et al, 2016. Assessing quality of urban underground spaces by coupling 3D geological models: The case study of Foshan city, South China [J]. Computers & Geosciences, 89: 1-11.

HOU W S, YANG L, DENG D, et al, 2016. Assessing Quality of Urban Underground Spaces by Coupling 3D Geological Models: The Case Study of Foshan City, South China [J]. Computers and Geosciences, 89: 1-11.

KOVALYSHEN Y, 2013. Self-excited axial vibrations of a drilling assembly: modeling and experimental investigation [C]// Proceedings of the 47th US Rock Mechanics/Geomechanics Symposium. San Francisco: Curiran Associates Inc: 23-26.

LU Z L, WU L, ZHUANG X Y, et al, 2016. Quantitative assessment of engineering geological suitability for multilayer Urban Underground Space [J]. Tunnelling and Underground Space Technology, 59: 65-76.

QIAO Y K, PENG F L, SABRI S, et al, 2019. Low carbon effects of urban underground space [J]. Sustainable Cities and Society (45): 451-459.

VAHAAHO I, 2016. An introduction to the development for urban underground space in Helsinki [J]. Tunnelling & Underground Space Technology, 55: 324-328.

ZHANG M S, WANG H Q, DONG Y, et al, 2020. Evaluation of urban underground space resources using a negative list method: Taking Xi'an City as an example in China [J]. China Geology, 3(1): 124-136.

ZHANG N, HE M, LIU P, 2012. Water vapor sorption and its mechanical effect on clay-bearing conglomerate selected from China [J]. Engineering Geology, 141-142(none): 1-8.

ZHAO P, LI X Z, ZHANG W, et al, 2022. System dynamics: A new approach for the evaluation of urban underground resource integrated development [J]. Tunnelling and Underground Space Technology, 119: 1-14.